高职土建类精品教材

建筑施工组织

JIANZHU SHIGONG ZUZHI

主　编　黄文明　范家茂　吴春光
副主编　冯　环　张　静　姚胜利
　　　　吴　瑞　王　威　李立胜
参　编　王福胜　徐莎莎　李险峰
　　　　赵福平　李怀璧　陈启虎
　　　　黄　洁　赵云天

中国科学技术大学出版社

内 容 简 介

"建筑施工组织"是高等职业教育土建类专业的一门必修课程,也是一门重要的专业课。它主要研究建筑工程施工组织的基本理论、基本方法以及建筑施工组织的现行行业规范和标准。《建筑施工组织》一书就流水施工原理、网络计划技术、单位工程施工组织设计、施工组织总设计等方面,进行了系统而又全面的介绍。通过学习使学生具有编制单位工程施工组织计划的能力。

本书不仅可供独立设置的高等职业技术学院、高等专科学校、成人高等学校及本科院校举办的二级职业技术学院和民办职业技术学院建筑工程技术、建筑工程监理、建筑工程管理、建筑装饰技术、建筑经济管理、工程造价、土木工程等专业作为教材使用,也可供中等职业教育建筑类相关专业或有关工程技术人员参考。

图书在版编目(CIP)数据

建筑施工组织/黄文明,范家茂,吴春光主编. —合肥:中国科学技术大学出版社,2013.8
(2016.12重印)
ISBN 978-7-312-03222-6

Ⅰ. 建… Ⅱ. ①黄… ②范… ③吴… Ⅲ. 建筑工程—施工组织—高等职业教育—教材 Ⅳ. TU721

中国版本图书馆 CIP 数据核字(2013)第 170345 号

出版	中国科学技术大学出版社
	安徽省合肥市金寨路96号,230026
	http://press.ustc.edu.cn
印刷	安徽国文彩印有限公司
发行	中国科学技术大学出版社
经销	全国新华书店
开本	787 mm×1092 mm 1/16
印张	19.25
字数	505 千
版次	2013年8月第1版
印次	2016年12月第3次印刷
定价	37.00元

前　言

"建筑施工组织"是高等职业教育土建类专业的一门必修课程，也是一门重要的专业课。它主要研究建筑工程施工组织的基本理论、基本方法以及建筑施工组织的现行行业规范和标准。它是"建筑施工技术"的后续课程，学生在学习和掌握了建筑施工技术中各主要工种工程施工技术的基础上，应当怎样合理地组织施工呢？应当怎样应用施工组织的基础理论知识解决工程中常见的施工组织问题呢？本书就流水施工原理、网络计划技术、单位工程施工组织设计、施工组织总设计等方面，进行了系统而又全面的介绍。通过学习使学生具有编制单位工程施工组织计划的能力。

本书由长期研究高等教育和建筑施工的学者、建筑施工理论和实践兼备的教师、长期工作在一线的工程技术人员等通过大量收集和积累的相关信息和资料，根据国家最新的规范、规程和标准以及参考同行专家编写的建筑施工组织教材共同编写而成。本书 2015 年 2 月重印时由主编黄文明对照 2013 年、2014 年的新规范作了局部修改。

本书的主要特色是：

细——内容全面，能满足各种不同层次的教学目标。本书详细阐述了建筑施工组织常用的基本概念、基本原理、方法、步骤，在文字上力求做到深入浅出、通俗易懂，便于学生自学。

新——形式新颖，内容紧跟技术前沿。本书在编写过程中采用了最新的规范、规程、标准，具有实用性和先进性。

实用——突出"高职"的特色，在"实用"方面狠下工夫。本书的每个项目均有案例，帮助学生理解基本概念、基本原理，培养学生分析问题和解决问题的能力。同时每个项目都附有实训题目供学生练习。

全书共分 6 个项目，主要包括：建筑施工组织概论、流水施工原理、网络计划技术、施工组织总设计、单位工程施工组织设计。

本书不仅可供独立设置的高等职业技术学院、高等专科学校、成人高等学校及本科院校设置的二级职业技术学院和民办职业技术学院建筑工程技术、建筑工程监理、建筑工程管理、建筑装饰技术、建筑经济管理、工程造价、土木工程等专业作为教材使用，还可作为中等职业教育建筑类相关专业的教材或供有关工程技术人员参考。

本书由淮北职业技术学院黄文明、合肥职业技术学院范家茂、淮北职业技术学院吴春光担任主编；由滁州职业技术学院冯环、六安职业技术学院张静、淮北职业技术学院姚胜利、安徽水利水电职业技术学院吴瑞、宣城职业技术学院王威、合肥铁路工程学校李立胜担任副主编；由合肥职业技术学院王福胜、安徽审计职业学院徐莎莎、淮北职业技术学院李险峰、淮北矿业集团运兴工贸公司赵福平、皖北煤电集团招贤矿业有限公司李怀璧、淮北矿业集团公司童亭煤矿房水电科陈启虎、宿州市峙恒建设监理事务所黄洁、煤炭工业合肥设计院华夏建设监理有限责任公司赵云天等共同编写。

　　本书在编写中引用了大量的规范、专业文献和资料,恕未在书中一一注明来源,在此对有关作者表示诚挚的谢意。由于编者的水平有限,书中难免有不少缺点、错误和不足之处,在此真诚地希望广大读者提出宝贵意见。本书配有施工组织设计及专项施工的各种方案模板,读者可联系主编信箱(hbhuangwenming@126.com)索取或登录中国科学技术大学出版社网站(http://press.ustc.edu.cn)下载。

编　者

2015年2月

目 录

前言 ……………………………………………………………………………………（ⅰ）

绪论 ……………………………………………………………………………………（ 1 ）

项目1 建筑施工组织概论 …………………………………………………………（ 3 ）
1.1 建设项目的建设程序 …………………………………………………………（ 3 ）
　1.1.1 建设项目及其组成 ………………………………………………………（ 3 ）
　1.1.2 建设程序 …………………………………………………………………（ 7 ）
　1.1.3 施工项目管理内容与程序 ………………………………………………（ 28 ）
1.2 建筑产品及其施工特点 ………………………………………………………（ 38 ）
　1.2.1 建筑产品的特点 …………………………………………………………（ 39 ）
　1.2.2 建筑施工的特点 …………………………………………………………（ 39 ）
1.3 施工组织设计概论 ……………………………………………………………（ 40 ）
　1.3.1 施工组织设计分类与内容 ………………………………………………（ 40 ）
　1.3.2 施工组织设计的任务与作用 ……………………………………………（ 45 ）
　1.3.3 组织项目施工的基本原则 ………………………………………………（ 46 ）
思考与实训 …………………………………………………………………………（ 46 ）

项目2 施工准备工作 ………………………………………………………………（ 47 ）
2.1 施工准备工作概述 ……………………………………………………………（ 47 ）
　2.1.1 施工准备工作的重要性 …………………………………………………（ 47 ）
　2.1.2 施工准备工作的分类和内容 ……………………………………………（ 48 ）
　2.1.3 施工准备工作的要求 ……………………………………………………（ 49 ）
2.2 原始资料的调查研究 …………………………………………………………（ 50 ）
　2.2.1 调查与工程项目特征和要求有关的资料 ………………………………（ 50 ）
　2.2.2 自然条件的调查研究 ……………………………………………………（ 50 ）
　2.2.3 技术经济条件的调查分析 ………………………………………………（ 51 ）
　2.2.4 其他相关信息与资料的收集 ……………………………………………（ 54 ）
2.3 技术准备 ………………………………………………………………………（ 55 ）
　2.3.1 熟悉、审查施工图纸和有关的设计资料 ………………………………（ 55 ）
　2.3.2 编制施工图预算和施工预算 ……………………………………………（ 59 ）
　2.3.3 编制标后施工组织设计 …………………………………………………（ 59 ）
2.4 物资准备 ………………………………………………………………………（ 61 ）

2.4.1 物资准备工作的内容 …………………………………………（61）
2.4.2 物资准备工作的程序 …………………………………………（62）
2.5 劳动组织准备 …………………………………………………………（62）
2.6 施工现场准备 …………………………………………………………（64）
2.6.1 清除障碍物 ………………………………………………………（64）
2.6.2 施工测量 …………………………………………………………（65）
2.6.3 三通一平 …………………………………………………………（65）
2.6.4 搭设临时设施 ……………………………………………………（66）
2.6.5 组织施工机具进场 ………………………………………………（66）
2.6.6 组织建筑材料进场 ………………………………………………（66）
2.6.7 拟订有关试验、试制项目计划 …………………………………（66）
2.6.8 做好季节性施工准备 ……………………………………………（66）
2.6.9 安全文明施工的准备 ……………………………………………（69）
2.7 施工准备阶段的监理工作与开工令 …………………………………（70）
2.7.1 施工准备阶段的监理工作 ………………………………………（70）
2.7.2 开工条件 …………………………………………………………（73）
2.7.3 施工许可证 ………………………………………………………（73）
思考与实训 …………………………………………………………………（74）

项目3 建筑工程流水施工 ……………………………………………………（75）
3.1 流水施工的基本概念 …………………………………………………（75）
3.1.1 建筑工程施工组织方式 …………………………………………（76）
3.1.2 流水施工的技术经济效果 ………………………………………（79）
3.1.3 组织流水施工的条件 ……………………………………………（80）
3.1.4 流水施工的表达形式 ……………………………………………（80）
3.2 流水施工的基本参数 …………………………………………………（82）
3.2.1 工艺参数 …………………………………………………………（82）
3.2.2 空间参数 …………………………………………………………（87）
3.2.3 时间参数 …………………………………………………………（93）
3.3 流水施工的组织方式 …………………………………………………（96）
3.3.1 全等节拍流水施工 ………………………………………………（97）
3.3.2 成倍节拍流水施工 ………………………………………………（100）
3.3.3 无节奏流水施工 …………………………………………………（104）
3.4 多层混合结构房屋主体结构的流水施工安排 ………………………（107）
3.4.1 将房屋划分为2个施工段，每个楼层的砌墙分3个砌筑层 ……（108）
3.4.2 将房屋划分为3个施工段，每个楼层的砌墙分2个砌筑层 ……（108）
思考与实训 …………………………………………………………………（110）

项目4 网络计划技术 …………………………………………………………（115）
4.1 概述 ……………………………………………………………………（115）

4.2 网络图 (118)
4.2.1 网络图的概念 (118)
4.2.2 网络图的分类 (118)
4.2.3 双代号网络图 (120)
4.2.4 双代号时标网络计划 (157)
4.2.5 单代号网络图 (161)
4.2.6 双代号网络计划的具体应用 (166)
4.2.7 网络计划的优化 (173)
思考与实训 (206)

项目5 施工组织总设计 (213)
5.1 编制原则、依据及内容 (213)
5.1.1 施工组织总设计的编制原则 (214)
5.1.2 施工组织总设计的编制依据 (214)
5.1.3 施工组织总设计的编制程序 (215)
5.1.4 施工组织总设计的内容 (215)
5.2 工程概况 (216)
5.2.1 项目主要情况 (217)
5.2.2 项目主要施工条件 (217)
5.3 总体施工部署 (218)
5.3.1 施工组织总设计应对项目总体施工做出下列宏观部署 (218)
5.3.2 对于项目施工的重点和难点应进行简要分析 (218)
5.3.3 总承包单位应明确项目管理组织机构形式,并宜采用框图的形式表示 (219)
5.3.4 对于项目施工中开发和使用的新技术、新工艺应做出部署 (222)
5.3.5 对主要分包项目施工单位的资质和能力应提出明确要求 (222)
5.4 施工总进度计划 (224)
5.5 总体施工准备与主要资源配置计划 (227)
5.5.1 总体施工准备 (227)
5.5.2 主要资源配置计划 (228)
5.6 主要施工方法 (229)
5.7 施工总平面布置 (230)
5.7.1 施工总平面的布置原则 (230)
5.7.2 施工总平面的布置要求 (230)
5.7.3 施工总平面的内容 (231)
5.7.4 施工总平面图设计所依据的资料 (231)
5.7.5 施工总平面图的设计步骤 (231)
5.7.6 施工总平面图的科学管理 (243)
5.8 施工组织总设计的技术经济评价的指标体系 (244)
思考与实训 (247)

项目6　单位工程施工组织设计 ……………………………………………………(249)
　6.1　概述 ………………………………………………………………………………(249)
　　　6.1.1　单位工程施工组织设计编制依据 ………………………………………(250)
　　　6.1.2　单位工程施工组织设计编制程序 ………………………………………(251)
　　　6.1.3　单位工程施工组织设计内容 ……………………………………………(251)
　6.2　工程概况 …………………………………………………………………………(251)
　6.3　施工部署 …………………………………………………………………………(252)
　　　6.3.1　确定工程施工目标 ………………………………………………………(252)
　　　6.3.2　进度安排和空间组织应符合的规定 ……………………………………(253)
　　　6.3.3　施工的重点和难点分析 …………………………………………………(254)
　　　6.3.4　工程管理的组织机构 ……………………………………………………(254)
　　　6.3.5　工程施工中"四新技术"的管理 …………………………………………(256)
　　　6.3.6　对主要分包工程施工单位的选择及管理 ………………………………(257)
　6.4　单位工程施工进度计划 …………………………………………………………(260)
　　　6.4.1　划分施工过程 ……………………………………………………………(260)
　　　6.4.2　计算工程量 ………………………………………………………………(261)
　　　6.4.3　套用定额 …………………………………………………………………(261)
　　　6.4.4　计算劳动量及机械台班量 ………………………………………………(262)
　　　6.4.5　计算每个施工过程的工作时间 …………………………………………(265)
　　　6.4.6　进度计划的初排与调整 …………………………………………………(267)
　6.5　施工准备与资源配置计划 ………………………………………………………(267)
　　　6.5.1　施工准备计划 ……………………………………………………………(267)
　　　6.5.2　资源配置计划 ……………………………………………………………(267)
　6.6　施工方案 …………………………………………………………………………(269)
　　　6.6.1　确定施工顺序 ……………………………………………………………(269)
　　　6.6.2　流水段的划分 ……………………………………………………………(274)
　　　6.6.3　施工方法的选择 …………………………………………………………(275)
　　　6.6.4　施工机械的选择 …………………………………………………………(276)
　　　6.6.5　主要的施工技术、质量、安全及降低成本措施 …………………………(280)
　　　6.6.6　技术经济评价 ……………………………………………………………(281)
　6.7　单位工程施工现场平面布置图 …………………………………………………(283)
　　　6.7.1　单位工程施工现场平面布置图的内容 …………………………………(283)
　　　6.7.2　单位工程施工现场平面布置图设计步骤 ………………………………(284)
　　　6.7.3　单位工程施工现场平面布置图设计方法 ………………………………(284)
　思考与实训 ……………………………………………………………………………(290)

附录　建筑工程分部(子分部)工程划分 ……………………………………………(294)

参考文献 ………………………………………………………………………………(300)

绪 论

1. 建筑施工组织的研究对象

随着社会的进步与发展，必然使基本建设项目的规模与投资日益扩大，其中各种类型的建筑物和构筑物是基本建设的投资主体，它体现了一个国家和社会的经济发展水平，是国家综合实力的代表。基本建设项目的实施包括计划、规划、设计及施工等多个环节，而建设项目的建筑施工过程是建设项目能否达到预期目标的关键所在。建筑施工过程是一项多部门、多专业、多工种相互配合，历时较长的复杂的系统工程，为保证建筑施工过程能够按计划目标顺利实施，必须进行科学的施工管理。施工组织是施工管理的重要组成部分，它对统筹协调建筑施工整个过程、推动施工技术的改革和发展、优化建筑施工企业管理等起到不可替代的核心作用。

对于一个建设项目（如一幢建筑物或一个建筑群）的施工，可以采取不同的施工顺序和施工流向；每个施工过程可以采用不同的施工方法；众多施工人员由不同的专业工种组成；要将大量的各种类型的建筑机械、施工机具投入使用；许多不同种类的建筑材料、建筑制品和构配件被应用和消耗；为保障施工的顺利进行要设置临时供水、供电、供热以及生产和生活所需的各种临时设施等。以上这些施工因素不论在技术方面或施工组织方面，通常都有许多可行的方案供施工组织人员选择（土方开挖是人工挖土，还是机械挖土；基坑降水是集水坑降水法，还是井点降水法）。但是不同的方案，其经济效益是不同的。结合建设项目的性质、规模和工期，考虑到施工人员的数量和素质、机械装备程度、材料供应情况、构配件生产方式、运输条件等各种技术经济条件，从经济和技术统一的全局出发，怎样从许多可能的方案中选择最合理的施工方案，是施工管理人员在施工之前必须解决的问题。

建筑施工组织就是针对工程施工的复杂性和多样性，对施工中遇到的各种问题进行统筹安排与系统管理，对施工过程中的各项活动进行全面的部署，编制出具有规划和指导施工作用的技术经济文件，即施工组织设计。具体地说，施工组织的任务是根据建筑产品生产的技术经济特点以及国家基本建设方针和各项具体的技术政策，从施工的全局出发，根据各种具体条件，拟订施工方案，安排施工进度，进行现场布置；把设计和施工，技术和经济，施工企业的全局活动和施工项目的具体安排以及与项目施工相关的各单位、各部门、各阶段和各项目之间的关系更好地协调起来，使建筑施工建立在科学合理的基础上，从而高速度、高质量、高效益地完成项目建设的施工任务，尽快地发挥建设项目的投资效益。

综上所述，建筑施工组织的研究对象是建筑安装工程科学的组织方法。

2. 建筑施工组织的任务

建筑施工组织的任务是编制一个建筑物或一个建筑群的施工组织设计。

3. 建筑施工组织课程与其他课程的联系

"建筑施工组织"是土木工程类专业的专业技术课，学习本课程必须具备相关的专业基础知识，如，建筑施工技术、建筑工程预算、建筑工程管理等专业知识。作为建筑施工管理人员，要组织好一项工程的施工，必须掌握和了解各种建筑材料、施工机械与设备的特性，懂得建筑物和构筑物的受力特点及建筑结构和构造的做法,并掌握各种施工方法,否则就无法进行科学的施工管理,也不可能选择最有效、最经济的施工组织方案来组织施工。为此,施工管理人员还应熟练掌握工程制图、建筑工程测量、建筑材料、建筑力学、建筑结构、房屋建筑学、建筑机械等专业知识。

4. "建筑施工组织"课程的学习方法

通过对"建筑施工组织"课程的学习,要求学生了解建筑施工组织的基本知识和一般规律,掌握建筑工程流水施工和网络计划的基本方法,具有编制单位工程施工组织设计的能力,为以后从事建筑工程施工工作打下基础。

"建筑施工组织"课程内容广泛,实践性强,因此,在学习中应注重理论联系实际,在掌握专业理论的基础上,必须进行实际经验的积累,利用已成熟的工程实际经验为基础,编制出更加接近实际工程施工要求,既能保证工程质量和工期要求,又能降低施工费用的施工组织计划,为施工企业创造更大的经济效益。

建筑施工组织概论

  内容要点

① 建设项目的概念;
② 基本建设程序;
③ 施工项目管理内容与程序;
④ 建筑产品的特点及建筑施工的特点;
⑤ 施工组织设计分类与内容。

  学习要求

① 掌握建设项目概念及组成;
② 了解基本建设程序的主要内容;
③ 了解施工项目管理内容与程序;
④ 掌握建筑产品及施工的特点;
⑤ 掌握施工组织设计分类与内容;
⑥ 掌握施工组织设计的任务与作用;
⑦ 了解施工组织设计的编制原则。

1.1 建设项目的建设程序

1.1.1 建设项目及其组成

1. 项目

什么是项目?许多管理专家和标准化组织都企图用简单通俗的语言对项目进行抽象性概

括和描述,但迄今为止在国际上还未形成一个统一、权威的定义。许多管理专家曾经从不同的角度描述了项目的概念和特征,他们所描述的核心内容可以概括为:项目是指在一定的约束条件下(主要是限定时间、限定资源),具有特定的明确目标和完整的组织结构的一次性任务或管理对象。

国际标准《质量管理——项目管理质量指南(ISO10006)》定义项目为:"由一组有起止时间的、相互协调的受控活动所组成的特定过程,该过程要达到符合规定要求的目标,包括时间、成本和资源的约束条件。"这一概念强调了项目由活动组成、活动及其过程受控。

项目的种类应当按其最终成果或专业特征为标志进行划分。按专业特征划分,项目主要包括科学研究项目、工程项目、航天项目、维修项目、咨询项目等。

项目具有三个主要特征,即项目的一次性(单件性)、目标的明确性和项目的整体性。只有同时具备这三个特征的任务才能称为项目。而那些大批量的、重复进行的、目标不明确的、局部性的任务,不能称作项目。

工程项目是项目中数量最大的一类,既可以按照专业将其分为建筑工程、公路工程、水电工程、港口工程、铁路工程等项目,也可以按管理的差别将其划分为建设项目、设计项目、工程咨询项目和施工项目等。

项目的管理主体:建设单位。

2. 建设项目

建设项目(construction project),亦称基本建设工程项目,是指在一个总体设计或初步设计范围内,由一个或几个单项工程所组成,经济上实行统一核算,行政上实行统一管理的建设单位。基本建设项目按建设性质可分为新建项目、扩建项目、迁建项目和恢复项目。

建设项目的管理主体:建设单位。

3. 施工项目

施工项目:施工企业自施工投标开始到保修期满为止的全过程中完成的项目,是一次性施工任务。

施工项目的管理主体:施工承包企业。

施工项目的范围是由工程承包合同界定的,可能是建设项目的全部施工任务,也可能是建设项目中的一个单项工程或单位工程。

4. 建设项目的组成

建设项目可按不同的方式进行分类。按建设项目的规模大小可分为大型、中型和小型建设项目;按建设项目的性质可分为新建、扩建、改建、恢复和迁建项目;按建设项目的用途可分为生产性和非生产性建设项目;按建设项目的投资主体可分为国家投资、地方政府投资、企业投资、合资和独资建设项目。

一个建设项目,按其管理需要,一般可由以下工程内容组成:

(1) 单项工程

凡是具有独立的设计文件,竣工后可以独立发挥生产能力或效益的工程,称为一个单项工程。一个建设项目,可以由一个单项工程组成,也可由若干个单项工程组成。如工业建设项目中的生产系统、生活系统、仓储系统等;民用建设项目中,学校的教学楼、实验室、图书馆、学生宿舍等,这些都可以称为一个单项工程。

(2) 单位工程

单位工程是不能独立发挥生产能力,但具备独立施工条件并能形成独立使用功能,具有独立的施工组织设计和图纸的工程。如：土建工程、安装工程。

每一个独立的、单一的建筑物(构筑物)均为一个单位工程，如在一个住宅小区建筑群中，每一个独立的建筑物(构筑物)，如一栋住宅楼、一个商店、锅炉房、变电站，某所学校的一个教学楼、一个办公楼、传达室等均各为一个单位工程。

对建筑规模较大的单位工程，可将其能形成独立使用功能的部分划分为若干个子单位工程。如房屋建筑(构筑)物的单位工程是由建筑与结构及建筑设备安装工程共同组成。室外建筑环境单位工程又分成附属建筑、室外环境两个子单位工程。室外安装单位工程又分成给排水与采暖和电气两个子单位工程。

(3) 分部工程

单位工程中可以独立组织施工的工程，叫分部工程。

分部工程是单位工程的组成部分，一般按专业性质、建筑部位确定。一个单位工程一般是由地基与基础、主体结构、建筑装饰装修、屋面工程、建筑给水排水及采暖、通风与空调、建筑电气、建筑智能化、建筑节能和电梯等 10 个分部工程组成。

当分部工程较大或较复杂时，为了方便验收和分清质量责任，可按材料种类、施工特点、施工程序、专业系统及类别等划分成为若干个子分部工程。如地基与基础分部工程可划分为土方工程、基坑支护、地基处理、桩基础、地下防水、混凝土基础、砌体基础、型钢、钢管混凝土基础、钢结构基础等子分部工程。分部、子分部工程的划分见附录。

地基与基础分部工程，包括±0.00以下的结构及防水分项工程。凡有地下室的工程其首层地面下的结构(现浇混凝土楼板或预制楼板)以下的项目，均纳入"地基与基础"分部工程；没有地下室的工程，墙体以防潮层分界，室内以地面垫层以下分界，灰土、混凝土等垫层应纳入装饰工程的建筑地面子分部工程；桩基础以承台上皮分界。

主体分部工程，凡±0.00以上承重构件都为主体分部。对非承重墙的规定，凡使用板块材料，经砌筑、焊接的隔墙纳入主体分部工程，如各种砌块、加气条板等；凡采用轻钢、木材等用铁钉、螺钉或胶类黏结的均纳入装饰装修分部工程，如轻钢龙骨、木龙骨的隔墙、石膏板隔墙等。主体结构分部工程按材料不同又划分为混凝土结构、砌体结构、钢结构、型钢、钢管混凝土结构、轻钢结构、索膜结构、铝合金结构、木结构等子分部工程。

建筑装饰装修分部工程包括地面、抹灰、门窗、吊顶、饰面板、饰面砖、涂饰、裱糊与软包、外墙防水、细部、金属幕墙、石材与陶板幕墙、玻璃幕墙等子分部工程。

屋面工程分部工程包括基层与保护、保温与隔热、防水与密封、瓦面与板面、细部构造等。

建筑给水排水及采暖分部工程，包括给水排水管道、采暖、卫生设施等。

建筑给水排水及采暖分部工程又划分为室内给水系统、室内排水系统、室内热水供应系统、卫生器具安装、室内采暖系统、室外给水管网、室外排水管网、室外供热管网、建筑中水系统及游泳池系统、供热锅炉及辅助设备安装、太阳能热水系统等子分部工程。

建筑电气安装分部工程，按照不同区域、用途等划分成室外电气、变配电室、供电干线、电气动力、电气照明安装、备用和不间断电源安装、防雷及接地安装等子分部工程。

通风与空调分部工程按系统又划分为送排风系统、防排烟系统、除尘系统、空调风系统、净化空调系统、制冷设备系统、空调水系统等子分部工程。

建筑智能化分部工程划分为通信网络系统、计算机网络系统、建筑设备监控系统、火灾报警及消防联动系统、会议系统与信息导航系统、专业应用系统、安全防范系统、综合布线系统、智能化集成系统、电源与接地、计算机机房工程、住宅(小区)智能化系统等子分部工程。

建筑节能分部工程划分为围护系统节能、供暖空调设备及管网节能、电气动力节能、监控系统节能、可再生能源等子分部工程。

电梯分部工程划分为电力驱动的曳引式或强制式电梯安装,液压电梯安装,自动扶梯、自动人行道安装等子分部工程。

(4) 分项工程

一个房屋建筑(构)物的建成,由施工准备工作开始到竣工交付使用,要经过若干工序、若干工种的配合施工。所以,一个工程质量的优劣,取决于各个施工工序和各工种的操作质量。因此,为了便于控制、检查和验收每个施工工序和工种的质量,就把这些施工工序叫做分项工程。

建筑与结构工程分项工程的划分应按主要工种工程划分,但也可按施工程序的先后和使用材料的不同划分,如瓦工的砌砖工程,钢筋工的钢筋绑扎工程,木工的木门窗安装工程,油漆工的混色油漆工程等。也有一些分项工程并不限于一个工种,而是由几个工种配合施工的,如装饰工程的护栏和扶手制作与安装,由于其材料可以是金属的、木质的,不一定由一个工种来完成。

建筑设备安装工程的分项工程一般应按工种种类及设备组别等划分,同时也可按系统、区段来划分。如碳素钢管给水管道、排水管道等;再如管道安装有碳素钢管道、铸铁管道、混凝土管道等;从设备组别来分,有锅炉安装、锅炉附属设备安装、卫生器具安装等。另外,对于管道的工作压力不同,质量要求也不同,也应分别划分为不同的分项工程。同时,还应根据工程的特点,按系统或区段来划分各自的分项工程,如住宅楼的下水管道,可把每个单元排水系统划分为一个分项工程。对于大型公共建筑的通风管道工程,一个楼层可分为数段,每段则为一个分项工程来进行质量控制和验收。

考虑到主体分部工程涉及人身安全以及它在单位工程中的重要性,对楼房还必须按楼层(段),单层建筑应按变形缝划分分项工程。对于其他分部工程的分项工程没有强行统一,一般情况下按楼层(段)划分,以便于质量控制和验收,完成一层,验收一层,及时发现问题,及时返修。所以在能按楼层划分时,应尽可能按楼层划分;对一些小的项目,或按楼层划分有困难的项目,也可不按楼层划分;对一个钢筋混凝土框架结构,每一楼层的模板、钢筋、混凝土一般应按施工先后,把竖向构件和水平构件的同工种工程各分为一个分项工程。总之,分项工程的划分,要视工程的具体情况,既便于质量管理和工程质量控制,也便于质量验收。

分项工程的划分见附录。

(5) 检验批

按现行《建筑工程施工质量验收统一标准》(GB 50300—2013)规定,建筑工程质量验收时,可将分项工程进一步划分为检验批。检验批是指按同一的生产条件或按规定的方式汇总起来供检验用的,由一定数量样本组成的检验体。一个分项工程可由一个或若干个检验批组成,检验批可根据施工及质量控制和专业验收需要按楼层、施工段、变形缝等进行划分。

按现行《建筑工程施工质量验收统一标准》(GB 50300—2013)规定,建筑工程分部(子分部)及分项工程划分见附录附表1-1,室外单位(子单位)工程和分部工程划分见附表1-2。

1.1.2 建设程序

基本建设程序是建设项目从设想、选择、评估、决策、设计、施工到竣工验收、投入使用整个建设过程中,各项工作必须遵守的先后次序的法则。是建设项目在整个建设过程中各项工作必须遵循的先后顺序,是拟建建设项目在整个建设过程中必须遵循的客观规律。一般划分为决策、建设准备、工程实施三大阶段。

新中国建立初期(1950～1957年),全国的工程建设项目虽然不多,但在解放较早的东北地区,已经着手一些工厂的恢复、扩建和少量新建工程。第一个五年计划开始,国家进入大规模经济建设时间,基本建设规模日益扩大。我国的基本建设程序主要是学习前苏联,按前苏联的管理模式进行管理。1951年政务院财经委员会颁发了《基本建设工作程序暂行办法》,其侧重点是对基本建设计划的核准和先设计、后施工的步骤,作了具体规定,将基本建设的全部过程分为4个阶段,即:

① 计划之拟订及核准;
② 设计工作;
③ 施工与拨款;
④ 工程决算与验收交接。

1957～1976年,各种管理制度被破坏。从1977年起,国家恢复重建了管理机构,各种管理制度得以健全,1978年由国家计委、国家建委、财政部联合颁发了《关于基本建设程序的若干规定》,规定中述及一个项目从计划建设到建成投产,一般要经过下述几个阶段:根据发展国民经济长远规划和布局的要求,编制计划任务书;选定建设地点;经批准后,进行勘察设计;初步设计经过批准,列入国家年度计划后,组织施工;工程按照设计内容建成,进行验收,合格后交付生产使用。

全部过程包括以下阶段内容:
① 计划任务书;
② 建设地点的选择;
③ 设计文件;
④ 建设准备;
⑤ 计划安排;
⑥ 施工;
⑦ 生产准备;
⑧ 竣工验收、交付生产。

1991年12月国家计委下发文件明确规定,将现行国内投资项目的计划任务书和利用外资项目的可行性研究报告统一称为可行性研究报告,取消计划任务书的名称。文件还规定今后所有国内投资项目和利用外资的建设项目,在批准项目建议书以后,并在进行可行性研究的基础上,一律编报可行性研究报告,其内容及深度要求与以前的计划任务书相同,经批准的可行性研究报告是确定建设项目、编制设计文件的依据。

1.1.2.1 项目建议书

项目建议书是项目法人提出的,要求建设某一工程项目的建议性文件,是对拟建设项目的轮廓设想，主要是从建设的必要性来衡量，初步分析和说明建设的可能性。凡列入长期计划或建设前期工作计划的项目，都应该编制项目建议书。

项目建议书一般由项目的主管单位根据国民经济发展长远规划、地区规划、行业规划，结合资源情况、建设布局，在调查研究、收集资料、勘探建设地点、初步分析投资效果的基础上提出。跨地区、跨行业的建设项目以及对国计民生有重大影响的重大项目，由有关部门和地区联合提出项目建议书。

项目建议书应包括以下主要内容：

① 建设项目提出的必要性和依据。引进技术和进口设备的，还要说明国内外技术差距和概况以及进口的理由。

② 产品方案，拟建规模和建设地点的初步设想。

③ 资源情况、建设条件、协作关系和引进国别、厂商的初步分析。

④ 投资估算和资金筹措设想。利用外资项目要说明利用外资的可能性，以及偿还贷款能力的大体测算。

⑤ 项目的进度安排。

⑥ 经济效益和社会效益的初步估计。

⑦ 环境影响的初步评价。

项目建议书的审批：

项目建议书要按管理体制、隶属关系，分级审批。原则上，按隶属关系，经主管部门提出意见，再由主管部门上报，或与综合部门联合上报，或分别上报。

① 大中型基本建设项目、限额以上更新改造项目，委托有资格的工程咨询、设计单位初评后，经省、自治区、直辖市、计划单列市计委及行业归口主管部门初审后，报国家计委审批，其中特大型项目（总投资4亿元*以上的交通、能源、原材料项目，2亿元以上的其他项目），由国家计委审核后报国务院审批。总投资在限额以上的外商投资项目，项目建议书分别由省计委、行业主管部门初审后，报国家计委会同外经贸部等有关部门审批；超过1亿美元的重大项目，上报国务院审批。

② 小型基本建设项目，限额以下更新改造项目由地方或国务院有关部门审批。

ⅰ 小型项目中总投资1 000万元以上的内资项目、总投资500万美元以上的生产性外资项目、300万美元以上的非生产性利用外资项目，项目建议书由地方或国务院有关部门审批。

ⅱ 总投资1 000万元以下的内资项目、总投资500万美元以下的非生产性利用外资项目，本着简化程序的原则，若项目建设内容比较简单，也可直接编报可行性研究报告。

原国家计委项目审批规定见表1-1。

传统计划经济体制下高度集中的投资管理模式，严重阻滞了国有经济的发展，它的主要弊端可以归结为以下几个方面：

① 政府对投资的管理采取单一的指令性计划管理。固定资产投资的各项指标，采用单一指令性计划方式下达，缺乏灵活性和必要的弹性，投资建设任务由国家统一下达，资金统一安排，投资品统一调拨，甚至一度把企业折旧基金也作为财政收入上交后，再作为财政支出拨给企业。加上计划执行中缺乏及时的信息反馈，投资信息只靠行政系统事后传递，不仅对投资和建设的经济活动管得过多过死，而且往往由于国家计划的失误造成建设上的重大损

---

* 文中金额的币种不特别注明的皆指人民币。

失,最后不得不进行事后的调整。由于国家包揽一切,不仅削弱了宏观管理职能,而且还助长地方和企业纵向依赖性,企业没有可由自己支配的投资资金,成为"大锅饭"体制的根源。

② 投资决策权高度集中于政府(包括中央政府与地方政府,投资制度虽几经变动,但主要集中在地方政府与中央政府投资决策权力的调整上),国家高度集中管理的方式是单一的直接行政管理。各级政府行政机关是投资活动的中介环节,用行政办法调控投资,由行政首长拍板定项目,由行政机关安排设计施工任务,各类企业则成为行政机关的附属物,缺乏投资和经营管理的决策自主权,因而不需要承担投资的风险,这是我国投资活动长期低效的重要根源。

③ 投资主体单一,主要指国有投资特别是财政投资的比例过大。

表 1-1 原国家计委项目审批规定

项目类型	适用范围	具体规定	依 据
大中型及限额以上项目	各省、自治区直辖市和计划单列市	① 大中型和限额(3 000万元)以上的项目建议书、可行性研究报告由国家计委审批;其中投资超过2亿元的由国务院审批。 ② 按投资限额划分的,能源、交通、原材料工业项目由3 000万元提高到5 000万元,其他行业按原规定(3 000万元)执行,技改项目相同。 ③ 大中型和限额以上项目的开工报告由国家计委审核后报国务院批准	国发[1984]138号、国发[1987]23号、国发[1991]43号
	特殊政策 广东省福建省	基建项目的可行性研究报告,除投资总额两亿元以上的重大项目仍需报国务院审批外,一般大中型项目,凡建设和生产条件不涉及国家综合平衡的,由省自行审批,并报国家计委备案。投资额3000万元以下的技术改造和改建、扩建项目的可行性研究报告,由省自行审批	国发[1985]46号、国函[1985]58号
	特殊政策 海南省	总投资两亿元以下的基建和技改项目,凡属建设、生产、产品销售、外汇等条件能够自行平衡,并有偿还能力的,均由海南省审批,报国家计委备案	国发[1988]24号
	特殊政策 上海浦东	非生产性项目,总投资在限额以上的,项目建议书经国家计委或国务院批准后,项目可行性研究报告和开工由上海市自行审批,但需报国家计委备案。生产性项目,总投资二亿元以下的大中型建设项目,符合国家产业政策,又不需要国家综合平衡的,项目建议书经国家计委审批后,可行性研究报告和开工由上海市自行审批,并报国家计委备案	国函[1992]5号
	全民所有制工业企业	企业遵照国家产业政策和行业、地区发展规划,以留用资金和自行筹措的资金从事生产性建设,能够自行解决建设和生产条件的,由企业自主决定立项,报政府有关部门备案并接受监督,经土地管理、城市规划、城市建设、环境保护等部门依法办有关手续后,企业自主决定开工。企业从事生产性建设,不能自行解决建设和生产条件或者需要政府投资的,报政府有关部门批准	国务院[1992]103号

续表

项目类型	适用范围	具体规定	依 据
利用外资及对外投资项目	各省、自治区直辖市、计划单列市、经济特区和国务院有关部门、公司、总后勤部	①外商投资：凡符合国家《指导外商投资方向暂行规定》和《外商投资产业指导目录》，中方投资和建设、生产经营条件以及外汇需求可自行平衡解决的吸收外商直接投资的生产性项目，项目总投资额3 000万美元以下的，自行审批，报有关部门备案。3 000万美元以上的以及授权审批权限以内而建设和生产经营条件需要国家综合平衡的或国家产业政策规定限制建设的外资企业项目，由国家计委会同国务院有关部门进行综合平衡和审批。投资总额超过1亿美元的重大项目，由国家计委提出审查意见，报国务院审批。不需要国家综合平衡的限额以上鼓励类外商投资项目，由省、自治区、直辖市和计划单列市自行审批，项目建议书、可行性研究报告批准文件报国家计委或国家经贸委备案。 ②海外投资：凡需向国家申请资金或境外借款需担保或产品返销国内需国家综合平衡以及中方额在100万美元以上的，项目建议书和可行性研究报告由国家计委会同有关部门审批；中方投资3 000万美元以上的，项目建议书和可行性研究报告由国家计委会同有关部门初审后报国务院审批。 ③国外政府及金融组织：执行大中型及限额以上项目审批权限及程序	国发[1996]34号、国发[1991]14号、国办发[1999]73号、国发[1991]13号、国发[2000]15号
楼堂馆所项目	各省、自治区直辖市和计划单列市	建设总投资3 000万元以上，地方项目和中央单位京外项目由当地人民政府审查、中央单位在京项目由首规委审查后，项目建议书报国家计委审批。二亿元以上和某些二亿元以下项目，由国家计委提出审查意见后报国务院审批。建设总投资3 000万元以下，各地领导机关建设项目的项目建议书，报国家计委审批，某些项目由国家计委提出审查意见后报国务院审批；其他3 000万元以下项目，由当地人民政府审批。开工报告，建设总投资3 000万元以上项目由国家计委汇总后报国务院审批，3 000万元以下项目报国家计委备案，北京地区项目由首规委报国务院审批	国务院[1988]15
高档房地产开发项目	各省、自治区直辖市和计划单列市	高档房地产开发项目要按照基本建设程序和规定的批准权限审批。对建筑面积在10万平方米及以上或总投资在2亿元及以上的高档房地产开发建设项目，以及所有中央国家机关在京单位房地产开发项目的立项和开工，由国家计委审批。建筑面积在2万平方米以上、10万平方米以下或总投资在3 000万元以上、2亿元以下的高档房地产开发建设项目的立项及开工，由省、自治区、直辖市和计划单列市计委审批，并报国家计委备案	国发[1995]13号
西部地区项目	西部地区各省自治区、直辖市	除国家重大项目和有特殊规定的项目以外，凡是企业用自有资金或利用银行贷款投资于国家鼓励和允许类产业的项目，项目建议书和可行性研究报告合并一道按规定程序报批，初步设计、开工报告不再报政府审批，相应简化外商投资项目审批程序	国发[2000]33号

④ 年度短期平衡管理，投资规模缺乏动态及综合平衡机制。投资物资分配计划都是一年一定，年终一刀切，这种年度计划管理方法，不适应投资活动的连续性和长周期性，不利于对在建项目投资总规模实行事先的中期平衡控制，不利于对投资方向实行有效指导，也不利于投资结构的调整。同时，政府平衡的目标只注意投资的供给量，对决定投资需求量的经济社会生活需求增长总量及其结构，没有有效地平衡控制，这是形成屡次投资规模失控和投资结构失调的重要根源。

⑤ 条块分割，分兵把口管理。投资管理名义上是国家高度集中管理，实际上把密切相关的投资经济活动分散在政府各个管理部门和地区，人为地、绝对地割裂了投资经济活动的内在联系，使全社会投资工作长期处在推诿扯皮的混乱状态。所以有人将传统投资体制的基本特征概括为：计划批（项目），财政拨（款），银行管（中国建设银行管基本建设款的拨付和使用中的监督）。这种制度的根本性弊端在于：国有企业缺乏必要的投资自主权，同时也缺乏提高投资效益的内在动力和外在压力。随着经济形势的发展，投资方式、投资内容以及投资环境日趋复杂化，原有的投资体制的弊端日益显露。

因此，为了保障投资与建设事业的正常健康发展，就必须全面改革传统的投资体制，发挥企业自主投资并加强管理的压力和动力。

在企业里呆过的人都知道"跑项目"的艰辛，前期需要项目可行性报告、项目建议书，到开工时需要开工报告，一个项目跑下来少则数月，多则数年。等到项目跑完，市场机会可能已经没有了。国资委主任李荣融曾经说，政府最擅长的是审批和检查，他自己也曾经花过几年时间跑一个项目，深知企业跑项目之苦。

2004年7月16日国务院发布了《国务院关于投资体制改革的决定》（国发[2004]20号）文件，文件明确指出，要转变政府管理职能，确立企业的投资主体地位；完善政府投资体制，规范政府投资行为；加强和改善投资的宏观调控；加强和改进投资的监督管理，最终建立起市场引导投资、企业自主决策、银行独立审贷、融资方式多样、中介服务规范、宏观调控有效的新型投资体制。对于企业不使用政府投资建设的项目，一律不再实行审批制，区别不同情况实行核准制和备案制。其中，政府仅对重大项目和限制类项目从维护社会公共利益角度进行核准，严格按《政府核准的投资项目目录》（以下简称《目录》）规定的核准范围进行核准，未经国务院批准，各地区、各部门不得擅自增减《目录》规定的范围。其他项目（《目录》以外的企业投资项目）无论规模大小，均改为备案制，项目的市场前景、经济效益、资金来源和产品技术方案等均由企业自主决策、自担风险，并依法办理环境保护、土地使用、资源利用、安全生产、城市规划等许可手续和减免税确认手续。对于企业使用政府补助、转贷、贴息投资建设的项目，政府只审批资金申请报告。各地区、各部门要相应改进管理办法，规范管理行为，不得以任何名义截留下放给企业的投资决策权利。

企业投资建设实行核准制的项目，仅需向政府提交项目申请报告，不再经过批准项目建议书、可行性研究报告和开工报告的程序。政府对企业提交的项目申请报告，主要从维护经济安全、合理开发利用资源、保护生态环境、优化重大布局、保障公共利益、防止出现垄断等方面进行核准。对于外商投资项目，政府还要从市场准入、资本项目管理等方面进行核准。政府有关部门要制定严格规范的核准制度，明确核准的范围、内容、申报程序和办理时限，并向社会公布，提高办事效率，增强透明度。

根据国发[2004]20号文件精神，全国各地方政府制定了具体的审批程序。

安徽省芜湖市政府在《芜湖市政府投资项目管理办法》（2006年7月1日起施行）中规定：

项目总额在 100 万元(含 100 万元)以上的政府投资项目由芜湖市发改委负责办理项目审批手续。

贵州省规定:政府投资(直接投资、资本金注入、投资补助、转贷和贴息补助)的项目实行审批制(审批项目建议书、可研报告、初步设计),项目建议书的审批权限:属中央投资、中央和地方合资的大中型和限额以上项目的项目建议书需报送国家投资主管部门(发改委)审批。中、小型项目的项目建议书,按隶属关系,属省政府投资为主的建设项目需报省投资主管部门(发改委)审批;属市(州、地)政府投资为主的建设项目需报市(州、地)投资主管部门(发改委)审批;属县(市、区)政府投资为主的建设项目需报县(市、区)投资主管部门(发改局)审批。

项目不要求政府投资,但项目在国家和省政府核准投资项目《目录》内的,就实行核准制,投资项目的核准部门按照权限划分,国家是国务院、国务院投资主管部门和国务院行业主管部门;地方是省、市(州、地)政府投资主管部门。其他部门、县级人民政府投资主管部门没有核准的权限。

不在政府投资项目核准《目录》内的项目全部都实行备案制。贵州省的基本建设投资项目备案,执行黔发改投资[2005]705 号文关于印发《贵州省基本建设投资项目备案制暂行办法》通知的规定。按照投资额和项目性质,分别由省、市(州、地)、县级发展改革部门备案。估算总投资 5 000 万元以上的项目,由省发改部门备案;估算总投资 1 000 万元至 5 000 万元的项目,由市(州、地)发改部门备案;估算总投资 1 000 万元以下的项目,由县(市、区)发改部门备案。

淮北市出台了《关于构建淮北市行政审批绿色通道的实施意见》,淮北市监察局与淮北市行政服务中心管委会联合下发了《淮北市行政审批绿色通道项目办理细则》(以下简称《细则》)。根据《细则》规定,淮北市将把市委、市政府确定的年度重点项目、招商引资项目、民生工程项目、全民创业项目、注册资本 500 万元以上的内外资企业登记项目以及各代理代办机构、行政相对人需要快速审批的项目全部纳入行政审批绿色通道项目办理范围。细则规定,凡被纳入市行政审批绿色通道范围的职能部门、公共服务单位和中介服务机构及其相关项目必须进驻市行政服务中心实行集中办理。

1.1.2.2 可行性研究

项目建议书批准后,即可进行可行性研究。

可行性研究是在建设项目投资决策前对有关建设方案、技术方案和生产经营方案进行的技术经济论证。可行性研究必须从系统总体出发,对技术、经济、财务、商业以至环境保护、法律等多个方面进行分析和论证,以确定建设项目是否可行,为正确进行投资决策提供科学依据。项目的可行性研究是对多因素、多目标系统进行的不断的分析研究、评价和决策的过程。它需要有各方面知识的专业人才通力合作才能完成。可行性研究不仅应用于建设项目,还可应用于科学技术和工业发展的各个阶段和各个方面。我国从 1982 年开始,已将可行性研究列为基本建设中的一项重要程序。

可行性研究的任务是对拟建项目从技术、经济和外部协作条件等所有方面,是否合理和可行,进行全面的分析论证,将多方案进行比较和评价,推荐最佳方案,为投资的决策提供科学的、可靠的、准确的依据。

可行性研究一般要回答下列问题:

① 拟议中的项目在技术上是否可行;
② 经济上效益是否显著;
③ 财务上是否有利;

④ 需要多少人力、物力资源；
⑤ 需要多长时间建成；
⑥ 需要多少投资，能否筹集和如何筹集到这些资金。

上述问题概括起来有三个方面，即工艺技术、市场需求和财务经济。三者的关系：市场是前提，技术是手段，核心是财务经济，即投资效益。归根结底就是能否赚到钱，可行性研究的全部工作都是围绕这个核心问题而进行的。

大部分可行性研究所包括的范围都相同或类似，但由于项目的特点、性质、规模和复杂程度，以及所需投资费用和其他费用等因素，研究的侧重点或要求的细节会有很大的不同。

1. 大型新建项目的可行性研究应包括的内容

（1）建设的目的和依据

主要说明为什么要兴建该项工程，兴建的必要性；该项工程在地区、部门以及国民经济全局中的地位和作用；提出兴建该项工程的主要依据文件。如国民经济长远规划，生产力配置规划、区域规划、城市规划的要求，以及国家有关文件的规定等。矿区、林区、水利项目的建设依据，还应注明自然资源的开采、开发条件等自然经济状况。

（2）建设规模、产品方案

建设规模是指建设项目的全部生产能力或使用效益，如工业项目中的主要产品品种、规格、产量；交通运输项目中的铁路、公路、管线的总长度；非工业项目中的建筑面积、医院床位数、冷库储藏量、水库容积等。

产品方案主要说明产品结构，中间产品衔接和工艺路线。例如，钢铁联合企业应说明铁矿石开采、筛选、烧结系统、焦化系统、炼铁、炼钢系统，钢材初轧、精轧等产品结构、衔接和配套安排。以石油为原料的石油化工联合企业，应说明原料的加工路线，中间产品品种的衔接平衡，最终产品的结构等等，改扩建项目应包括原有固定资产的利用程度和现有生产能力的发挥情况。

（3）生产方法或工艺原则

一般工业项目应说明产品的加工制作工艺方式和要求达到的技术水平。采用重大新技术、新工艺、新设备，要有有关部门审查、鉴定的意见。

（4）自然资源、水文地质和工程地质条件

自然资源主要指矿藏开发、石油天然气开发、林区开发、水利水电开发项目范围内已经探明的有用资源的储量、质量，储存情况以及开采条件。

水文地质条件，应说明拟建工程范围内地下水的形成和分布情况，包括地下水的数量、质量、产状、补给、运动和排泄等条件。

工程地质条件，应说明拟建工程区域的地质状况，包括地层、岩性、地质构造、地貌特征、物理地质作用和地震烈度级别等。

（5）主要协作条件

说明拟建工程建成投产后所需原料、燃料、动力、供水、供热、交通运输、协作产品、配套件等外部条件的要求和同步建设工程的安排意见。上报的可行性研究报告应附有与有关部门、单位达成的协作条件、协议文件或有关方面的签署意见。

（6）资源综合利用，环境保护、"三废"治理的要求

资源综合利用应说明资源利用的深度和合理利用程度。例如，矿山工程项目应说明多金属共生物的采、选、冶综合利用情况以及尾矿中矿物的回收利用情况；水利项目应说明发电、灌

溉、防洪、运输等综合效益发挥程序；化工项目应说明原料一次加工、二次加工的深度等等。

新建工业项目，应对环境影响做出评价。凡可能产生污染、影响环境、破坏生态平衡的，必须提出治理"三废"、控制污染、保护环境的措施，以便做到"三废"治理工程能与主体工程同步建成。

(7) 建设地区或地点、占地估算

所有新建工业项目，在上报可行性研究报告时，都应当完成规划性选点工作，并附有有关部门或地区对拟建厂址的倾向性意见；铁路、公路、管线工程、输变电工程，应说明线路(线网)的经由和走向；某些有特殊要求的项目，如水利水电工程、桥梁、应完成工程的选址，确定具体的坝址或桥位；一般民用建筑工程的大体方位，在工程选址阶段，允许在可行性研究报告确定的范围内变动。

所有新建、扩建(厂外扩展)项目，在确定地点时，应说明所在地区的地震基本烈度以及建筑防震要求。对建设占地的数量和质量(耕地、山地、荒地)应加以估算，并附有项目所在地区征地管理部门的原则性意见。

(8) 建设工期

说明从工程正式破土动工到全部建成投产所需的天数以及对工程建设的起止年限的建议。

(9) 总投资估算

说明按照投资估算指标估算的建设项目本身所需的全部投资费用，作为编制工程设计概算的控制数。还应说明直接为项目进行配套的相关外部工程所需的投资。

说明建设资金的来源或筹集方式，例如国家预算投资、地方预算统筹投资、自筹投资、银行贷款、利用外资、合资经营等。属于银行贷款项目，应附有贷款银行的签署意见。

自筹大中型项目应说明建设资金的来源，还应说明材料、设备的来源，并附有同级财政、物资部门的签署意见。

(10) 劳动定员控制

说明项目正式投产后所需的劳动定员，包括生产技术和经营管理人员和生产操作工人的定员。

(11) 要求达到的经济效益

一般工业生产项目，从财务评价角度(包括静态评价和动态评价)提出销售收入、产品成本、利润、投资利润率、贷款偿还期、投资回收期以及达到设计能力的年限和工程服务年限等经济效益发挥程度的要求。

在可行性研究的基础上，编制可行性研究报告。

2. 可行性研究报告的审批

国家计委现行规定审批权限如下：大中型项目的可行性研究报告，按隶属关系由国务院主管部门或省、区、市提出审查意见，报国家计委审批，其中重大项目由国家计委审查后报国务院审批。

国务院各部门直属及下放、直供项目的可行性研究报告，上报前要征求所在省、区、市的意见。小型项目的可行性研究报告，按隶属关系由国务院主管部门或省、区、市计委审批。

3. 可行性研究报告后的主要工作

可行性研究报告批准后即国家同意该项目进行建设，列入预备项目计划。列入预备项目计划并不等于列入年度计划，何时列入年度计划，要根据其前期工作的进展情况、国家宏观经济政策和对财力、物力等因素进行综合平衡后决定。建设单位可进行下列工作：
① 用地方面，开始办理征地、拆迁安置等手续。
② 委托具有承担本项目设计资质的设计单位进行扩大初步设计，引进项目开展对外询价和技术交流工作，并编制设计文件。
③ 报审供水、供气、供热、下水等市政配套方案及规划、土地、人防、消防、环保、交通、园林、文物、安全、劳动、卫生、保密、教育等主管部门的审查意见，取得有关协议或批件。
④ 如果是外商投资项目，还需编制合同、章程、报经贸委审批，经贸委核发了企业批准证书后，到工商局领取营业执照、办理税务、外汇、统计、财政、海关等登记手续。

4. 国外的可行性研究

国外的可行性研究，依研究的任务和深度通常分为三个阶段。机会研究、可行性初步研究、可行性研究。

（1）机会研究

机会研究的任务是鉴别投资机会，即寻求作为投资主要对象的优先发展的部门，并形成项目设想。为此，机会研究应分析下列问题：
① 在加工或制造方面有潜力的自然资源情况；
② 由于人口增长或购买力增长而对某些消费品需求的潜力；
③ 在资源和经济背景方面具有同等水平的其他国家获得成功的同类产业部门；
④ 与本国或国际的其他产业部门之间可能的相互联系；
⑤ 现有生产范围通过向前或向后延伸可能达到的扩展程度（例如炼油厂延伸到石油化工，轧钢厂延伸到炼钢）；
⑥ 多种经营的可能性；
⑦ 现有生产能力的扩大及可能实现的经济性；
⑧ 一般投资趋向；
⑨ 产业政策；
⑩ 生产要素的成本和可获得性；
⑪ 进口及可取代进口商品的情况；
⑫ 出口的可能性。

机会研究又可分为一般机会研究与具体项目机会研究。

一般机会研究包括地区研究、部门研究和以资源为基础的研究。其目的是鉴别在某一地区、某一产业部门或利用某种资源的投资机会，为形成投资项目的设想提供依据。

具体项目机会研究的任务是，将在一般机会研究基础上形成的项目设想发展成为概略的投资建议，以引起投资者的兴趣和积极响应。为此，必须对鉴别的产品有所选择，并收集与这些产品有关的基本数据，以及有关这些产品的基本政策和法规的资料，以便投资者考虑。

机会研究所用的时间短，费用不多，其内容比较粗略，主要是借助于类似项目的有关资料进行估价，一般不需进行详尽的计算分析。

（2）可行性初步研究

可行性初步研究的任务是对具体项目机会研究所形成的投资建议进行鉴别，即对下列问题作出判断：
① 投资机会是否有前途，可否在可行性初步研究阶段详细阐明的资料基础上作出投资决策；

② 项目概念是否正确,有无必要进行详细的可行性研究;

③ 有哪些关键性问题,是否需要通过市场调查、实验室试验、实验工厂试验等辅助研究进行更深入的调查;

④ 项目设想是否有生命力,投资建议是否可行。

(3) 可行性研究

可行性研究的任务是对可行性初步研究肯定的建设项目进行全面而深入的技术经济论证,为投资决策提供重要依据。为此,必须深入研究有关市场、生产纲领、厂址、工艺技术、设备造型、土建工程以及经营管理机构等各种可能的选择方案,在分析比较的基础上选优,以便确定最佳的投资规模和投资时期以及应采取的具体措施。在整个研究过程中,始终要把最有效地利用资源取得最佳经济效益放在中心位置,并得出客观的(不能有任何先入为主的成分)结论。

(4) 辅助研究

辅助研究或称功能研究,不是可行性研究的一个独立阶段,而是可行性初步研究或可行性研究的前提或辅助工作,主要是在需要大规模投资的项目中进行。辅助研究不涉及项目的所有方面,而只涉及某一个或某几个方面,主要有:

① 市场研究,包括市场需求预测及预期的市场渗透情况;

② 原材料和燃料的研究,包括可获得性和价格预测;

③ 为确定某种原料的适用性而进行的实验室和实验工厂的试验;

④ 厂址选择的调查研究;

⑤ 适合于不同技术方案的规模经济分析;

⑥ 设备选择的调查研究。

1.1.2.3 厂址选择

选择厂址的任务是在拟建设的地区、地点范围内,具体确定建设项目场地的坐落位置和东、西、南、北四面。就一个工厂单体来看,就是厂址选择,而对联合工业区的群体来看,就是厂址布局。

我国的工业发展规划是由国家各级计划部门拟订的,在规划中已经根据各地区的经济地理条件、现有的工业分布状况以及今后工业发展的前景,为拟建项目指定出一个范围,厂址选择是指在这个范围内所进行的厂址方案的调查、比较、选择和最终确定。

新建工业项目的厂址选择包含选点和选址两个内容。选点是按照建厂要求条件在较大范围内进行选择,例如国家计划在某省(或某行政区)内建设一个项目,省或行政区的计划主管部门则根据建厂条件,提供几个地点选择,每个地点又有几个可供选择的厂址。所谓选点,就是根据地形、地貌、运输、水、电、汽来源以及原料供应、外部协作、周围环境等状况,从其中选出一个较适合的地点。所谓选址,就是从该合适的地点内可供选择的几个厂址,通过详细的勘察、比较,具体确定工厂的所在地址。

厂址选择最根本的要求有两点,一是从保证拟建工厂直接的经济效益出发,要满足工厂的经济生命力和职工生活的要求。二是从保证间接的、社会的效益出发,要求厂址的布局能促进城镇或区域的经济文化发展,而不造成对四邻和所在城镇、区域的景观与环境生态平衡的破坏。

1. 选择厂址的基本要求

① 土地面积与形状,能满足根据生产工艺流程特点合理布置建筑物、构筑物的需要,即厂

区总图的要求；

② 地形应力求平坦而略有坡度（一般以不超过千分之五至十为宜），以减少土地平整的土方工程量，有利于厂区排水和运输；

③ 有良好的工程地质条件，厂址不应设在有滑坡、断层、泥石流、岩溶、地下水位过高、有强烈地震以及地基上承载力低于 0.1 MPa 的地区；

④ 应尽可能接近水源地，并便于污水的排放和处理；

⑤ 应靠近主要原料燃料的供应源，靠近动力供应中心，并有利于和有关联企业的协作；

⑥ 应注意与附近交通的联系，尽量接近铁路、水路、公路，以缩短货运距离；

⑦ 对排放有毒废水、废气、废渣和噪声严重的工厂，不要设在城镇居民区的上风向、水源上游和人口密集之处；

⑧ 重要项目应远离机场，避开国际航线，且不宜选在水库、水力枢纽、大桥、大工厂等明显目标附近；

⑨ 厂区和居住区应保持一定的间隔距离，设置必要的卫生防护地带。

2. 对于有易燃、易爆、有毒特性的化工工业厂址的选择

① 厂址应尽可能离开城镇人口密集区；

② 在沿河、海岸布置时，应位于江河、城镇和重要桥梁、港区、船厂、水源地等重要建筑物的下游；

③ 避开爆破危险区、采矿崩落区及有洪水威胁的地域；在位于坝址下游方向时，不应设在当水坝发生意外事故时，有受水冲毁危险的地段；

④ 有良好的气象卫生条件，避开窝风、积雪的地段及饮用水源区，并考虑季节风、台风强度、雷击及地震的影响和危害；

⑤ 厂址布置应在有毒物质及可燃物质的上风侧。为保证安全生产，各主要的装置区应与罐区、仓库，保持适当的防护距离，不能过于集中。

厂址选择在可行性研究和决策阶段是一项中心问题，必须尊重科学，尊重客观，保持慎重态度，绝不能以某个领导部门的行政指示为据。否则，如因此而厂址选择不当，将会在工厂投产后产生种种困难，甚至留下无穷的后患。

3. 厂址选择的一般步骤

（1）建厂条件指标

根据拟建工厂的产品品种和生产规模拟订建厂条件指标，借以查明所提供的厂址是否符合建厂要求，建厂条件指标大致有：

① 占地面积。包括生产装置界区、公用工程、附属工程、仓库罐区用地、厂区道路、铁路专用线等所需占地的面积；同时还应考虑施工临时用地和打算将来扩充的预留地以及在生产过程中有废渣排出的废渣堆放场地。

② 全厂原料和燃料的种类和年消耗数量，主要产品和中间产品的品种和年消耗量。

③ 运输吞吐量（运进和运出），货物运输和储存的特殊要求。

④ 用水量及对水质的要求，用电量及其最高负荷量和负荷等级，需要外供的高压蒸汽或低压蒸汽的用量。

⑤ 污水的排出量及其性质，废气的排出量及其有害成分，废渣的排出量及其性质。以上对环境保护的影响范围及处理方案。

⑥ 全厂定员及生活区占地面积的估算。

⑦ 某些特殊条件，如易燃、易爆、有毒、粉尘、防腐、噪音等。

⑧ 对其他工厂要求的协作条件。

除此而外，应尽可能收集有关厂址的地形图、地质资料以及规划资料。

(2) 制定厂址基础资料提纲

进行现场踏勘，对厂址所在处进行深入的了解。根据工厂规模、特性、事先制定厂址基础资料提纲，以供实际选址时的参考，提纲的内容，根据具体情况，可有所增加或减少。

(3) 方案比较和分析论证

根据现场踏勘结果，对所收集到的资料加以鉴定，进行厂址方案比较和分析论证，提出推荐方案。要说明推荐的理由，并绘出厂址规划示意图（标明厂区位置、备用地、生活区位置、水源地和污水排出口位置、厂外交通运输线路和输电线路位置、原料气输送线路等）和工厂总平面位置示意图。

(4) 提出选址报告

选址报告是厂址选择工作得出的结论性意见，也是最终定址的根据，其内容有：

① 选址的依据、所采用的工艺技术路线、建厂条件指标以及选址的重要经过。

② 建设地区的概况（包括自然地理、经济、社会概况）。

③ 厂址建设条件的概述（包括原料燃料来源、供排水条件、供电条件、运输条件、工程地质、水文地质、施工条件等）。

④ 厂址方案比较，包括厂址技术条件上的比较和厂址建设投资及生产经营费用上的比较。

⑤ 各厂址方案的综合分析论证，推荐方案及推荐理由。

⑥ 当地有关主管部门对厂址的意见。

⑦ 存在问题及解决办法。

⑧ 附件，如有关协议文件或附件、厂址规划示意图、工厂总平面布置示意图。

1.1.2.4 勘察工作

勘察是指包括工程测量、水文地质勘察和工程地质勘察等内容的工程勘察，是为查明工程项目建设地点的地形地貌、地层土壤、岩性、地质构造、水文条件和各种自然地质现象等而进行的测量、测绘、测试、观察、地质调查、勘探、试验、鉴定、研究和综合评价工作。勘察工作为建设项目厂址的选择，工程的设计和施工提供科学可靠的根据。勘察工作的主要内容有三个：

1. 工程测量

包括平面控制测量、高程控制测量、地形测量、摄影测量、线路测量及其图纸的绘制复制，技术报告的编写和设置测量标志。根据建设项目的需要所选择的测量工作内容、测绘成果和成图的精度，都应充分满足各个设计阶段的设计要求和施工的一般要求。

2. 水文地质勘察

包括水文地质测绘、地球物理勘探、钻探、抽水试验、地下水动态观察、水文地质参数计算、地下水资源评价和地下水资源保护等方面。

水文地质勘察工作的深度和成果，应能满足各个设计阶段的设计要求。

3. 工程地质勘察

根据各个阶段的设计要求可分三个阶段。

① 选择厂址勘察。是对拟选厂址的稳定性和适宜性，做出工程地质评价，以满足确定厂址方案的要求。

② 初步勘察阶段。是对厂内建筑地段的稳定性做出评价，并为确定建筑总平面布置、各主要建筑物地基基础工程方案及对不良地质现象的防治工程方案，提供地质资料，满足初步设计的要求。

③ 详细勘察阶段。是对建筑地基做出工程地质评价，并为地基基础设计、地基处理与加固、不良地质现象的防治工程，提供工程地质资料，以满足施工图设计的要求。

此外，对工程地质条件复杂或有特殊要求的重大建筑地基，应根据不同的施工方法，进行施工勘察。

对面积不大且工程地质条件简单的建筑场地，或有建筑经验的地区，可适当简化勘察阶段。

勘察工作一般由设计部门提出要求，委托勘察单位进行，按签订的合同支付勘察费用，取得勘察成果，通常将勘察设计作为一个阶段安排。

1.1.2.5 设计

设计是建设项目实施过程中的直接依据。一个建设项目的最终成果，表现在资源上利用是否合理，设备选型是否得当，生产流程是否先进，厂区布置是否紧凑，生产组织是否科学，综合经济效果是否理想，工程设计的质量起决定性的作用。

可行性研究报告和选点报告经批准后，项目的主管部门应通过招投标、指定和委托设计单位，按照可行性研究报告规定的内容，编制设计文件。

一个建设项目可以由一个设计单位来承担设计，也可以由两个以上的设计单位来承担，但必须指定其中的一个设计单位做总体设计单位，负责组织设计的协调、汇总，使项目的设计文件保持其完整性。

1. 设计阶段

一般建设项目按两个阶段进行设计，即初步设计和施工图设计。

对于技术上复杂而又缺乏设计经验的项目，可按三个阶段进行设计，即在初步设计和施工图设计之间增加技术设计阶段。

对一些大型联合企业，为解决总体部署和开发问题，还需进行总体设计。总体设计的主要任务是对一个大型联合企业或一个开发区内应包含的各个单元（装置）、单项工程根据生产流程上的内在联系，在相互配合、衔接等方面做出统一的部署和规划，使整个工程区域在布置上紧凑，流程上顺畅，技术上可靠，生产上方便，经济上合理。

2. 设计文件的内容和深度

（1）初步设计的内容和深度

凡需进行总体设计的工程，初步设计应在总体设计的指导和要求下进行。

初步设计的内容应包括以下文字说明和图纸：

设计依据；设计指导思想；建设规模；产品方案；原料、燃料、动力的用量和来源；工艺流程；设备选型及配置；总图运输；主要建筑物、构筑物；公用、辅助设施；新技术采用情况；主要材料用量；外部协作条件；占地面积和土地利用情况；综合利用和环境保护措施；生活区建设；抗震和人防措施；生产组织和劳动定员；各项技术经济指标；建设顺序和期限；设计总概算数。

初步设计的深度应满足以下要求：

设计方案的比选和确定；主要设备和材料的订货；土地征用；基建投资的控制；施工图设计的绘制；施工组织设计的编制；施工准备和生产准备。

(2) 技术设计的内容和深度

技术设计是为某些有特殊要求的项目进一步解决具体技术问题而进行的设计。它是在初步设计阶段中无法解决而又需要进一步研究才能解决所进行的一个设计阶段,也可以说是初步设计的一个辅助设计。它的主要任务是解决类似以下的问题：

① 特殊工艺流程的试验、研究和确定；
② 新型设备的试验、制造和确定；
③ 大型、特殊建筑物中某些关键部位的试验、研究和确定；
④ 某些技术复杂、需慎重对待的问题的研究和确定。

技术设计的具体内容,需视工程项目的特点和具体需要情况而定,但其深度应满足下一步施工图设计的要求。

(3) 施工图设计的内容和深度

施工图设计的内容主要是根据批准的初步设计,对建设项目各类专业工程的各个部分绘制正确、完整和详尽的建筑和安装工程施工图纸,包括非标准设备、各种零部件的加工制造图纸和有关施工技术要求的说明；对某些工程还需要进行模型设计。

施工图设计的深度应满足以下要求：

① 设备、材料的安排；
② 非标准设备的制造；
③ 建和安装工程的施工。

3. 标准设计

标准设计是工程建设标准化的一个组成部分,一般是经过反复实践、多次修改,最后经过鉴定并正式批准颁发的设计。

标准设计的种类很多,有一个装置的标准设计,有公用辅助工程的标准设计,有某些构筑物的标准设计。多数的是属于工程某些部位的构件或零部件的标准设计,如土建工程中的梁、柱、板等。

标准设计主要分为三大类：

国家标准设计,是指那些不分行业,不分地区,可在全国范围内通用的设计。

部颁标准设计,是指那些可在全国有关专业范围内通用的设计。

省、市、自治区标准设计,是指那些在本省、市、自治区内通用的设计。

在工程建设中,应结合具体情况,因地制宜,选用标准设计,但绝不能生搬硬套；有些是设计院或工厂自定的标准设计,只能在很小范围内采用,习惯称为院标或厂标。

采用标准设计有利于减少设计人员的重复劳动,缩短设计工作周期,提高设计质量；有利于施工单位的机械化和工厂化施工,缩短建设工期,保证工程质量；有利于推广新技术、新成果,节约工程材料,降低工程造价。因此,凡已经有标准设计可选用时,应尽可能采用标准设计。

4. 设计文件的审批

设计文件的审批,实行分级管理、分级审批的原则。

大型建设项目的初步设计和总概算,按隶属关系,由国务院主管部门或省、市、自治区组织审查,提出审查意见,报国家建委批准；特大、特殊项目,由国家建委报请国务院批准。技术设计按隶属关系由国务院主管部门或省、市、自治区审批。

中型建设项目的初步设计和总概算,按隶属关系,由国务院主管部门或省、市、自治区审查批准。批准文件抄送国家建委备案。国家指定的中型项目的初步设计和总概算要报国家建委审批。

小型建设项目初步设计的审批权限,由主管部门或省、市、自治区自行规定。

总体规划设计(或总体设计)的审批权限,与初步设计的审批权限相同。

各部直供代管的下放项目的初步设计,以国务院主管部门为主,会同有关省、市、自治区审查或批准。

施工图设计的审批:

根据2004年8月23日建设部发布的124号令《房屋建筑和市政基础设施工程施工图设计文件审查管理办法》,国家实施施工图设计文件(含勘察文件,以下简称施工图)审查制度。施工图未经审查合格的,不得使用。审查机构按承接业务范围分两类,一类机构承接房屋建筑、市政基础设施工程施工图审查业务范围不受限制;二类机构可以承接二级及以下房屋建筑、市政基础设施工程的施工图审查。

审查机构应当对施工图审查下列内容:

① 是否符合工程建设强制性标准;

② 地基基础和主体结构的安全性;

③ 勘察设计企业和注册执业人员以及相关人员是否按规定在施工图上加盖相应的图章和签字;

④ 其他法律、法规、规章规定必须审查的内容。

审查机构对施工图进行审查后,应当根据下列情况分别作出处理:

① 审查合格的,审查机构应当向建设单位出具审查合格书,并将经审查机构盖章的全套施工图交还建设单位。审查合格书应当有各专业的审查人员签字,经法定代表人签发,并加盖审查机构公章。审查机构应当在5个工作日内将审查情况报工程所在地县级以上地方人民政府建设主管部门备案。

② 审查不合格的,审查机构应当将施工图退建设单位并书面说明不合格原因。同时,应当将审查中发现的建设单位、勘察设计企业和注册执业人员违反法律、法规和工程建设强制性标准的问题,报工程所在地县级以上地方人民政府建设主管部门。

施工图退建设单位后,建设单位应当要求原勘察设计企业进行修改,并将修改后的施工图报原审查机构审查。

任何单位或者个人不得擅自修改审查合格的施工图。

审查机构对施工图审查工作负责,承担审查责任。

审查机构出具虚假审查合格书的,县级以上地方人民政府建设主管部门处3万元罚款,省、自治区、直辖市人民政府建设主管部门撤销对审查机构的认定;有违法所得的,予以没收。给予审查机构罚款处罚的,对机构的法定代表人和其他直接责任人员处机构罚款数额5%以上10%以下的罚款。

国家机关工作人员在施工图审查监督管理工作中玩忽职守、滥用职权、徇私舞弊,构成犯罪的,依法追究刑事责任;尚不构成犯罪的,依法给予行政处分。

5. 设计改革

为了适应当前工业现代化的发展以及基本建设体制改革,在设计工作领域内也进行了以下相应的改革。

(1) 设计单位实行企业化

从 1983 年起,各部门、各地区所属的设计单位经过试点至今,已基本上实现了企业化。暂不实行企业化的单位,可实行事业单位企业经营的办法。这两种单位都要加强经济核算,对外承担任务要签订合同,按规定标准收取设计费。

实行企业化或实行企业经营的设计单位都要把国家计划内的设计任务放在首位,在完成国家计划任务的前提下,承担外单位的设计委托,担任各种工程技术咨询、技术服务等。实践证明,设计单位实行企业化后,增加了单位的活动能力,激发了设计人员的积极性和创造性,提高了设计工作质量。

(2) 设计的专业化和社会化

对设计进行专业化和社会化改革。

(3) 推行设计招标承包制

2003 年 8 月 1 日起施行的《工程建设项目勘察设计招标投标办法》中规定,按照国家规定需要政府审批的项目,除符合以下情形之一,经批准,项目的勘察设计可以不进行招标:

① 涉及国家安全、国家秘密的;

② 抢险救灾的;

③ 主要工艺、技术采用特定专利或者专有技术的;

④ 技术复杂或专业性强,能够满足条件的勘察设计单位少于 3 家,不能形成有效竞争的;

⑤ 已建成项目需要改、扩建或者技术改造,由其他单位进行设计影响项目功能配套性的。

其他工程建设项目凡符合《工程建设项目招标范围和规模标准规定》(国家计委令第 3 号)规定的范围和标准的,必须依据《工程建设项目勘察设计招标投标办法》进行招标。

1.1.2.6 建设准备

当建设项目可行性研究报告经有关部门批准之后,应即进行建设的一切准备工作,为拟建项目向实施阶段过渡提供各种必要的条件。

新建的大中型工程项目,建设周期比较长,经主管部门批准,需要组成新的单独机构来进行筹建工作,即建设单位。建设单位代表投资主管部门,对整个建厂时期起到工程建设的组织、协调和监督作用。参加筹建工作的人员必须在专业知识上和数量上满足工程要求,应吸收一部分曾参加该项目可行性研究报告编制的主要工程技术人员参加,或从同类型的老厂抽调一些对工程技术和经济管理有经验的人员作为建设期间的骨干力量。

改、扩建工程,更新改造工程,一般不另设新机构,可由原企业基建部门或指定一部分专职人员组成一个职能机构,来负责筹建工作。

建设单位为建厂准备应做的工作有:

1. 建设场地准备

建设场地准备,包括申请施工执照、征地和拆迁。

征地拆迁按照《国家建设征用土地条例》所规定的程序办理。

(1) 申请选址

在可行性研究或设计任务书中对厂址一般只是规划性的选择,一般没有达到确切的界址。建设单位应持设计任务书或有关证明文件,向拟征所在地的县、市土地管理机关申请同意选址。在城市规划区范围的选址,应取得城市规划管理部门同意。

(2) 协商征地数量和补偿、安置方案

建设地址选定后,由所在地县、市土地管理机关组织用地单位、被征地单位及有关单位,商定预计征用的土地面积和补偿、安置方案,签订初步协议。

(3) 核定用地面积

在初步设计批准后,建设单位持有关批准文件和总平面布置图或建设用地图,向所在地的县、市土地管理机关正式申报建设用地面积,按条例规定的权限经县、市以上人民政府审批核定后,在土地管理机关主持下,由用地单位与被征地单位签订协议。

(4) 划拨土地、确定界址

在以上手续通过后,由所在地的县、市人民政府发给土地使用证书和四面界址图,用地单位即可树立永久性标志,或者建造围墙,准备施工。

2. 物资准备

这里主要是指由建设单位负责提供的设备和材料的准备工作。建设项目需要的设备,包括大型专用设备、一般通用设备和非标准设备,根据初步设计提出的设备清单,可以采取委托承包、按设备费包干或招标投标不同方式委托设备成套公司承包供应。对制造周期长的大型、专用关键设备,应根据可行性研究报告中已确定的设备项目提前进行预安排,待设计文件批准后签订正式承包供应合同。某些在现场制造更为有利的非标准设备(可以节省长途运输费用)尽量委托有制造能力的施工企业在现场或其附近的机械制造厂制造。

国外引进项目的成套设备和材料,按与外商签订的合同,一般是从海运运抵我国港口。由港口码头至施工现场(包括铁路和公路运输),属于国内段的设备材料运输,可以分别不同情况委托施工单位承担。近来在大型引进项目中也采取设备、材料的接运、保管、检验由施工单位总揽到底的办法,实践证明这种办法能减少中间交接手续,减少建设单位风险,在检验过程中发现的设备材料缺陷能及时向外商索赔。

3. 施工前准备

① 现场障碍物如原有房屋、构筑物及其基础的拆除,不再使用的上、下水管道、高压线路的拆除或迁移,施工场地的平整等。

② 为建设单位自身需要修建的行政办公生活用房,设备、材料仓库或堆置场,汽车库,医疗卫生、保卫、消防等用房和设施等。

③ 为施工单位提供水、电源,敷设供水干线,修建变电和配电所及设备安装,通信线路和设备安装,厂区内通行主干道和铁路专用线的修建,防洪沟、截流沟的修建工程等。

4. 确定工程承包单位

项目一般通过招标方式选择承包单位。

建设部[1997]第 1466 文件,国家计委关于印发《国家基本建设大中型项目实行招标投标的暂行规定》的通知中规定,建设项目主体工程的设计、建筑安装、监理和主要设备、材料供应、工程总承包单位以及招标代理机构,除保密上有特殊要求或国务院另有规定外,必须通过招标确定。其中设计招标可按行业的特点和专业性质,采取不同阶段的招标。

建设部 2001 年发布第 89 号令《房屋建筑工程和市政基础设施工程施工招标投标管理办法》规定,房屋建筑工程和市政基础设施工程的施工单项合同估算价在 200 万元人民币以上、材料采购合同价在 100 万元以上,设计、监理合同额在 50 万元以上或者虽未超过单项合同额但项目总投资在 3 000 万元人民币以上的,必须进行招标。

1.1.2.7 建设实施阶段

建设项目经批准新开工建设,项目便进入了建设实施阶段。这是项目决策的实施、建成投产发挥效益的关键环节。要做到计划、设计、施工三个环节相互衔接,投资、工程内容、施工图纸、设备材料、施工力量等五个方面的落实,以保证建设计划的全面完成。施工前要认真做好图纸会审工作,编制施工图预算和施工组织设计,明确投资、进度、质量的控制要求。施工中要严格按照施工图施工,如需要变动应取得设计单位同意,要坚持合理的施工程序和顺序,要严格执行施工验收规范,按照质量检验评定标准进行工程质量验收,确保工程质量。对质量不合格的工程要及时采取措施,不留隐患,不合格的工程不得交工。施工单位必须按合同规定的内容全面完成施工任务。

1.1.2.8 竣工验收交付使用阶段

工程竣工交付验收之前,施工单位应根据施工技术验收规范逐项进行预验。竣工工程点交验收是基本建设程序规定的法定手续,通过验收,如工程达到合同要求,办理工程交接和工程结算之后,除规定保修内容外,双方的合同义务就此解除。

建设项目的竣工验收是建设全过程的最后一个阶段,是全面考核基本建设工作,检查是否合乎设计要求和工程质量,将投资成果转交给生产或使用单位的过程。

任何建设工程,凡是已按照设计文件内容建成,工业项目经投料试车合格,形成生产能力,并能生产合格产品;非工业项目符合设计要求,能够正常使用,都要及时组织验收,同时办理固定资产交接手续。对国外进口成套化工项目,为了考核设计能力,可安排不超过三个月的试生产期,考核合格后立即办理竣工验收,移交固定资产。大型联合企业分期建设、分期受益的项目,只要具备生产合格产品的条件,应分期分批验收交付生产。

竣工验收的依据是:经批准的可行性研究、初步设计或扩大初步设计,施工图纸,设备技术说明书,施工过程中的工程变更通知,现行施工技术验收规范以及有关主管部门的审批、修改、调整等文件。从国外引进新技术或进口成套设备的项目,还应按照签订的合同和国外提供的设计文件等资料进行验收。

建设项目竣工验收应达到下列标准:

① 生产性工程和辅助公用设施,已按设计要求建完,能满足生产要求;

② 主要工艺设备安装配套,经联动负荷试车合格,构成生产线,形成生产能力,能够生产出设计文件中所规定的产品;

③ 职工宿舍和其他必要的生活福利设施,能适应投产初期的需要;

④ 生产准备工作能适应投产初期的需要;

⑤ 凡对环境有污染的建设项目和单项工程,要符合国家有关部门关于治理三废措施与主体工程同时设计、同时施工、同时投产的规定;

⑥ 技术文件、档案、资料齐全完整。

某些具体项目由于客观原因,因少数设备或特殊材料在施工中未能解决,不能按设计文件内容全部建成,但对生产近期影响不大的,也可以组织竣工验收办理固定资产移交,但决不能搞"简易投产",对遗留的问题由主管部门确定处理办法,限期解决。

竣工验收一般分两个阶段进行。

单项工程验收,是指根据建厂总规划或生产使用部门的要求,在总体设计中,某一单项工程(一个车间、一个装置)已按设计要求建成,能满足生产或具备使用条件,可以办理正式验收,移交给生产或使用部门,如供电、供水系统工程。

全部验收,是指整个建设项目已按设计要求全部建成,符合竣工验收标准的,由主办验收单位(建设单位或生产单位)组织设计单位、施工单位、环境保护和其他有关部门先进行初验,提出竣工验收报告,报请有关主管部门组织的总验收。在全部验收时,对已验收过的单项工程,不再办理验收手续。

根据建设项目的重要性、规模大小和隶属关系,凡大中型项目,国务院各部委直属的,由主管部门会同所在省、市、自治区组织验收;各省、市、自治区所属的由所在省、市、自治区组织验收;特别重要的项目由国家计委报国务院批准组成验收委员会验收。一些小型项目由建设单位报上级主管部门组织验收。

建设项目在全部竣工办理验收的同时,建设单位对于结余的资金和物资,必须清理上交,并编制竣工决算,分析概(预)算的执行情况,考核投资效果,报上级部门审查,迅速办理固定资产交接手续。

1. 验收的种类

(1) 检验批质量的验收

检验批合格质量应符合下列规定:

① 主控项目和一般项目的质量经抽样检验合格;

② 具有完整的施工操作依据、质量检查记录。

(2) 分项工程质量的验收

分项工程质量验收合格应符合下列规定:

① 分项工程所含的检验批均应符合合格质量的规定;

② 分项工程所含的检验批的质量验收记录应完整。

(3) 分部(子分部)工程质量的验收

分部(子分部)工程质量验收合格应符合下列规定:

① 分部(子分部)工程所含分项工程的质量均应验收合格;

② 质量控制资料应完整。地基与基础、主体结构和设备安装等分部工程有关安全及功能的检验和抽样检测结果应符合有关规定;

③ 观感质量验收应符合要求。

(4) 单位(子单位)工程质量竣工验收

单位(子单位)工程质量验收合格应符合下列规定:

① 单位(子单位)工程所含分部(子分部)工程的质量均应验收合格;

② 质量控制资料应完整;

③ 单位(子单位)工程所含分部工程有关安全和功能的检测资料应完整;

④ 主要功能项目的抽查结果应符合相关专业质量验收规范的规定;

⑤ 观感质量验收应符合要求。

(5) 隐蔽工程验收

是在施工过程中,对隐蔽前的分部分项工程完工后的即时验收。

(6) 竣工验收

是承包单位完成工程全部内容和建设单位之间办理的验收。

2. 验收资料

建筑工程验收资料是建筑施工中的一项重要组成部分,是工程建设及竣工验收的必备条件,也是对工程进行检查、维护、管理、使用、改建和扩建的原始依据。

《中华人民共和国建筑法》、《建设工程质量管理条例》、《工程建设标准强制性条文》、《建设工程监理规范》(GB 50319—2013)、《建筑工程施工质量验收统一标准》(GB 50300—2013)、《建设工程文件归档整理规范》(GB/T 50328—2014)等有关法律、法规、规范和技术标准,均对建筑工程验收资料提出了明确的要求。

工程验收资料包括四方面内容:工程准备阶段文件资料、监理资料、施工资料和竣工图。

工程准备阶段的文件资料,由建设单位负责形成。工程准备阶段的文件资料的内容有决策立项文件;建设用地、征地与拆迁文件;勘察、测绘与设计文件;工程招投标与承包合同文件;工程开工文件;商务经济类文件;工程竣工验收及备案文件;其他文件。

监理资料由监理单位负责形成。监理资料的内容有监理管理资料;监理工作记录;竣工验收资料;其他资料。

施工资料内容与种类繁多,应由施工单位负责形成。其中部分资料需要监理、设计和勘察单位签认。施工单位应当按照法律、法规和标准、规范的要求,配备专职的资料管理人员,及时收集各个环节所形成的文件资料,并按类别、形成时间进行登记、立卷和保管。施工中,应按照规定接受有关单位的检查。其主要工程技术资料有:

(1) 单位工程整体管理与验收资料

主要包括工程概况表、建设工程质量事故报告书、单位(子单位)工程质量竣工验收记录、单位(子单位)工程质量控制资料核查记录、单位(子单位)工程安全和功能检查资料核查及主要功能抽查记录、单位(子单位)工程观感质量检查记录、室内环境检测报告、施工总结和工程竣工报告。

(2) 施工管理资料

主要包括施工现场质量管理检查记录、企业资质证书及相关专业人员岗位证书、见证取样和送检管理资料、施工日志。

(3) 施工技术资料

主要包括工程技术文件报审表、技术管理资料、技术安全交底记录、施工组织设计、施工方案、设计变更文件、图纸审查记录、设计交底记录及设计变更、洽商记录。

(4) 施工测量记录

主要包括工程定位测量记录、基槽验线记录、楼层放线记录和沉降观测记录。

(5) 施工物资资料

主要包括工程物资选样送审表、工程物资进场报验表、产品质量证明文件、半成品钢筋出厂合格证、预拌混凝土出厂合格证、预制混凝土构件出厂合格证、钢构件出厂合格证、材料、设备进场检验记录、设备开箱检验记录、材料、配件检验记录、设备及管道附件试验记录、产品复试记录报告、材料试验报告(通用)、水泥试验报告、钢筋原材料试验报告、砌墙砖(砌块)试验报告、砂试验报告、碎(卵)石试验报告、轻集料试验报告、防水卷材试验报告、防水涂料试验报告、混凝土掺合料试验报告、混凝土外加剂试验报告、钢材机械性能试验报告及金相试验报告。

(6) 施工记录

主要包括施工记录(通用)、地基钎探记录、地基验槽记录、构件吊装记录、电热法施加预应力记录、现场施加预应力筋张拉记录、钢筋冷拉记录、混凝土浇灌申请书、混凝土开盘鉴定、混凝土工程施工记录、混凝土坍落度检查记录、冬期混凝土搅拌及浇灌测温记录和混凝土养护测温记录。

(7) 施工试验记录

主要包括施工试验记录(通用)、设备试运转记录、设备单机试运转记录、调试报告、土建专用施工试验记录、钢筋连接试验报告、回填土干密度试验报告、土工击实试验报告、砌筑砂浆抗压强度试验报告、混凝土抗压强度试验报告、混凝土抗渗试验报告、超声波探伤报告、超声波探伤记录、钢构件射线探伤报告、砌筑砂浆试块强度统计、评定记录、混凝土试块强度统计、评定记录、防水工程试水检查记录、电气专用施工试验记录、电气接地电阻测试记录、电气绝缘电阻测试记录、电气器具通电安全检查记录、电气照明、动力试运行记录、综合布线测试记录、光纤损耗测试记录、视频系统末端测试记录、管道专用施工试验记录、管道灌水试验记录、管道强度严密性试验记录、管道通水试验记录、管道吹（冲）洗（脱脂）试验记录、室内排水管道通球试验记录、伸缩器安装记录表、通风空调专用施工试验记录、现场组装除尘器、空调机漏风检验记录、风管漏风检验记录、各房间室内风量测量记录、管网风量平衡记录、通风系统试运行记录、制冷系统气密性试验记录、电梯专用施工试验记录、电梯主要功能检查试验记录、电梯电气安全装置检查试验记录、电梯整机功能检验记录、电梯层门安全装置检查试验记录、电梯负荷运行试验记录、桥厢平层准确度测量记录、电梯负荷运行试验曲线图、电梯噪声测试记录及自动扶梯、自动人行道运行试验记录。

（8）施工质量验收记录

主要包括结构实体混凝土强度验收记录、结构实体钢筋保护层厚度验收记录、钢筋保护层厚度试验记录、检验批质量验收记录、分项工程质量验收记录、分部（子分部）工程验收记录。

工程竣工后，施工单位应按规定将施工资料移交给建设单位。

竣工图是建设过程的真实记录，也是工程竣工验收的必备条件。建筑工程竣工后的维修、管理、改建、扩建，都需要竣工图。因此所有新建、改建、扩建的工程项目在竣工时必须绘制竣工图。

3. 交工检验

建设单位收到承包单位提交的交工资料后，应约定指派人会同对交工工程进行审验检查。根据施工图纸、《施工质量验收规范》、《工程质量评定标准》等有关规范、标准，双方对工程进行全面检查，经确认合格后，双方签署交接验收证书，办理工程交接。

4. 工程保修

建设部 2000 第 80 号令《房屋建筑工程质量保修办法》规定，在正常使用下，房屋建筑工程的最低保修期限为：

① 地基基础和主体结构工程，为设计文件规定的该工程的合理使用年限；
② 屋面防水工程、有防水要求的卫生间、房间和外墙面的防渗漏，为 5 年；
③ 供热与供冷系统，为 2 个采暖期、供冷期；
④ 电气系统、给排水管道、设备安装为 2 年；
⑤ 装修工程为 2 年。

其他项目的保修期限由建设单位和施工单位约定。

房屋建筑工程保修期从工程竣工验收合格之日起计算。

房屋建筑工程在保修期限内出现质量缺陷，建设单位或者房屋建筑所有人应当向施工单位发出保修通知。

施工单位接到保修通知后，应当到现场核查情况，在保修书约定的时间内予以保修。发生涉及结构安全或者严重影响使用功能的紧急抢修事故，施工单位接到保修通知后，应当立即到达现场抢修。

发生涉及结构安全的质量缺陷，建设单位或者房屋建筑所有人应当立即向当地建设行政主管部门报告，采取安全防范措施；由原设计单位或者具有相应资质等级的设计单位提出保修方案，施工单位实施保修，原工程质量监督机构负责监督。

保修完成后，由建设单位或者房屋建筑所有人组织验收。涉及结构安全的，应当报当地建设行政主管部门备案。

施工单位不按工程质量保修书约定保修的，建设单位可以另行委托其他单位保修，由原施工单位承担相应责任。保修费用由质量缺陷的责任方承担。在保修期内，因房屋建筑工程质量缺陷造成房屋所有人、使用人或者第三方人身、财产损害的，房屋所有人、使用人或者第三方可以向建设单位提出赔偿要求。建设单位向造成房屋建筑工程质量缺陷的责任方追偿。

因保修不及时造成新的人身、财产损害，由造成拖延的责任方承担赔偿责任。

房地产开发企业售出的商品房保修，还应当执行《城市房地产开发经营管理条例》和其他有关规定。

下列情况不属于本办法规定的保修范围：
① 因使用不当或者第三方造成的质量缺陷；
② 不可抗力造成的质量缺陷。

施工单位有下列行为之一的，由建设行政主管部门责令改正，并处 1 万元以上 3 万元以下的罚款。
① 工程竣工验收后，不向建设单位出具质量保修书的；
② 质量保修的内容、期限违反《房屋建筑工程质量保修办法》规定的。

施工单位不履行保修义务或者拖延履行保修义务的，由建设行政主管部门责令改正，处 10 万元以上 20 万元以下的罚款。

工程未经验收交接，若建设单位提前使用，发现质量问题，由建设单位自己承担责任。

1.1.2.9 后评估阶段

后评估阶段是在项目运行一定时期后，对已实施的项目进行全面综合评价，分析项目实施的实际经济效果和影响力，并论证最初决策的合理性和项目的持续能力，为以后的决策提供经验和教训。

1.1.3 施工项目管理内容与程序

施工项目管理的内容与程序要体现企业管理层和项目管理层参与的项目管理活动。项目管理的每一过程，都应体现计划、实施、检查、处理的持续改进过程。

企业法定代表人向项目经理下达"项目管理目标责任书"确定项目经理部的管理内容，由项目经理负责组织实施。项目管理应体现管理的规律，企业利用制度保证项目管理按规定程序运行。

施工项目管理的内容主要包括：编制"施工项目管理规划大纲"和"施工项目管理实施规划"、施工项目进度控制、施工项目质量控制、施工项目安全控制、施工项目成本控制、施工项目人力资源管理、施工项目材料管理、施工项目机械设备管理、施工项目技术管理、施工项目资金管理、施工项目合同管理、施工项目信息管理、施工项目现场管理、施工项目组织协调、施工项目竣工验收、施工项目考核评价和施工项目回访保修。

施工项目管理的程序主要有：编制项目管理规划大纲，编制投标书并进行投标，签订施工合同，选定项目经理，项目经理接受企业法定代表人的委托组建项目经理部，企业法定代表人与项目经理签订"项目管理目标责任书"，项目经理部编制"项目管理实施规划"，进行项目开工前的准备，施工期间按"项目管理实施规划"进行管理，在项目竣工验收阶段进行竣工结算、清理各种债权债务、移交资料和工程,进行经济分析,做出项目管理总结报告并送企业管理层有关职能部门,企业管理层组织考核委员会对项目管理工作进行考核评价并兑现"项目管理目标责任书"中的奖惩承诺,项目经理部解体,在保修期满前企业管理层根据"工程质量保修书"的约定进行项目回访保修。

1.1.3.1 项目管理规划

项目管理规划作为指导项目管理工作的纲领性文件,应对项目管理的目标、内容、组织、资源、方法、程序和控制措施进行确定。

项目管理规划分为项目管理规划大纲和项目管理实施规划。

1. 项目管理规划大纲

项目管理规划大纲是项目管理工作中具有战略性、全局性和宏观性的指导文件。

项目管理规划大纲应由组织的管理层或组织委托的项目管理单位编制。

(1) 项目管理规划大纲的内容

根据我国《建设工程项目管理规范》GB/T 50326—2006 的规定,项目管理规划大纲可包括下列内容:

① 项目概况:项目概况包括项目范围描述、项目实施条件分析和项目管理基本要求等。

② 项目范围管理规划:对项目的过程范围和最终可交付工程的范围进行描述,要通过工作分解结构图实现,并对分解的各单元进行编码及编码说明。

③ 项目管理目标规划,通常包括两个部分:

合同要求的目标(必须实现)和企业对项目的要求(应明确质量、成本、进度和职业健康安全的总目标并进行可能的目标分解)。

④ 项目管理组织规划:应包括组织结构形式、组织构架图、项目经理、职能部门、主要成员人选及拟建立的规章制度等。

⑤ 项目成本管理规划:应提出编制成本计划的总体原则。成本目标规划应包括项目的总成本目标,按照主要成本项目进行成本分解的子目标,保证成本目标实现的技术组织措施。

成本目标规划应留有一定的余地,并有一定的浮动区间。

成本目标的确定应反映如下因素:工程的范围、特点、性质;招标文件规定的承包人责任;工程的现场条件;对施工工程的实施方案。

确定成本目标时不应考虑承包人的经营战略。

⑥ 项目进度管理规划:项目进度管理规划应包括进度的管理体系、管理依据、管理程序、管理计划、管理实施和控制、管理协调等内容的规划。

应说明招标文件(或招标人要求)的总工期目标,总工期目标的分解,主要的里程碑事件及主要工程活动的进度计划安排,施工进度计划表,保证进度目标实现的组织、经济、技术、合同措施。

规划大纲中的工期目标与总进度计划不仅应符合招标人在招标文件中提出的总工期要求,而且应考虑到环境(特别是气候)条件的制约、工程的规模和复杂程度、承包人可能有的资源投入强度,要有可行性。在制定总进度计划时应参考已完成的当地同类工程的实际进度状况。

进度计划应采用横道图的形式,并注明主要的里程碑事件。

⑦ 项目质量管理规划:项目质量管理规划的内容应包括管理依据、程序、计划、实施、控制和协调等方面。

⑧ 项目职业健康安全与环境管理规划:要对职业健康和安全管理体系的建立和运行进行规划,也要对环境管理体系的建立和运行进行规划。

要对危险源进行预测,对其控制方法进行粗略规划。

要编制有战略性的、针对性的安全技术措施计划和环境保护措施计划。

还要特别重视项目产品的职业健康安全性和环境保护性。

⑨ 项目采购与资源管理规划:项目采购规划要识别与采购有关的资源和过程,包括采购的对象、采购时间、询价、评价并确定参加投标的分包人、估算、分配相关资源,安排资源使用进度,进行资源控制的策划等。

⑩ 项目信息管理规划。

⑪ 项目沟通管理规划。

⑫ 项目风险管理规划。

⑬ 项目收尾管理规划。

(2) 编制项目管理规划大纲应遵循的程序

① 明确项目目标;

② 分析项目环境和条件;

③ 收集项目的有关资料和信息;

④ 确定项目管理组织模式、结构和职责;

⑤ 明确项目管理内容;

⑥ 编制项目目标计划和资源计划;

⑦ 汇总整理,报有关部门审批。

(3) 编制项目管理规划大纲可依据的资料

① 可行性研究报告;

② 设计文件、标准、规范与有关规定;

③ 招标文件及有关合同文件;

④ 相关市场信息与环境信息。

2. 项目管理实施规划

该规划是在开工之前由项目经理主持编制的,旨在指导施工项目实施阶段管理的文件。项目管理实施规划应对项目管理规划大纲进行细化,使其具有可操作性。

(1) 项目管理实施规划的内容

根据我国《建设工程项目管理规范》GB/T 50326—2006 的规定,项目管理实施规划应包括下列内容:

① 工程概况;

② 总体工作计划;

③ 组织方案;

④ 技术方案

⑤ 进度计划;

⑥ 质量计划;

⑦ 职业健康安全与环境管理计划;

⑧ 成本计划;

⑨ 资源需求计划;

⑩ 风险管理计划;
⑪ 信息管理计划;
⑫ 项目沟通管理计划;
⑬ 项目收尾管理计划;
⑭ 项目现场平面布置图;
⑮ 项目目标控制措施;
⑯ 技术经济指标。
(2) 编制项目管理实施规划应遵循的程序
① 了解项目相关各方的要求;
② 分析项目条件和环境;
③ 熟悉相关的法规和文件;
④ 组织编制;
⑤ 履行报批手续。
(3) 项目管理实施规划可依据的资料
① 项目管理规划大纲;
② 项目条件和环境分析资料;
③ 工程合同及相关文件;
④ 同类项目的相关资料。

1.1.3.2 项目经理责任制

1. 项目经理(project manager)

企业法定代表人在建设工程项目上的授权委托代理人。

项目经理应由法定代表人任命,并根据法定代表人授权的范围、期限和内容,履行管理职责,并对项目实施全过程、全面管理。

大中型项目的项目经理必须取得工程建设类相应专业注册执业资格证书。

项目经理不应同时承担两个或两个以上未完项目领导岗位的工作。

在项目运行正常的情况下,组织不得随意撤换项目经理。特殊原因需要撤换项目经理时,应进行审计并按有关合同规定报告相关方。

(1) 项目经理应具备的素质
① 符合项目管理要求的能力,善于进行组织协调与沟通;
② 相应的项目管理经验和业绩;
③ 项目管理需要的专业技术、管理、经济、法律和法规知识;
④ 良好的职业道德和团队协作精神,遵纪守法、爱岗敬业、诚信尽责;
⑤ 身体健康。
(2) 项目经理的责、权、利
① 项目经理应履行的职责:
a. 项目管理目标责任书规定的职责;
b. 主持编制项目管理实施规划,并对项目目标进行系统管理;
c. 对资源进行动态管理;
d. 建立各种专业管理体系并组织实施;
e. 进行授权范围内的利益分配;

  f. 归集工程资料,准备结算资料,参与工程竣工验收;
  g. 接受审计,处理项目经理部解体的善后工作;
  h. 协助组织进行项目的检查、鉴定和评奖申报工作。
 ② 项目经理应具有的权限:
  a. 参与项目招标、投标和合同签订;
  b. 参与组建项目经理部;
  c. 主持项目经理部工作;
  d. 决定授权范围内的项目资金的投入和使用;
  e. 制定内部计酬办法;
  f. 参与选择并使用具有相应资质的分包人;
  g. 参与选择物资供应单位;
  h. 在授权范围内协调与项目有关的内、外部关系;
  i. 法定代表人授予的其他权力。
 ③ 项目经理的利益与奖罚
  a. 获得工资和奖励;
  b. 项目完成后,按照项目管理目标责任书规定,经审计后给予奖励或处罚;
  c. 获得评优表彰、记功等奖励。

2. 项目经理部(或项目部)(project management team)

  由项目经理在企业法定代表人授权和职能部门的支持下按照企业的相关规定组建的、进行项目管理的一次性的现场组织机构。

  项目经理部是组织设置的项目管理机构,承担项目实施的管理任务和目标实现的全面责任。

  项目经理部由项目经理领导,接受组织职能部门的指导、监督、检查、服务和考核,并负责对项目资源进行合理使用和动态管理。

  项目经理部应在项目启动前建立,并在项目竣工验收、审计完成后或按合同约定解体。

  项目经理部的组织结构应根据项目的规模、结构、复杂程度、专业特点、人员素质和地域范围确定。

  建立项目经理部应遵循下列步骤:
 ① 根据项目管理规划大纲确定项目经理部的管理任务和组织结构;
 ② 根据项目管理目标责任书进行目标分解与责任划分;
 ③ 确定项目经理部的组织设置;
 ④ 确定人员的职责、分工和权限;
 ⑤ 制定工作制度、考核制度与奖惩制度。

  图 1-1 所示为某单位工程项目经理部的组织结构图。图 1-2 所示为某建设项目的组织结构图。

3. 项目经理责任制(responsibility system of project manager)

  企业制定的、以项目经理为责任主体,确保项目管理目标实现的责任制度。

  项目经理责任制应作为项目管理工作的基本制度,是评价项目经理绩效的依据。

  项目经理责任制的核心是项目经理承担实现项目管理目标责任书确定的责任。

  项目经理与项目经理部在工程建设中应严格遵守和实行项目管理责任制度,确保项目目标全面实现。

项目管理目标责任书可包括下列内容：
① 项目管理实施目标；
② 组织与项目经理部之间的责任、权限和利益分配；

图 1-1　某单位工程项目经理部的组织结构图

图 1-2　某建设项目的组织结构图

③ 项目设计、采购、施工、试运行等管理的内容和要求;

④ 项目需用资源的提供方式和核算办法;

⑤ 法定代表人向项目经理委托的特殊事项;

⑥ 项目经理部应承担的风险;

⑦ 项目管理目标评价的原则、内容和方法;

⑧ 对项目经理部进行奖惩的依据、标准和办法;

⑨ 项目经理解职和项目经理部解体的条件及办法。

企业在进行施工项目管理时,要处理好企业管理层、项目管理层与劳务作业层的关系,实行项目经理责任制,在"项目管理目标责任书"中明确项目经理的责任、权限和利益。企业管理层还应制定和健全施工项目管理制度,规范项目管理,加强计划管理,保持资源的合理分布和有序流动,并为项目生产要素的优化配置和动态管理服务,对项目管理层的工作进行全过程指导、监督和检查。

项目管理层要做好资源的优化配置和动态管理,执行和服从企业管理层对项目管理工作的监督检查和宏观调控。参与选择并使用具有相应资质的分包队。

根据企业法定代表人授权的范围、时间和内容,项目经理对开工项目自开工准备至竣工验收,实施全过程、全面管理。项目经理代表企业实施施工项目管理。贯彻执行国家法律、法规、方针、政策和强制性标准,执行企业的管理制度,维护企业的合法权益,履行"项目管理目标责任书"规定的各项任务。

1.1.3.3 施工项目目标控制

1. 进度控制

项目进度控制以实现施工合同约定的竣工日期为最终目标,建立以项目经理为责任主体,由子项目负责人、计划人员、调度人员、作业队长及班组长参加的项目进度控制体系。可按单位工程分解为交工分目标,可按承包的专业或施工阶段分解为完工分目标,亦可按年、季、月计划期分解为时间目标。

(1) 项目经理部进行项目进度控制的程序

① 根据施工合同确定的开工日期、总工期和竣工日期确定施工进度目标,明确计划开工日期、计划总工期和计划竣工日期,并确定项目分期分批的开工、竣工日期。

② 编制施工进度计划。施工进度计划根据工艺关系、组织关系、搭接关系、起止时间、劳动力计划、材料计划、机械计划及其他保证性计划等因素综合确定。

③ 向监理工程师提出开工申请报告,并按监理工程师下达的开工令指定的日期开工。

④ 实施施工进度计划,应及时进行调整出现的进度偏差,并不断预测未来进度状况。

⑤ 全部任务完成后进行进度控制总结并编写进度控制报告。

(2) 在实施进度计划的过程中应进行的工作

① 跟踪检查,收集实际进度数据;

② 将实际数据与进度计划进行对比;

③ 分析计划执行的情况;

④ 对产生的进度变化,采取措施予以纠正或调整计划;

⑤ 检查措施的落实情况;

⑥ 进度计划的变更必须与有关单位和部门及时沟通。

(3) 进度计划的检查应包括下列内容：
① 工作量的完成情况；
② 工作时间的执行情况；
③ 资源使用及与进度的匹配情况；
④ 上次检查提出问题的处理情况。

2. 质量控制

项目质量控制坚持"质量第一，预防为主"的方针和"计划、执行、检查、处理"循环工作方法，坚持做到施工中的"四有"、"五化"，即：有方案、有标准、有制度、有目标；施工规范化、操作规程化、技术标准化、管理制度化、数据科学化。不断改进过程控制，满足工程施工技术标准和发包人的要求。

项目质量控制因素包括人、材料、机械、方法、环境。质量控制按下列程序实施：
① 确定项目质量目标；
② 编制项目质量计划；
③ 实施项目质量计划，包括施工准备阶段质量控制，施工阶段质量控制和竣工验收阶段质量控制。

3. 成本控制

工程成本是工程价值的一部分。建筑安装工程的价值是由已消耗生产资料的价值（原材料费、燃料费、动力费、设备折旧费等）、劳动者必要劳动所创造的价值（工资等）和劳动者剩余劳动所创造的价值（税收、利润等）3 部分组成。其中前两部分构成建筑安装工程的成本。

项目经理部的成本管理应包括成本计划、成本控制、成本核算、成本分析和成本考核。

(1) 成本计划

成本计划是企业生产经营总预算的一部分，它以货币形式规定企业在计划期内产品生产耗费和各种产品的成本水平以及相应的成本降低水平和为此采取的主要措施的书面方案。成本计划属于成本的事前管理，是企业生产经营管理的重要组成部分，通过对成本的计划与控制，分析实际成本与计划成本之间的差异，指出有待加强控制和改进的领域，达到评价有关部门的业绩，增产节约，从而促进企业发展的目的。

① 成本计划（或预算）的内容可以分为两大类

一类是费用预算。它按生产费用要素以及生产费用用途反映企业生产耗费。按生产要素反映可以编制材料费用预算、工资费用预算；按费用用途反映可以编制制造费用预算。

另一类是按产品品种编制，反映计划期各种产品的预计成本水平的产品成本计划。产品成本计划一般主要包括主要产品单位成本计划和全部商品产品成本计划。

② 成本计划的作用

a. 成本计划是达到目标成本的一种程序，使职工明确成本方面的奋斗目标；
b. 成本计划是推动企业实现责任成本制度和加强成本控制的有力手段；
c. 成本计划是评价考核企业及部门成本业绩的标准尺度。

③ 成本计划编制

要编好成本计划，首先应以先进合理的技术经济定额为基础，以施工进度计划、材料供应计划、劳动工资计划和技术组织措施计划等为依据，使成本计划达到先进合理，并能综合反映上述计划预期的经济效果。编制成本计划，还要从降低工程成本的角度，对各方面提出增产节约的要求。同时要严格遵守成本开支范围，注意成本计划与成本核算的一致性，从而正确考核和分析成本计划的完成情况。

(2) 成本控制

所谓成本控制，是企业根据一定时期预先建立的成本管理目标，由成本控制主体在其职权范围内，在生产耗费发生以前和成本控制过程中，对各种影响成本的因素和条件采取的一系列预防和调节措施，以保证成本管理目标实现的管理行为。

项目成本控制包括成本预测、计划、实施、核算、分析、考核、整理成本资料与编制成本报告。项目经理部对施工过程发生的、在项目经理部管理职责权限内能控制的各种消耗和费用进行成本控制，项目经理部承担的成本责任与风险在"项目管理目标责任书"中明确。企业建立和完善项目管理层作为成本控制中心的功能和机制，并为项目成本控制创造优化配置生产要素，实施动态管理的环境和条件。

建立以项目经理为中心的成本控制体系，按内部各岗位和作业层进行成本目标分解，明确各管理人员和作业层的成本责任、权限及相互关系。

① 成本控制应按下列程序进行：

a. 企业进行项目成本预测；

b. 项目经理部编制成本计划；

c. 项目经理部实施成本计划；

d. 项目经理部进行成本核算；

e. 项目经理部进行成本分析并编制月度及项目的成本报表，按规定存档。

② 成本控制应遵循下列步骤：

a. 收集实际成本数据。

b. 实际成本数据与成本计划目标进行比较。

c. 分析成本偏差及原因。

d. 采取措施纠正偏差。

e. 必要时修改成本计划。

f. 按照规定的时间间隔编制成本报告。

③ 成本计划实施控制。工程成本控制，是在施工过程中按照一定的控制标准，对实际成本支出进行管理和监督，并及时采取有效措施消除不正常消耗，纠正脱离标准的偏差，使各种费用的实际支出控制在预定的标准范围之内，从而保证成本计划的完成和目标成本的实现。

成本控制按工程成本发生的时间顺序，可划分为事前控制、过程控制和事后控制三个阶段。

成本的事前控制是指在施工前对影响成本的有关因素进行事前的规划，是成本形成前的成本控制。

成本的过程控制是指在施工过程中，对成本的形成和偏离成本目标的差异进行日常控制。

成本的事后控制是成本形成后的控制，是指在施工全部或部分结束后，对成本计划的执行情况加以总结，对成本控制情况进行综合分析和考核，以便采取措施改进成本控制工作。

(3) 成本核算

把一定时期内企业生产经营过程中所发生的费用，按其性质和发生地点，分类归集、汇总、核算，计算出该时期内生产经营费用发生总额和分别计算出每种产品的实际成本和单位成本的管理活动。

(4) 成本分析

利用成本核算及其他有关资料,分析成本水平与构成的变动情况,研究影响成本升降的各种因素及其变动原因,寻找降低成本的途径。

成本分析的主要内容和方法如下：

主要内容包括：成本计划完成情况的分析、技术经济指标变动对成本影响的分析、主要产品单位成本分析等。

方法主要有：对比分析法、比率分析法、趋势分析法、因素分析法等。

成本分析的基本任务是通过成本核算、报表及其他有关资料,全面了解和掌握成本的变动情况及其变化规律,系统研究影响成本升降的各种因素及其形成的原因,借以揭示经营中的主要矛盾,挖掘和动员企业的潜力,并提出降低成本的具体措施。

(5) 成本考核

是指成本实际指标同计划、定额、预算指标对比,考核成本计划完成情况、评价成本管理实绩。

4. 安全控制

项目安全控制必须坚持"安全第一、预防为主"的方针。项目经理部应建立安全管理体系和安全生产责任制。安全员持证上岗,保证项目安全目标的实现,项目经理是项目安全生产的总负责人。项目经理部根据项目特点,制定安全施工组织设计或安全技术措施,根据施工中人的不安全行为,物的不安全状态,作业环境的不安全因素和管理缺陷进行相应的安全控制。

项目安全控制遵循下列程序：

① 确定施工安全目标；

② 编制项目安全保证计划；

③ 项目安全计划实施；

④ 项目安全保证计划验证；

⑤ 持续改进；

⑥ 兑现合同承诺。

1.1.3.4 施工现场管理

应认真搞好施工现场管理,做到文明施工、安全有序、整洁卫生、不扰民、不损害公众利益。承包人项目经理部负责施工现场场容文明形象管理的总体策划和部署；各分包人在承包人项目经理部的指导和协调下,按照分区划块原则,搞好分包人施工用地区域的场容文明形象管理规划,严格执行,并纳入承包人的现场管理范畴,接受监督、管理与协调。施工现场场容规范化建立在施工平面图设计的科学合理化和物料器具定位管理标准化的基础上。根据承包人企业的管理水平,建立和健全施工平面图管理和现场物料器具管理标准,为项目经理部提供场容管理策划的依据。由项目经理部结合施工条件,按照施工方案和施工进度计划的要求,认真进行施工平面图的规划、设计、布置、使用和管理。

项目经理部应根据《环境管理系列标准》(GB/T 24000—ISO 14000)建立项目环境监控体系,不断反馈监控信息,采取整改措施。

1.1.3.5 施工项目合同管理与信息管理

1. 合同管理

施工项目的合同管理包括施工合同的订立、实施、控制和综合评价等工作。

发包人和承包人是施工合同的主体,其法律行为应由法定代表人行使。项目经理按照承包人订立的施工合同认真履行所承接的任务,依照施工合同的约定,行使权利,履行义务。项目合同管理包括相关的分包合同、买卖合同、租赁合同、借款合同等的管理。施工合同和分包合同必须以书面形式订立。施工过程中的各种原因造成的洽商变更内容,以书面形式签认,并作为合同的组成部分。订立施工合同的谈判,应根据招标文件的要求,结合合同实施中可能发生的各种情况进行周密、充分的准备,按照缔约过失责任原则,保护企业的合法权益。

订立施工合同应符合下列程序:
① 接受中标通知函;
② 组成包括项目经理的谈判小组;
③ 草拟合同专用条件;
④ 谈判;
⑤ 参照发包人拟订的合同条件或施工合同示范文本与发包人订立施工合同;
⑥ 合同双方在合同管理部门备案并缴纳印花税。

2. 信息管理

项目信息管理旨在适应项目管理的需要,为预测未来和正确决策提供依据,提高管理水平。项目经理部应建立项目信息管理系统,优化信息结构,实现项目管理信息化。项目信息包括项目经理部在项目管理过程中形成的各种数据、表格、图纸、文字、音像资料等。项目经理部应负责收集、整理、管理本项目范围内的信息。项目信息收集应随工程的进展进行,保证真实、准确。

项目经理部应收集并整理下列信息:
① 法律、法规与部门规章信息、市场信息、自然条件信息;
② 工程概况信息,包括工程实体概况、场地与环境概况、参与建设的各单位概况、施工合同、工程造价计算书;
③ 施工信息,包括施工记录信息、施工技术资料信息;
④ 项目管理信息。

项目信息管理系统应方便项目信息输入、整理与存储,有利于用户提取信息,能及时调整数据、表格与文档,能灵活补充、修改与删除数据。

1.1.3.6 施工项目组织协调

组织协调旨在排除障碍、解决矛盾、保证项目目标的顺利实现。分内部关系的协调、近外层关系的协调和远外层关系的协调。

组织协调包括:人际关系、组织机构关系、供求关系、协作配合关系。根据在施工项目运行的不同阶段中出现的主要矛盾对组织协调的内容做动态调整。

1.2 建筑产品及其施工特点

建筑产品是指通过建筑安装等生产活动所完成的符合设计要求和质量标准,能够独立发挥使用价值的各种建筑物或构筑物,它与一般工业产品相比较,不但是产品本身,而且在生产过程中都有其特点。

1.2.1 建筑产品的特点

1. 建筑产品的固定性

一般建筑产品都是在选定的地点上建造,在建造过程中直接与地基基础连接,因此,只能在建造地点固定地使用,而无法转移。这是一经建造就在空间的属性,叫做建筑产品的固定性。固定性是建筑产品与一般工业产品最大的区别。

2. 建筑产品的多样性

建筑产品不能像一般工业产品那样批量生产,因此建筑产品不仅需要满足使用功能的要求,还具有艺术价值以及体现地方或民族风格。同时,也受到建设地点的自然条件诸因素的影响,而使建筑产品在建筑形式、结构构造、装饰等方面具有千变万化的差异。

3. 建筑产品的体形庞大性

建筑产品与一般工业产品相比,其体形远比工业产品庞大,自重也大。因为无论是复杂还是简单的建筑产品,均是为构成人们生活和生产活动空间或满足某种使用功能而建造的,所以,建筑产品要占用大片的土地和大量的空间。

4. 建筑产品的综合性

建筑产品是一个完整的固定资产实物体系,不仅土建工程的艺术风格、建筑功能、结构构造、装饰做法等方面堪称是复杂的产品,而且工艺设备、采暖通风、供水供电、卫生设备、办公自动化系统、通信自动化系统等各类设施也是错综复杂。

1.2.2 建筑施工的特点

1. 建筑产品生产的流动性

建筑产品的固定性决定了建筑施工的流动性。一般工业产品,生产者和生产设备是固定的,产品在生产线上流动,而建筑产品则相反,产品是固定的,生产者和生产设备不仅要随着建筑物地点的变更而流动,而且还要随着建筑物施工部位的改变而在不同的空间流动。这就要求事先有一个周密的施工组织设计,使流动的人、机、物等互相协调配合,做到连续、均衡施工。

2. 建筑产品生产的单件性

建筑产品的多样性决定了建筑施工的单件性。不同的甚至相同的建筑物,在不同的地区、季节及现场条件下,施工准备工作、施工工艺和施工方法等也不尽相同,因此,建筑产品的生产基本上是单个"定做",这就要求施工组织设计根据每个工程特点、条件等因素制定出可行的施工方案。

3. 建筑产品生产周期长

建筑产品的庞大性决定了建筑施工的工期长。建筑产品在建造过程中要投入大量的劳动力、材料、机械等,因而与一般工业产品相比,其生产周期较长,少则几个月,多则几年。这就要求事先有一个合理的施工组织设计,尽可能缩短工期。

4. 建筑产品施工的复杂性

建筑产品的综合性决定了建筑施工的复杂性。建筑产品是露天、高空作业,甚至有的是地下作业,加上施工是流动性和个别性,必然造成施工的复杂性,这就要求施工组织设计不仅从质量、技术组织方面考虑措施,还要从安全、环保等方面综合考虑施工方案,使建筑工程顺利的进行施工。

5. 建筑施工协作单位多

建筑产品施工涉及面广,在建筑企业内部,要组织多专业、多工种的综合作业。在建筑企业外部,需要不同种类的专业施工企业以及城市规划、土地征用、勘察设计、公安消防、环保、质量监督、科研试验、交通运输、银行业务、物资供应等单位和主管部门协作配合。

6. 建筑产品生产的高空作业多

建筑产品生产的高空作业多。

7. 建筑产品生产手工作业多、工人劳动强度大

建筑产品生产手工作业多、工人劳动强度大。

8. 建筑产品生产组织协作的综合复杂性

建筑产品生产组织协作的综合复杂性。

1.3 施工组织设计概论

1.3.1 施工组织设计分类与内容

1. 按设计阶段的不同分类

① 按两阶段设计进行时:施工组织总设计、单位工程施工组织设计;
② 按三阶段设计进行时:施工组织设计大纲、施工组织总设计、单位工程施工组织设计。

2. 按中标前后分类

施工组织设计按中标前后的时间不同可分为投标前施工组织设计和中标后施工组织设计两种。

3. 按编制对象范围的不同分类

根据《建筑施工组织设计规范》GB/T 50502—2009,施工组织设计按编制对象,可分为施工组织总设计、单位工程施工组织设计和施工方案。

4. 编制施工组织设计必须遵循的原则

根据《建筑施工组织设计规范》GB/T 50502—2009,施工组织设计的编制必须遵循工程建设程序,并应符合下列原则:

① 符合施工合同或招标文件中有关工程进度、质量、安全、环境保护、造价等方面的要求;
② 积极开发、使用新技术和新工艺,推广应用新材料和新设备;
③ 坚持科学的施工程序和合理的施工顺序,采用流水施工和网络计划等方法,科学配置资源,合理布置现场,采取季节性施工措施,实现均衡施工,达到合理的经济技术指标;
④ 采取技术和管理措施,推广建筑节能和绿色施工;
⑤ 与质量、环境和职业健康安全三个管理体系有效结合。

5. 施工组织设计的编制依据

根据《建筑施工组织设计规范》GB/T 50502—2009,施工组织设计应以下列内容作为编制依据:

① 与工程建设有关的法律、法规和文件；
② 国家现行有关标准和技术经济指标；
③ 工程所在地区行政主管部门的批准文件,建设单位对施工的要求；
④ 工程施工合同或招标、投标文件；
⑤ 工程设计文件；
⑥ 工程施工范围内的现场条件,工程地质及水文地质、气象等自然条件；
⑦ 与工程有关的资源供应情况；
⑧ 施工企业的生产能力、机具设备状况、技术水平等。

6. 施工组织设计的基本内容

根据《建筑施工组织设计规范》GB/T 50502—2009,施工组织设计的基本内容应包括编制依据、工程概况、施工部署、施工进度计划、施工准备与资源配置计划、主要施工方法、施工现场平面布置及主要施工管理计划等基本内容。全国各地区、各施工企业,针对各地区、各工程的不同特点施工组织设计的内容不尽相同,表1-2所示为××市办公楼项目投标人技术标书评审表,表1-3所示为××市××股份有限公司金工车间工程技术标评审表,表1-4所示为××市××初级中学操场改建工程技术标评审表。

7. 施工组织设计的编制和审批应符合的规定

施工组织设计的编制和审批应符合下列规定：
① 施工组织设计应由项目负责人主持编制,可根据需要分阶段编制和审批；
② 施工组织总设计应由总承包单位技术负责人审批；单位工程施工组织设计应由施工单位技术负责人或技术负责人授权的技术人员审批；施工方案应由项目技术负责人审批；重点、难点分部(分项)工程和专项工程施工方案应由施工单位技术部门组织相关专家评审,施工单位技术负责人批准；
③ 由专业承包单位施工的分部(分项)工程或专项工程的施工方案,应由专业承包单位技术负责人或技术负责人授权的技术人员审批；有总承包单位时,应由总承包单位项目技术负责人核准备案；
④ 规模较大的分部(分项)工程和专项工程的施工方案应按单位工程施工组织设计进行编制和审批。

8. 施工组织设计应实行动态管理

施工组织设计应实行动态管理,并符合下列规定：
① 项目施工过程中,发生以下情况之一时,施工组织设计应及时进行修改或补充。
a. 工程设计有重大修改；
b. 有关法律、法规、规范和标准实施、修订和废止；
c. 主要施工方法有重大调整；
d. 主要施工资源配置有重大调整；
e. 施工环境有重大改变。
② 经修改或补充的施工组织设计应重新审批后实施。
③ 项目施工前,应进行施工组织设计逐级交底；项目施工过程中,应对施工组织设计的执行情况进行检查、分析并适时调整。

9. 施工组织设计应在工程竣工验收后归档。

表1-2　××市办公楼项目投标人技术标书评审表

序号	投标单位名称	总体部署(6分)	施工进度计划等(8分)	劳动力投入等措施(4分)	材料投入计划等措施(8分)	机械设备投入等(8分)	施工平面布置(6分)	关键施工技术、工艺等(26分)	安全文明施工措施(8分)	质量保证措施(6分)	新技术应用(6分)	合计得分(86分)
1	××建筑安装有限公司											
2	××建筑安装责任公司											
3	××建筑工程有限公司											
4	××建筑安装有限责任公司											
5	××建筑工程有限责任公司											
6	××建筑工程有限责任公司											
7	××建筑工程有限责任公司											

表1-3 ×××市××股份有限公司金工车间工程技术标评审表

序号	投标单位名称	项目管理班子配备人员 (10分)			施工组织措施 (6分)			质量保证措施 (7分)			工期保证措施 (8分)			安全文明保证措施 (6分)			设备 (3分)		总分 (40分)
		项目负责人 (4分)	技术负责人 (2分)	质量员 (2分)	安全员 (2分)	施工技术方案 (4分)	招标文件响应程度（工期、质量）(1分)	施工平面布置 (1分)	施工质量保证措施 (3分)	设备材料保证措施 (2分)	采用新工艺及关键分项施工措施 (2分)	施工进度计划等(8分)	工期保证措施 (3分)	劳动力、材料供应计划 (3分)	安全生产措施 (2分)	文明施工措施 (2分)	环境保护措施 (2分)	主要设备配置 (2分)	施工设备布置 (1分)	
1	××建筑安装有限公司																			
2	××建筑安装责任公司																			
3	××建筑工程有限公司																			

表1-4 ××市××初级中学操场改建工程技术标评审表

投标单位名称：

序号	项目	内容	得分
1	总体概述（20分）	优(20分)：对项目总体有深刻认识，表述清晰、完整，措施先进、具体、有效、成熟，采用了新技术、新工艺、新材料、新设备；施工段划分呼应总体表述，划分清晰、合理，符合规范要求。 良(15分)：对项目总体有深刻认识，表述清晰、完整，措施具体有效；施工段划分呼应总体表述，划分清晰，符合规范要求。 中(10分)：对项目总体有一定认识，但部分措施不具体；施工段划分较合理，符合规范要求。 差(0分)：对项目认识不足，表述不清晰，措施不具体；施工段划分不合理	
2	施工进度计划及各阶段进度保证措施及违约承诺（8分）	优(8分)：关键线路清晰、准确、完整，计划编制合理、可行；关键节点控制措施得力、合理，可行；进度违约经济承诺具体，经济赔偿最大。 良(6分)：关键线路清晰、准确、完整，计划编制可行；关键节点控制措施合理，可行；进度违约经济承诺具体，经济赔偿次大。 中(4分)：关键线路基本准确，计划编制基本合理；关键节点控制措施基本可行；进度违约经济承诺具体。 差(0分)：关键线路不准确，计划编制不合理；关键节点控制措施不可行；没有进度违约经济赔偿	
3	劳动力投入计划及保证措施（4分）	优(4分)：投入计划与进度计划呼应，较好满足施工需要，调配投入计划合理、准确。 良(3分)：投入计划与进度计划呼应，基本满足施工需要，调配投入计划基本合理、准确。 中(2分)：投入计划与进度计划呼应，基本满足施工需要，调配投入计划基本合理。 差(0分)：投入计划与进度计划不呼应，不能满足施工需要	
4	材料投入计划及保证措施（4分）	优(4分)：投入计划与进度计划呼应，较好满足施工需要，调配投入计划合理、准确。 良(3分)：投入计划与进度计划呼应，基本满足施工需要，调配投入计划基本合理、准确。 中(2分)：投入计划与进度计划呼应，基本满足施工需要，调配投入计划基本合理。 差(0分)：投入计划与进度计划不呼应，不能满足施工需要	
5	机械设备投入计划（8分）	优(8分)：投入计划与进度计划呼应，较好满足施工需要，采用先进机械设备。 良(6分)：投入计划与进度计划呼应，满足施工需要。 中(4分)：投入计划与进度计划呼应，基本满足施工需要。 差(0分)：投入计划与进度计划不呼应，不能满足施工需要	
6	施工平面布置（6分）	优(6分)：总体布置有针对性、合理，较好满足施工需要，符合安全生产，文明施工要求。 良(4分)：总体布置合理，能满足施工需要，基本符合安全生产，文明施工要求。 中(2分)：总体布置基本合理，基本满足要求。 差(0分)：总体布置不合理，不符合安全生产，文明施工要求	

续表

序号	项目	内容	得分
7	关键施工技术、工艺及工程项目实施重点、难点分析及解决方案(26分)	优(26分):对项目关键技术、工艺有深入的表述,对重点、难点有先进、合理的建议,解决方案完整、经济、安全、切实可行,措施得力。 良(20分):对项目关键技术、工艺有深入的表述,对重点、难点有合理的建议,解决方案完整、经济、安全、基本可行,措施可行。 中(14分):对项目关键技术有一定了解,对重点、难点有建议,解决方案基本可行,措施基本可行。 差(0分):解决方案不可行	
8	安全文明施工措施(8分)	优(8分):针对项目实际情况,措施先进、合理、具体、严谨,采用规范完整、清晰。 良(6分):针对项目实际情况,措施合理、具体、严谨,采用规范完整。 中(4分):有基本合理的措施,采用规范完整。 差(0分):安全文明措施不合理,采用规范不完整	
9	质量保证及质量违约承诺(8分)	优(8分):应用新技术、新工艺、新材料、新设备;针对项目实际提出先进、合理、具体、严谨的保证措施;超过招标文件的质量要求,质量违约经济承诺具体,经济赔偿最大。 良(6分):针对项目实际提出合理、具体、严谨的保证措施;满足招标文件的质量要求,质量违约经济承诺具体,经济赔偿次大。 中(4分):措施可行;满足招标文件的质量要求,质量违约经济承诺具体。 差(0分):措施不可行;没有质量违约经济承诺	
10	新技术应用及违约承诺(8分)	优(8分):针对项目实际提出采用新技术的具体措施,新技术的验证材料可靠,对节约投资及工期的保证措施先进、合理、具体、严谨;对采用新技术可能产生的风险预见充分,违约承诺具体,经济赔偿最大。 良(6分):针对项目实际提出采用新技术的具体措施,新技术的验证材料可靠,对节约投资及工期有保证措施;对采用新技术可能产生的风险有一定预见,违约承诺具体,经济赔偿次大。 中(4分):新技术措施验证材料不充分,对节约投资及工期可能有一定收益;对采用新技术可能产生的风险预见不足,有违约承诺。 差(0分):采用的新技术针对性不强或验证材料不可靠,对节约投资、工期没有具体收益;没有违约承诺	
11	合计		

1.3.2 施工组织设计的任务与作用

任务:指导拟建工程施工全过程中各项活动的技术、经济和组织。

作用:是施工准备工作的重要组成部分,又是做好施工准备工作的主要依据和保证;是对拟建工程施工全过程实行科学管理的重要手段,是编写预算和施工计划的主要依据,建筑企业合理组织施工和加强项目管理的重要措施;是检查施工目标的依据,是建设单位和施工单位履行合同、处理关系的主要依据。

1.3.3 组织项目施工的基本原则

① 认真贯彻国家的方针政策,严格执行建设程序。
② 遵循建筑施工工艺及其技术规律,坚持合理的施工程序和施工顺序,在保证质量的前提下,加快速度,缩短工期。
③ 采用流水施工方法和网络计划等先进技术,组织有节奏、连续和均衡的施工,科学地安排施工进度计划,保证人力、物力充分发挥作用。
④ 统筹安排,保证重点,合理地安排冬季、雨季施工项目。
⑤ 认真贯彻建筑工业化方针,提高施工机械化水平,扩大预制范围,提高预制装配程度;改善劳动条件,减轻劳动强度,提高劳动效率。
⑥ 采用国内外先进施工技术,科学地确定施工方案,贯彻执行施工技术规范、操作规程,提高工程质量,确保安全施工,缩短工期、降低成本。
⑦ 精心规划施工平面图,节约土地。尽量减少临时设施,合理存储物资,充分利用当地资源,减少物资运输量。
⑧ 做好现场文明施工和环境保护工作。

思考与实训

1. 思考题
(1) 什么叫可行性研究?
(2) 建筑产品有何特点?
(3) 建筑施工的特点是什么?
(4) 施工组织设计按编制对象范围不同分哪几类?
(5) 根据《建筑施工组织设计规范》GB/T 50502—2009,施工组织设计应包括那些基本内容?
(6) 施工组织设计的编制和审批有何规定?

2. 实训题
(1) 简述编制施工组织设计必须遵循的原则是什么。
(2) 叙述建设程序。
(3) 简述施工组织设计的任务与作用。

施工准备工作

 内容要点

① 施工准备工作的分类;
② 施工准备工作内容;
③ 施工准备阶段的监理工作与开工报告。

 学习要求

① 掌握施工准备工作的分类和内容;
② 了解原始资料的调查研究;
③ 了解技术准备内容;
④ 了解标前与标后两类施工组织设计的编制特点;
⑤ 掌握施工现场准备内容;
⑥ 了解施工准备阶段的监理工作与开工报告。

2.1 施工准备工作概述

2.1.1 施工准备工作的重要性

施工准备工作是施工企业生产经营管理的重要组成部分,是建筑施工程序的重要阶段,做好施工准备工作,降低施工风险,做好施工准备工作,提高企业综合经济效益。

施工准备是保证建设项目在生产的过程中能顺利进行的必要条件,是施工组织工作中的一个重要内容。每项工程开工前都必须安排合理的施工准备期。施工准备工作的基本任务是掌握建设工程的特点、施工进度和工程质量要求；了解施工的客观条件，合理布置施工力量。从技术、物质、劳动力和组织安排等多方面为土木工程施工的顺利进行创造一切必要的条件。认真细致的做好施工准备工作，对充分发挥劳动资源的潜力、合理安排施工进度、提高工程质量和降低施工成本都起着十分重要的作用。

2.1.2 施工准备工作的分类和内容

2.1.2.1 施工准备工作的分类

1. 按施工准备工作的对象分类

（1）施工总准备

以整个建设项目为对象而进行的需要统一部署的各项准备。为全场性的施工做好准备，也兼顾了单位工程施工条件。

（2）单位工程施工准备

指以单位工程为对象而进行的施工条件准备工作，它是为单位工程在开工前做的一切准备。

（3）分部、分项工程准备

以某分部、分项工程为对象而进行的作业条件的准备。

（4）季节性施工准备

是指为冬季、雨季、夏季施工创造条件的施工准备工作。

2. 按拟建工程所处施工阶段分类

（1）开工前的施工准备

特点：全局性、总体性。

（2）工程作业条件的施工准备

特点：局部性、经常性。

施工准备工作既要有整体性与阶段性的统一，又要有连续性，必须有计划、有步骤、分期、分阶段地进行施工准备工作。

2.1.2.2 施工准备工作的内容

施工准备工作的内容根据施工准备工作的对象不同而不同。

工程项目施工准备工作按其性质通常包括原始资料的调查研究、技术准备、物资准备、劳动组织准备、施工现场准备、施工场外准备和季节性施工准备等。

1. 原始资料的调查研究

① 调查与工程项目特征和要求有关资料；
② 调查建设地区的自然条件资料；
③ 技术经济条件的调查研究；
④ 调查施工现场情况。

2. 技术准备

① 熟悉、审查施工图纸和有关的设计资料；
② 学习技术规范、规程和相关规定；
③ 编制施工图预算和施工预算；
④ 编制标后施工组织设计。

3. 物资准备

① 做好建筑材料需要量计划和货源安排,对地方材料要落实货源,办理订购手续,对特殊材料要组织人员提早采购;

② 对钢筋混凝土预制构件、钢构件、铁件、门窗等做好加工委托或生产安排;

③ 做好施工机械和机具的准备,对已有的机械机具做好维修试车工作,对尚缺的机械机具要立即订购、租赁或制作。

4. 劳动组织准备

① 建立施工项目领导机构;
② 建立精干的工作队组;
③ 集结施工力量,组织劳动力进场;
④ 做好职工入场教育工作。

5. 施工现场准备

① 清除障碍物;
② 施工测量;
③ "三通一平";
④ 搭设临时设施;
⑤ 组织施工机具进场;
⑥ 组织建筑材料进场;
⑦ 拟订有关试验、试制项目计划;
⑧ 做好季节性施工准备。

6. 施工场外协调

(1) 地方协调

及时与甲方代表、监理工程师、当地政府及交通部门取得联系,协商外围事宜,做好施工前准备工作。

(2) 材料加工与订货

根据各项材料需用量计划,同建材及加工单位取得联系,签订供货协议,保证按时供应。

2.1.3 施工准备工作的要求

① 施工准备工作应有组织、有计划、分阶段、有步骤地进行。

施工准备工作不仅要在开工前进行,而且在开工后也要进行。随着工程的不断深入,在每个施工阶段开始前,都要不间断的做好施工准备工作,为顺利进行各个阶段的施工创造条件。

② 建立严格的施工准备工作责任制和相应的检查制度。

按施工准备工作计划将责任落实到有关部门和人,同时明确各级技术负责人在施工准备工作中应负的责任。施工准备不仅有计划和分工,而且要有布置和检查,这样有利于发现问题及时解决。

③ 坚持按基本建设程序办事,严格执行开工报告制度。
④ 施工准备工作必须贯穿施工全过程。
⑤ 施工准备工作要取得各协作相关单位的友好支持与配合。

2.2 原始资料的调查研究

为了获得最佳的施工方案,在进行施工准备时应有目的地进行技术经济调查,以获得施工所需的自然条件和技术经济条件等有关资料。特别是对新开拓的施工区域和海外建设市场,具有重要意义。

原始资料的调查研究并非仅仅是对资料简单地进行收集,重要的是对收集的资料进行细致的分析和研究,找出它们之间的规律和与施工的关系,作为确定施工的参考依据。同时为了保证资料正确,在施工开始以后还应根据施工的实际情况进行补充调查,以适应施工的需要。对所收集的资料应及时进行整理、归档和保存,以利保存和利用。

2.2.1 调查与工程项目特征和要求有关的资料

① 根据可行性研究报告或设计任务书、工程选址、扩大初步设计等方面的资料,了解建设目的、任务、设计意图;
② 弄清设计规模、工程特点;
③ 摸清对工程分期、分批施工、配套交付使用的顺序要求,图纸交付时间及工程施工的质量要求和技术难点等。

2.2.2 自然条件的调查研究

建设地区自然条件的调查分析主要包括建设地区的气象、建设场地的地形、工程地质和水文地质等。主要内容有地区水准点和绝对标高等情况;地质构造、土的性质和类别、地基土的承载力、地震级别和裂度等情况;河流流量和水质、最高洪水和枯水期的水位等情况;地下水位的高低变化情况,含水层的厚度、流向、流量和水质等情况;气温、雨、雪、风和雷电等情况;土的冻结深度和冬雨季的期限等情况;施工现场地上和地下障碍物状况、周围民宅的坚固程度及其居民的健康状况等项调查;为编制施工现场的"三通一平"计划提供依据。自然条件调查用表见表 2-1。

表 2-1 气象、地形、地质和水文调查内容表

项目	调查内容	调查目的
气温	1. 年平均气温,最高、最低、最冷、最热月的逐月平均温度。结冰期,解冻期; 2. 冬夏室外计算温度; 3. 小于等于 $-3℃$、$0℃$、$+5℃$ 的天数、起止时间	1. 防暑降温; 2. 冬季施工; 3. 混凝土、灰浆强度增长
降雨	1. 降雨起止时间; 2. 全年降雨量及最大的日降水量; 3. 全年雷暴天数	1. 雨期施工; 2. 工地排水、防洪; 3. 防雷

续表

项目	调查内容	调查目的
风	建设地区的风玫瑰图,全年强风(≥8级)的天数及时间	1. 布置临时设施; 2. 高空作业及吊装措施
地形	1. 区域地形图; 2. 厂址地形图; 3. 该区城市规划图; 4. 水准点、控制桩的位置	1. 选择施工用地; 2. 布置施工平面图; 3. 现场平整土方量计算 4. 障碍物及数量
地震	建设地区的地震基本烈度	1. 对地基的影响; 2. 施工措施
地质	1. 工程钻孔布置图; 2. 地质剖面图; 3. 地质的稳定性、滑坡、流沙; 4. 地基土质的物理力学指标、天然含水率; 5. 天然空隙比、塑性指数、压缩试验; 6. 最大冻结深度; 7. 地基土强度; 8. 地基土破坏情况,土坑、枯井、古墓、地下构筑物	1. 土方施工方法; 2. 地基处理方案; 3. 基础施工; 4. 复核地基基础设计; 5. 障碍物拆除计划
地下水	1. 最高、最低水位及时间; 2. 流向、流速及流量; 3. 水质分析; 4. 抽水试验	1. 土方施工方法; 2. 基础施工方案的选择; 3. 降低地下水位; 4. 侵蚀性质及施工注意事项
地面水	1. 邻近的江河湖泊及距离; 2. 洪水、平水及枯水时期; 3. 流量、水位及航道深度; 4. 水质分析	1. 临时给水; 2. 航运组织; 3. 水工工程

2.2.3 技术经济条件的调查分析

建设地区技术经济条件的调查分析的主要内容有:地方建筑施工企业的状况;施工现场的动迁状况;当地可利用的地方材料状况;地方能源和交通运输状况;地方劳动力和技术水平状况;当地生活供应、教育和医疗卫生状况;当地消防、治安状况和参加施工单位的力量状况。建设地区技术经济条件的调查表见表2-2~表2-8。

表 2-2　地方建筑生产企业情况调查内容表

企业和产品名称、规格	单位	生产能力	供应能力	出厂价格	运距	运输方式	单位价格	备注

注：(1) 企业名称按：构件厂、木工厂、商品混凝土供应站、门窗厂、设备、脚手、模板租赁厂、金属结构厂、采料厂、砖、瓦、灰厂等填列。

(2) 这一调查可向当地计划、经济或主管建筑企业机关进行。

表 2-3　地方资源情况调查内容表

材料名称	产地	埋藏量	质量	开采量	开采费	出厂价	运距	运费	备注

注：材料名称按块石、碎石、砾石、砂、工业废料（包括冶金矿渣、炉渣、电站粉煤灰等）填列。

表 2-4　交通运输条件调查内容表

序号	项目	调查内容	调查目的
1	铁路	1. 邻近铁路专用线、车站至工地的距离及沿途运输条件； 2. 站场卸货线长度、起重能力和储存能力； 3. 装载单个货物的最大尺寸、重量的限制； 4. 装卸费和装卸力量	1. 选择施工运输方式 2. 拟订施工运输计划
2	公路	1. 主要材料产地至工地的公路等级，路面构造宽度及完好情况，允许最大载重量； 2. 途经桥涵等级，允许最大载重量； 3. 当地专业机构及附近村镇能提供的装卸、运输能力，汽车、畜力、人力车的数量及运输效率，运费、装卸费； 4. 当地有无汽车修配厂、修配能力和至工地距离、路况； 5. 沿途架空电线高度	
3	航运	1. 货源、工地至邻近河流、码头渡口的距离，道路情况； 2. 洪水、平水、枯水期封冻期，通航的最大船只及吨位，取得船只的可能性； 3. 码头装卸能力，最大起重量，增设码头的可能性； 4. 渡口的渡船能力； 5. 运费、渡口费、装卸费	

表 2-5 水、电源和其他动力条件调查内容表

项目	调查内容
给排水	1. 与当地现有水源连接的可能性,可供水量,接管地点、管径、管材、埋深、水压、水质、水费,至工地距离,地形地物情况; 2. 临时供水源:利用江河、湖水可能性、水源、水量、水质、取水方式,至工地距离、地形地物情况;临时水井位置、深度、出水量、水质; 3. 利用永久排水设施的可能性,施工排水去向,距离坡度;有无洪水影响,现有防洪设施、排洪能力
供电与通信	1. 电源位置,引入的可能,允许供电容量、电压、导线截面、距离、电费、接线地点,至工地距离、地形地物情况; 2. 建设、施工单位、自有发电、变电设备的规格型号、台数、能力,燃料,资料及可能性; 3. 利用邻近电讯设备的可能性,电话、电报局至工地距离,增设电话设备和计算机等自动化办公设备和线路的可能性
供气	1. 蒸汽来源,可供能力、数量,接管地点、管径、埋深,至工地距离,地形地物情况,供气价格,供气的正常性; 2. 建设、施工单位自有锅炉型号、台数、能力、所需燃料、用水水质,投资费用; 3. 当地、建设单位提供压缩空气、氧气的能力,至工地的距离

注:(1) 资料来源:当地城建、供电局、水厂等单位及建设单位。
(2) 调查目的:选择给排水、供电、供气方式,作出经济比较。

表 2-6 三大材料、特殊材料及主要设备调查内容表

项目	调查内容	调查目的
三大材料	1. 钢材订货的规格、钢号、强度等级、数量和到货时间; 2. 木材订货的规格、等级、数量和到货时间; 3. 水泥订货的品种、强度等级、数量和到货时间	1. 确定临时设施和堆放场地; 2. 确定木材加工计划; 3. 确定水泥储存方式
特殊材料	1. 需要的品种、规格、数量; 2. 试制、加工和供应情况; 3. 进口材料和新材料	1. 制定供应计划; 2. 确定储存方式
主要设备	1. 主要工艺设备名称、规格、数量和供货单位; 2. 分批和全部到货时间	1. 确定临时设施和堆放场地; 2. 拟订防雨措施

表 2-7 建设地区社会劳动力和生活设施的调查内容

项目	调查内容	调查目的
社会劳动力	1. 少数民族地区的风俗习惯; 2. 当地能提供的劳动力人数、技术水平、工资费用和来源; 3. 上述人员的生活安排	1. 拟订劳动力计划; 2. 安排临时设施
房屋设施	1. 必须在工地居住的单身人数和户数; 2. 能作为施工用的现有的房屋栋数,每栋面积、结构特征,总面积、位置、水、暖、电、卫、设备状况; 3. 上述建筑物的适宜用途,用作宿舍、食堂、办公室的可能性	1. 确定现有房屋为施工服务的可能性; 2. 安排临时设施

续表

项目	调查内容	调查目的
周围环境	1. 主副食品供应、日用品供应、文化教育、消防治安等机构能为施工提供的支援能力； 2. 邻近医疗单位至工地的距离，可能就医情况； 3. 当地公共汽车、邮电服务情况； 4. 周围是否存在有害气体、污染情况，有无地方病	安排职工生活基地，解除后顾之忧

表 2-8 参加施工的各单位能力调查或内容

项目	调查内容
工人	1. 工人数量、分工种人数，能投入本工程施工的人数； 2. 专业分工及一专多能的情况，工人队组形式； 3. 定额完成情况、工人技术水平、技术等级构成
管理人员	1. 管理人员总数，所占比例； 2. 其中技术人员数，专业情况，技术职称，其他人员数
施工机械	1. 机械名称、型号、能力、数量、新旧程度、完好率；能投入本工程施工的情况； 2. 总装备程度（马力/全员）； 3. 分配、新购情况
施工经验	1. 历年曾施工的主要工程项目、规模、结构、工期； 2. 习惯施工方法，采用过的先进施工方法，构件加工、生产能力、质量； 3. 工程质量合格情况，科研、革新成果
经济指标	1. 劳动生产率，年完成能力； 2. 质量、安全、降低成本情况； 3. 机械化程度； 4. 工业化程度、设备、机械的完好率、利用率

注：(1) 来源：参加施工的各单位。
（2）目的：明确施工力量、技术素质，规划施工任务、分配、安排。

2.2.4 其他相关信息与资料的收集

其他相关信息与资料包括：现行的由国家有关部门制定的技术规范、规程及有关技术标准，如《建筑工程施工质量验收统一标准》(GB 50300—2001)及相关专业工程施工质量验收规范、《建筑施工安全检查标准》(JGJ 59—99)及有关专业工程安全技术规范规程、《建筑工程项目管理规范》(GB/T 50326—2006)、《建筑工程文件归档整理规范》(GB/T 50328—2001)、《建筑工程冬期施工规程》(JGJ 104—2011)、各专业工程施工技术规范等；企业现有的施工定额、施工手册；类似工程的技术资料及平时施工实践活动中所积累的资料等。收集这些相关信息与资料，是进行施工准备工作和编制施工组织设计的依据之一，可为其提供有价值的参考。

2.3 技术准备

技术资料准备即通常所说的"内业"工作,它是施工准备的核心,指导着现场施工准备工作,对于保证建筑产品质量,实现安全生产,加快工程进度,提高工程经济效益都具有十分重要的意义。任何技术差错和隐患都可能引起人身安全和质量事故,造成生命财产和经济的巨大损失,因此,必须重视做好技术资料准备。其主要内容包括:熟悉、审查施工图纸和有关的设计资料,编制施工图预算和施工预算,编制中标后施工组织设计等。

2.3.1 熟悉、审查施工图纸和有关的设计资料

施工图全部(或分阶段)出图以后,施工单位应依据建设单位和设计单位提供的初步设计或扩大初步设计(技术设计)、施工图设计、建筑总平面图、土方竖向设计和城市规划等资料文件;调查、收集的原始资料和其他相关信息与资料以及设计、施工验收规范、有关技术标准、规程、国家和地方的法律、法规。组织有关人员对设计图纸进行学习和会审工作,施工人员阅读施工图纸绝不能只是"大致"了解,而应对施工图中每一个细节彻底了解设计意图,否则必然导致施工失误。通过对设计图纸的学习和会审工作,使参与施工的人员掌握施工图的内容、要求和特点,同时发现施工图中的问题,以便在图纸会审时统一提出,解决施工图中存在的问题,确保工程施工顺利进行。

审查图纸的程序通常分为:自审阶段、会审阶段、现场签证三个阶段。

图纸自审由施工单位主持,并写出图纸自审记录;图纸会审由建设单位主持,设计、施工和监理单位共同参加,形成"图纸会审记录(纪要)",由建设单位正式行文,三方共同会签并盖公章,作为指导施工和工程结算的依据;图纸现场签证是在工程施工中,遵循技术核定和设计变更签证制度,对所发现的问题进行现场签证,作为指导施工、竣工验收和结算的依据。

2.3.1.1 自审图纸阶段

1. 熟悉图纸

(1) 熟悉图纸工作的组织

由施工该工程的项目经理部组织有关工程技术人员认真熟悉图纸,了解设计总图与建设单位要求以及施工应达到的技术标准,明确工艺流程。

(2) 熟悉图纸的要求

① 先精后细。就是先看平面图、立面图、剖面图,对整个工程的概貌有一个了解,对总的长、宽尺寸,轴线尺寸,标高、层高、总高有一个大体的印象。然后再看细部做法,核对总尺寸与细部尺寸、位置、标高是否相符,门窗表中的门窗型号、规格、形状、数量是否与结构相符等。

② 先小后大。就是先看小样图,后看大样图。核对在平面图、立面图、剖面图中标注的细部做法,与大样图的做法是否相符;所采用的标准构件图集编号、类型、型号,与设计图纸有无矛盾,索引符号有无漏标之处,大样图是否齐全等。

③ 先建筑后结构。就是先看建筑图,后看结构图,把建筑图与结构图互相对照,核对其轴线尺寸、标高是否相符,有无矛盾,查对有无遗漏尺寸,有无结构不合理之处。

④ 先一般后特殊。就是先一般的部位和要求,后看特殊的部位和要求。特殊部位一般包括地基处理方法、变形缝的设置、防水处理要求和抗震、防火、保温、隔热、防尘、特殊装修等技术要求。

⑤ 图纸与说明结合。就是在看图时要对照设计总说明和图中的细部说明,核对图纸和说明有无矛盾,规定是否明确,要求是否可行,做法是否合理等。

⑥ 土建与安装结合。就是看土建图时,有针对性地看一些安装图,核对与土建有关的安装图有无矛盾,预埋件、预留洞、槽的位置、尺寸是否一致,了解安装对土建的要求,以便考虑在施工中的协作配合。

⑦ 图纸要求与实际情况结合。就是核对图纸有无不符合施工实际之处,如建筑物相对位置、场地标高、地质情况等是否与设计图纸相符;对一些特殊的施工工艺,施工单位能否做到等。

2. 施工单位对图纸进行自审

(1) 自审图纸的组织

施工单位应由项目技术负责人组织技术、生产、预算、测量、翻样及分包方等有关部门和人员对图纸进行审查。

(2) 自审图纸的要求

① 图纸自审时,应重点审查施工图的有效性、对施工条件的适应性、各专业之间和全图与详图之间的协调一致性等。

② 建筑、结构、设备安装等设计图纸是否齐全,手续是否完备;设计是否符合国家有关的经济和技术政策、规范规定,图纸总的做法说明(包括分项工程做法说明)是否齐全、清楚、明确,与建筑、结构、安装图、装饰和节点大样图之间有无矛盾;设计图纸(平、立、剖、构件布置、节点大样)之间相互配合的尺寸是否相符,分尺寸与总尺寸,大样图、小样图、建筑图与结构图、土建图与水电安装图之间互相配合的尺寸是否一致,有无错误和遗漏;设计图纸本身、建筑构造与结构构造、结构各构件之间,在立体空间上有无矛盾,预留孔洞、预埋件、大样图或采用标准构配件图的型号、尺寸有无错误与矛盾。

③ 总图的建筑物坐标位置与单位工程建筑平面图是否一致;建筑物的设计标高是否可行;地基与基础的设计与实际情况是否相符,结构性能如何;建筑物与地下构筑物及管线之间有无矛盾。

④ 主要结构的设计在强度、刚度、稳定性等方面有无问题,主要部位的建筑构造是否合理,设计能否保证工程质量和安全施工。

⑤ 设计图纸的结构方案、建筑装饰,与施工单位的施工能力、技术水平、技术装备有无矛盾;采用新技术、新工艺,施工单位有无困难;所需特殊建筑材料的品种、规格、数量能否解决,专用机械设备能否保证。

⑥ 安装专业的设备、管架、钢结构立柱、金属结构平台、电缆、电线支架以及设备基础是否与工艺图、电气图、设备安装图和到货的设备相一致;传动设备、随机到货图纸和出厂资料是否齐全,技术要求是否合理,是否与设计图纸及设计技术文件相一致,底座同土建基础是否一致;管口相对位置、接管规格、材质、坐标、标高是否与设计图纸一致;管道、设备及管件需防腐衬里、脱脂及特殊清洗时,设计结构是否合理,技术要求是否切实可行。

2.3.1.2 图纸会审阶段

1. 图纸会审的组织

一般工程由建设单位组织并主持会议,设计单位、监理单位和施工单位技术负责人及有关人员参加。重点工程或规模较大及结构、装修较复杂的工程,如有必要可邀请各主管部门、消防、防疫与协作单位参加。

2. 图纸会审的要求

会审的程序如图 2-1 所示:

图 2-1 会审程序

监理、施工单位应将各自提出的图纸问题及意见,按专业整理、汇总后报建设单位,由建设单位提交设计单位做交底准备。

图纸会审记录应由建设、设计、监理和施工单位的项目相关负责人签认,形成正式图纸会审记录(表 2-9)。不得擅自在会审记录上涂改或变更内容。

会审记录作为与施工图纸具有同等法律效力的技术文件使用。

由于设计图纸本身差错,设计图纸与实际情况不符,施工条件变化,原材料的规格、品种、质量不符合设计要求及提出合理化建议等原因,要及时办理设计变更文件。设计变更是施工图的补充和修改的记载,应及时办理,内容翔实,必要时应附图,并逐条注明应修改图纸的图号。

设计变更通知单(表 2-10)应由设计专业负责人以及建设单位、监理单位和施工单位的相关负责人签认。

表 2-9 图纸会审记录

图纸会审记录		编号	
工程名称		日期	
地点		专业名称	
序号	图号	图纸问题	图纸问题交底
签字栏	建设单位	监理单位	设计单位	施工单位

注:(1) 由施工单位整理、汇总,建设单位、监理单位、施工单位、城建档案馆各保存一份。
   (2) 图纸会审记录应根据专业(建筑、结构、给排水及采暖、电气、通风空调、智能系统等)汇总、整理。
   (3) 设计单位应由专业设计负责人签字,其他相关单位应由项目技术负责人或相关专业负责人签认。

表 2-10 设计变更通知单

设计变更通知单		编号	
工程名称		专业名称	
提出单位名称		日期	
序号	图号	变更内容	图纸问题交底
签字栏	建设单位	监理单位	设计单位	施工单位

注:(1) 本表由建设单位、监理单位、施工单位、城建档案馆各保存一份。
   (2) 涉及图纸修改的,必须注明应修改图纸大图号。
   (3) 不可将不同专业的设计变更办理在同一份变更上。
   (4) "专业名称"栏应按专业填写,如建筑、结构、给排水、电气、通风空调等。

2.3.1.3 图纸现场签证阶段

在拟建工程施工的过程中,如果发现施工的条件与设计图纸的条件不符,或者发现图纸中仍然有错误,或者因为材料的规格、质量不能满足设计要求,或者因为施工单位提出了合理化建议,需要对设计图纸进行及时修订时,应遵循技术核定和设计变更的签证制度,进行图纸的施工现场签证。如果设计变更的内容对拟建工程的规模、投资影响较大时,要报请项目的原批准单位批准。在施工现场的图纸修改、技术核定和设计变更资料,都要有正式的文字记录,归入拟建工程施工档案,作为指导施工、竣工验收和工程结算的依据。

2.3.2 编制施工图预算和施工预算

1. 编制施工图预算

施工图预算是技术准备工作的主要组成部分之一,施工图预算是按照施工图确定的工程量、施工组织设计所拟订的施工方法、建筑工程预算定额及其收费标准,由施工单位编制的确定建筑安装工程造价的经济文件,它是施工企业签订工程承包合同、工程结算、建设银行拨付工程价款、进行成本核算、加强经营管理等方面工作的重要依据。

2. 编制施工预算

施工预算是根据施工图预算、施工图纸、施工组织设计或施工方案、施工定额等文件进行编制的,它直接受施工图预算的控制。它是施工企业内部控制各项成本支出、考核用工、"两算"对比、签发施工任务单、限额领料、基层进行经济核算的依据。

施工图预算的编制依据是预算定额,预算定额的水平是平均水平。

施工预算的编制依据是施工定额,施工定额的水平是平均先进水平。

2.3.3 编制标后施工组织设计

标后施工组织设计是指在工程项目招标完成后,由施工单位编制的用以指导施工现场全部生产活动的技术经济文件。

标前与标后两类施工组织设计的编制特点是有所不同的。有针对性的编制施工组织设计,不仅在指导工程投标、力争中标、签订工程承包合同中发挥作用,而且在施工准备与施工全过程管理中,指导施工作业、降低工程成本、提高企业经济效益中发挥作用。

1. 编制目的不同

标前与标后编制的施工组织设计其针对性是有明显区别的。标前施工组织设计的编制目的就是为了投标,主要是追求中标和达到签订承包合同的目的;标后施工组织设计编制的目的就是为了在工期、进度、资金、安全、现场管理等诸要素中,追求施工效率和经济效益。因此,根据这些特点,编写施工组织设计时在框架结构、题材选择、文字叙述等都应该有各自的特色和不同的侧重点,使之达到编制者的目的。

2. 编制时间不同

标前施工组织设计是在投标书编制前着手编写,由于受报送投标书的时间限制,编制标前施工组织设计的时间很短。而中标后的施工组织设计是在签约后开工前着手编写,编制时间相对较长。因此针对这种特点,平时要注重两类施工组织设计的相同素材的搜集与积累。例如:主要项目的施工方法;施工企业质量管理体系;防止质量通病的技术措施;工程质量检测的设备;国家或建设行政主管部门推广的新工艺、新技术、新材料;文明施工现场措施;施工安全的技术措施及保证体系等。以上素材平时都可以提前编写出来,分别建立小标题,利用计算机贮存,使用时可随时调出,结合具体情况略微修改后就可利用了。

3. 服务范围不同

标前编制的施工组织设计,其服务的范围主要是标书评委会的评标人。标后编制的施工组织设计,其服务的范围就是做施工准备直至工程竣工验收。因此针对这种特点,要恰如其分的把握施工组织设计编写的不同点。要想在评标中得高分,标前施工组织设计就得严格按招标文件和评标办法的格式要求,依次对应条款按序编写。在写作手法上要条理清晰,陈述详略得当。例如:"四新"技术的应用可详述,而常规做法可简明扼要点到为止,使评委感到投标人确属行家里手,蕴藏着深厚的企业文化功底。这样便于评委在打分时,能对照招标文件要求对号入座,评出高分避免丢项错判。而中标后的施工组织设计,在编写上要注重施工程序与工艺流程,要结合施工现场操作工人和项目部管理的水平,无论是"四新"技术的应用,还是常规施工方法,均要编写出程序性和操作方法,便于指导施工和业主及监理工程师的现场监督、检查和工程结算。

4. 编制者不同

标前施工组织设计,一般主要由企业经营部门的管理人员编写,文字叙述上规范性、客观性强。标后施工组织设计,一般主要由工程项目部的技术管理人员编写,文字叙述上具体直观、作业性强。因此针对这种特点,要注重两类施工组织设计内容侧重点的叙述技巧。例如:标前施工组织设计对本工程拟采用的新工艺、新结构、新技术、新材料的应用,在文字叙述中即要有符合国家和建设行政主管部门推广"四新"技术的方针、政策的论述,还要有保证工程质量或节约工程投资的对比计算方案,更要有施工工序和施工方法的详述。这样不仅文章生动活泼,而且有理有据。而对有些常规施工工序和施工方法,简明扼要,无须大篇幅渲染,切忌面面俱到。而标后的施工组织设计,对"四新"技术的应用,侧重点在施工工序和施工方法上的详述,对主要工序和施工方法即使属于常规操作规程,也要具体陈述步骤,便于指导生产。对工程项目部而言,标后的施工组织设计,就是要在科学合理地组织各种施工生产要素上下工夫,从而保证施工活动有秩序、高效率、科学合理地实施。

总之,弄清两类施工组织设计的特点,就是不要盲目地把标前施工组织设计当做标后施工组织设计使用;就是要力争解决普遍存在的标后施工组织设计针对性差、可操作性不强、指导施工生产少的弊病。使施工组织设计真正成为指导施工生产的纲领性文件。

施工单位编写的施工组织设计,经施工单位技术部门审查通过,并填写《施工组织设计/(专项)施工方案报审表》报项目监理机构(见表 2-11)。工程项目开工前,项目监理机构应审查施工单位报审的施工组织设计,符合要求时,应由总监理工程师签认后报建设单位。项目监理机构应要求施工单位按已批准的施工组织设计组织施工。施工组织设计需要调整时,项目监理机构应按程序重新审查。

施工组织设计审查应包括下列基本内容:
(1) 编审程序应符合相关规定。
(2) 施工进度、施工方案及工程质量保证措施应符合施工合同要求。
(3) 资金、劳动力、材料、设备等资源供应计划应满足工程施工需要。
(4) 安全技术措施应符合工程建设强制性标准。
(5) 施工总平面布置应科学合理。

表 2-11 施工组织设计/(专项)施工方案报审表

工程名称： 编号：

致：_____(项目监理机构)   我方已完成_____工程施工组织设计/(专项)施工方案的编制和审批,请予以审查。   附:□施工组织设计　　□专项施工方案　　□施工方案   　　　　　　　　　　　　　　　　　　　　　　　施工项目经理部(盖章) 　　　　　　　　　　　　　　　　　　　　　　　　　项目经理(签字) 　　　　　　　　　　　　　　　　　　　　　　　　　　年　月　日
审查意见：   　　　　　　　　　　　　　　　　　　　　　　　专业监理工程师(签字) 　　　　　　　　　　　　　　　　　　　　　　　　　年　月　日
审核意见：   　　　　　　　　　　　　　　　　　　　　　　　项目监理机构(盖章) 　　　　　　　　　　　　　　　　　　　　　　总监理工程师(签字、加盖执业印章) 　　　　　　　　　　　　　　　　　　　　　　　　　年　月　日
审批意见(仅对超过一定规模的危险性较大的分部分项工程专项施工方案)：   　　　　　　　　　　　　　　　　　　　　　　　　　建设单位(盖章) 　　　　　　　　　　　　　　　　　　　　　　　　建设单位代表(签字) 　　　　　　　　　　　　　　　　　　　　　　　　　年　月　日

注:本表一式三份,项目监理机构、建设单位、施工单位各一份。

此表是《建设工程监理规范》(GB 50319—2013)附录 B 表 B.0.1。

2.4　物资准备

材料、构（配）件、制品、机具和设备是保证施工顺利进行的物质基础,这些物资的准备工作必须在工程开工之前完成。根据各种物资的需要量进行计划,分别落实货源、安排运输和储备,使其满足连续施工的要求。

2.4.1　物资准备工作的内容

物资准备工作主要包括建筑材料的准备；构（配）件和制品的加工准备；建筑安装机具的准备和生产工艺设备的准备。

① 建筑材料的准备。建筑材料的准备主要是根据施工预算进行分析,按照施工进度计划要求,材料储备定额和消耗定额,按材料名称、规格、使用时间进行汇总,编制出材料需要量计划,为组织备料、确定仓库、场地堆放所需的面积和组织运输等提供依据。

② 构（配）件、制品的加工准备。根据施工预算提供的构（配）件、制品的名称、规格、质量和消耗量,确定加工方案和供应渠道以及进场后的储存地点和方式,编制出其需要量计划,为组织运输、确定堆场面积等提供依据。

③ 建筑安装机具的准备。根据采用的施工方案,安排施工进度,确定施工机械的类型、数量和进场时间,确定施工机具的供应办法和进场后的存放地点和方式,编制建筑安装机具的需要量计划,为组织运输,确定场地面积等提供依据。

④ 生产工艺设备的准备。按照拟建工程生产工艺流程及工艺设备的布置图,提出工艺设备的名称、型号、生产能力和需要量,确定分期分批进场时间和保管方式,编制工艺设备需要量计划,为组织运输,确定堆场面积提供依据。

2.4.2 物资准备工作的程序

物资准备工作的程序是搞好物资准备的重要手段。通常按如下程序进行:

① 根据施工预算、分部(项)工程施工方法和施工进度的安排,拟订材料、构(配)件及制品、施工机具和工艺设备等物资的需要量计划;

② 根据各种物资需要量计划,组织货源,确定加工、供应地点和供应方式,签订物资供应合同;

③ 根据各种物资的需要量计划和合同,拟订运输计划和运输方案;

④ 按照施工总平面图的要求,组织物资按计划时间进场,在指定地点,按规定方式进行储存或堆放。

2.5 劳动组织准备

1. 项目组织机构建设

(1) 项目组织机构的设置应遵循的原则

原则如下:

① 用户满意原则;

② 全能配套原则;

③ 精干高效原则;

④ 管理跨度原则;

⑤ 系统化管理原则。

(2) 项目经理部的设立步骤

定管理任务和组织形式;定管理层次,设职能部门和工作岗位;定人员、职责、权限;目标分解;制定规章制度和目标责任考核、奖罚制度。

(3) 项目经理部的组织形式

项目经理部的组织形式应根据施工项目的规模、结构复杂程度、专业特点、人员素质和地域范围确定。可采用直线式组织形式、职能式组织形式、直线职能式组织形式、矩阵式组织形式、事业部式组织形式(参见项目五)。小型项目可采用直线式组织形式,中小型项目可采用直线职能式组织形式,大型项目可采用矩阵式组织形式及事业部式组织形式。

2. 组织精干的施工队伍

① 考虑专业工程的合理配合,技工和普工的比例要满足合理的劳动组织要求;

② 集结劳动力量,组织劳动力进场。

3. 优化劳动组合和技术培训

① 针对工程施工难点,组织工程技术人员和工人队组中的骨干力量,进行类似工程的考察学习;

② 做好专业工程技术培训,提高对新工艺、新材料使用操作的适应能力;

③ 强化质量意识,抓好质量教育,增强质量观念;

④ 工人队组实行优化组合,双向选择,动态管理最大限度地调动职工的积极性;

⑤ 认真全面地进行施工组织设计的落实和技术交底工作;

⑥ 切实抓好施工安全,安全防火和文明施工等方面的教育。

4. 建立健全各项管理制度

各项管理制度是否建立、健全,直接影响其各项施工活动的顺利进行。有章不循其后果是严重的,而无章可循更是危险的。为此必须建立、健全各项管理制度。

通常内容如下:

① 项目管理人员岗位责任制度;
② 项目技术管理制度;
③ 项目质量管理制度;
④ 项目安全管理制度;
⑤ 项目计划、统计与进度管理制度;
⑥ 项目成本核算制度;
⑦ 项目材料、机械设备管理制度;
⑧ 项目现场管理制度;
⑨ 项目分配与奖励制度;
⑩ 项目例会及施工日志制度;
⑪ 项目分包及劳务管理制度;
⑫ 项目组织协调制度;
⑬ 项目信息管理制度。

5. 做好分包安排

作为总包方,在管理上要统一组织、部署和协调。

在处理总包与分包的关系时主要做好三个方面的工作:一是加强管理、二是做好协调与配合工作、三是提供优质的服务。

(1) 对分包方的组织和人员管理

在与分包方签订合同时明确提出对分包方在现场的组织和人员要求。

分包方应设置与总包方对应的施工现场组织机构,配备具有相应资质的负责人和管理人员。

(2) 对分包方的进度管理

分包方进场前根据工程整体施工进度计划,编制其分包项目的进度计划,以及相应的劳动力计划、材料计划、机械设备计划,经总包方审核通过后报监理工程师审查。上述计划安排审查通过后即成为合同附件,并严格执行。

(3) 对分包方的质量管理

分包方在施工前先上报施工方案,对分包项目具体的工序、施工方法、质量效果、执行的规范等相关内容进行详细、具体的阐述,经总包方审核通过后,报监理工程师审核,通过后作为对分包方的质量管理依据,分包方必须严格执行。

总包方将进行定期和不定期的检查监督。

(4) 材料管理

所有分包项目的材料必须提前向总包方提供样品、企业生产许可证、合格的检验报告等相关证明文件。材料进场时向总包方物资采购部报验,有总包方物资采购部会同质检部相关人员进行质量验收,合格后由总包方向监理工程师报验、确认。对于有规定要求的材料,做好现场见证取样检验工作。

(5) 对分包方的安全文明施工和环保管理

严格按 ISO14001 国际环境管理体系及 OHSAS18001 国际职业安全和卫生管理体系的标准组织施工,并对分包方也按此标准进行管理。

每个分包方必须设置一名经过专业培训、具有合法执业资格的安全负责人或安全员,对分包项目的施工安全进行巡查,并对分包方的责任事故负法律责任。

(6) 对分包方的合同和支付管理

为了更好地实现对分包方的管理,所有分包方的工程分包合同均与总包方签订,分包合同工程款均通过总包方支付,由监理工程师监督。

6. 向施工队组、工人进行施工组织设计、计划、安全和技术交底

交底的目的是把拟建工程的设计内容、施工计划和施工技术等要求,详尽地向施工队组和工人讲解交代。

交底的时间是在单位工程或分部、分项工程开工前进行,以保证工程严格地按照设计图纸、施工组织设计、安全操作规程和施工验收规范等要求进行施工。

交底的内容有工程的施工进度计划、月(旬)作业计划;施工组织设计,尤其是施工工艺、质量标准、安全技术措施、降低成本措施和施工验收规范的要求;新结构、新材料、新技术和新工艺的实施方案和保证措施;图纸会审中所确定的有关部位的设计变更和技术核定等事项。交底工作应该按照管理系统逐级进行,由上而下直到工人队组。交底的方式有书面形式、口头形式和现场示范形式等。

队组、工人接受施工组织设计、计划和安全、技术交底后,要组织其成员进行认真的分析研究,弄清关键部位、质量标准、安全措施和操作要领。必要时应该进行示范,并明确任务及做好分工协作,同时建立健全岗位责任制和保证措施。

2.6 施工现场准备

施工现场的准备工作是给拟建工程的施工创造有利的施工条件和物资保证。其具体内容一般包括清除障碍物、施工测量、三通一平、搭设临时设施等内容。

2.6.1 清除障碍物

清除障碍物一般由建设单位完成,但有时委托施工单位完成。清除时,一定要了解现场实际情况,原有建筑物情况复杂、原始资料不全时,应采取相应的措施,防止发生事故。

对于原有电力、通信、给排水、煤气、供热网、树木等设施的拆除和清理,要与有关部门联系并办好手续后方可进行,一般由专业公司来处理。房屋只有在水、电、气切断后才能进行拆除。

2.6.2 施工测量

施工测量是把设计图上的建筑,通过测量手段"搬"到地面上去。并用各种标志表现出来,以作为施工依据。施工测量在建造房屋中具有十分重要的地位,同时它又是一项精确细致的工作,因此必须保证精度。为了做好测量放线工作,施工人员应做到以下几点:

1. 对测量仪器的正确使用和校正

熟悉所使用的测量仪器和工具,并经常对它们进行维修、保养。只有爱护仪器工具,保持其精度和清洁干净才能满足正常使用。凡在使用中发现仪器不准确或有损伤,应立即送计量检测及维修单位进行检修,从而保证仪器的精度。

2. 熟悉施工图并进行校核

认真熟悉施工图纸,弄懂设计总图和图纸的构造,并能对图纸进行校对和审核。进行图纸审核的目的是为了先在图纸上解决掉测量中可能会遇到的问题。

3. 校核红线位置和水准点

建筑红线,也称"建筑控制线",指城市规划管理中,控制城市道路两侧沿街建筑物或构筑物(如外墙、台阶等)靠临街面的界线。任何临街建筑物或构筑物不得超过建筑红线。

施工测量定位时,必须了解规定的红线位置,根据规划部门给定的坐标点进行定位放线。经过测绘,规划部门验核后,才能破土动工。

水准测量是为确定地面上点的高程或建筑物上点的标高所进行的测量工作。在房屋建造时确定的绝对标高,是根据该地区由国家大地测量引测确定的水准基点,再将该水准基点引测到工地定点,也称水准点。

红线位置和水准点经校核发现的问题,应提交建设单位处理。

4. 制定测量、放线方案

根据设计图纸的要求和施工方案,制定切实可行的测量、放线方案。主要包括平面控制、标高控制、±0.00 以下施测、±0.00 以上施测、沉降观测和竣工测量等项目。

建筑物定位放线是确定整个工程平面位置的关键环节,施测中必须保证精度,杜绝错误,否则其后果将难以处理。建筑物的定位、放线,一般通过设计图中平面控制轴线来确定建筑物的位置,测定并经自检合格后,提交有关部门和甲方(或监理员)验线,以保证定位的正确性。

2.6.3 三通一平

"三通一平"是指水通、电通、路通和场地平整。

1. 水通

水是施工现场的生产、生活和消防用水不可缺少的。拟建工程开工之前,必须按照施工平面图的要求,接通施工用水和生活用水的管线,尽可能与永久性的给水系统结合,管线敷设尽量短。要做好施工现场的排水工作,如排水不畅,会影响施工和运输计划的顺利进行。

2. 电通

电是施工现场的主要动力来源。拟建工程开工之前,要按照施工组织设计的要求,接通电力、电讯设施,确保施工现场动力设备和通信设备的正常运行。

3. 路通

道路是组织物资运输的动脉。拟建工程开工之前,按照施工平面图的要求,修好施工现场永久性道路和临时性道路,形成完整的运输网络。应尽可能利用原有道路,为使施工时不损坏路面,可先修路基或在路基上铺简易路面,施工完毕后,再铺永久性路面。

4. 场地平整

按照建筑平面图的要求,首先拆除障碍物,然后根据建筑总平面图规定的标高,计算挖、填土方量,进行土方调配,确定场地平整的施工方案,进行场地平整工作。

要求较高的施工现场,为了顺利开工,要做好"七通一平"工作,是指水通、电通、路通、电讯通、蒸汽及煤气通、排水通和排污通以及场地平整。

2.6.4 搭设临时设施

临时设施是指建筑企业为保证施工和管理的进行而建造的各种简易设施,包括现场临时作业棚、机具棚、材料库、办公室、休息室、厕所、化灰池、储水池、沥青锅灶等设施;临时道路、围墙;临时给排水、供电、供热等管线;临时性简易周转房,以及现场临时搭建的职工宿舍、食堂、浴室、医务室、理发室、托儿所等临时福利设施。

2.6.5 组织施工机具进场

根据施工机具需要量计划,按施工平面图要求,组织施工机械、设备和工具进场,按规定地点和方式存放,并应进行相应的保养和试运转等项工作。

2.6.6 组织建筑材料进场

根据建筑材料、构(配)件和制品需要量计划,组织其进场,按规定地点和方式储存或堆放。

2.6.7 拟订有关试验、试制项目计划

建筑材料进场后,应进行各项材料的试验、检验。对于新技术项目,应拟订相应试制和试验计划,并均应在开工前实施。

2.6.8 做好季节性施工准备

建筑工程施工绝大部分工作是露天作业,受气候影响比较大,因此,在冬期、雨期及夏季施工中,必须从具体条件出发,正确选择施工方法,做好季节性施工准备工作,以保证按期、保质、安全地完成施工任务,取得较好的技术经济效果。

2.6.8.1 冬季施工作业准备

1. 组织措施

① 进行冬季施工的工程项目,在入冬前应组织专人编制冬季施工方案。编制的原则是:确保工程质量;经济合理,使增加的费用为最少;所需的热源和材料有可靠的来源,并尽量减少能源消耗;确实能缩短工期。冬季施工方案应包括以下内容:施工程序;施工方法;现场布置;设备、材料、能源、工具的供应计划;安全防火措施;测温制度和质量检查制度等。方案确定后,要组织有关人员学习,并向队组进行交底。

② 合理安排施工进度计划,冬期施工条件差,技术要求高,费用增加,因此,要合理安排施工进度计划,尽量安排保证施工质量且费用增加不多的项目在冬期施工,如吊装、打桩、室内装饰装修等工程;而费用增加较多又不容易保证质量的项目则不宜安排在冬期施工,如室外装修、屋面防水等工程。

③ 组织人员培训。进入冬期施工前,对掺外加剂人员、测温保温人员、锅炉司炉工和火炉管理人员,应专门组织技术业务培训,学习本工作范围内的有关知识,明确职责,经考试合格后,方准上岗工作。

④ 与当地气象台站保持联系,及时接收天气预报,防止寒流突然袭击。

⑤ 安排专人测量施工期间的室外气温、暖棚内气温、砂浆温度、混凝土的温度并做好记录。

2. 图纸准备

凡进行冬期施工的工程项目,必须复核施工图纸,查其是否能适应冬期施工要求。如墙体的高厚比、横墙间距等有关的结构稳定性,现浇改为预制以及工程结构能否在冷状态下安全过冬等问题,应通过图纸会审解决。

3. 现场准备

① 根据实物工程量提前组织有关机具、外加剂和保温材料、测温材料进场;

② 搭建加热用的锅炉房、搅拌站,敷设管道,对锅炉进行试火试压,对各种加热的材料、设备要检查其安全可靠性。

③ 计算变压器容量,接通电源;

④ 对工地的临时给水排水管道及白灰膏等材料做好保温防冻工作,防止道路积水结冰,及时清扫积雪,保证运输顺利;

⑤ 做好冬期施工混凝土、砂浆及掺外加剂的试配试验工作,提出施工配合比;

⑥ 做好室内施工项目的保温,如先完成供热系统,安装好门窗玻璃等,以保证室内其他项目能顺利施工。

4. 安全与防火

① 冬期施工时,要采取防滑措施;生活及施工道路、架子、坡道经常清理积水、积雪、结冰,斜跑道要有可靠的防滑条;

② 大雪后必须将架子上的积雪清扫干净,并检查马道平台,如有松动下沉现象,务必及时处理;

③ 施工时如接触汽源、热水,要防止烫伤;使用氯化钙、漂白粉时,要防止腐蚀皮肤;

④ 亚硝酸钠有剧毒,要严加保管,防止突发性误食中毒品;

⑤ 对现场火源要加强管理;使用天然气、煤气时,要防止爆炸;使用焦炭炉、煤炉或天然气、煤气时,应注意通风换气,防止煤气中毒;

⑥ 电源开关、控制箱等设施要加锁,并设专人负责管理,防止漏电、触电;

⑦ 冬季施工中,凡高空作业应系安全带,穿胶底鞋,防止滑落及高空坠落;

⑧ 施工现场水源及消火栓应设标记。

2.6.8.2 雨季施工作业准备

1. 合理安排雨期施工

对不适宜雨季施工的工程要提前或暂缓安排,为避免雨期窝工造成损失,一般情况下,在雨期到来之前,应多安排完成基础、地下工程、土方工程、室外及屋面工程等不宜在雨期施工的项目;多留些室内工作在雨期施工。根据"晴外、雨内"的原则,雨天尽量缩短室外作业时间,加强劳动力调配,组织合理的工序穿插,利用各种有利条件减少防雨措施的资金消耗,保证工程质量,加快施工进度。

2. 加强施工管理,做好雨期施工的安全教育

认真编制雨期施工技术措施(如:雨期前后的沉降观测措施,保证防水层雨期施工质量的措施,保证混凝土配合比、浇筑质量的措施,钢筋除锈的措施等),认真组织贯彻实施。加强对职工的安全教育,防止各种事故发生。

3. 防洪排涝,做好现场排水工作

工程地点若在河流附近,上游有大面积山地丘陵,应有防洪排涝准备。施工现场雨期来临前,应做好排水沟渠的开挖,准备好抽水设备,防止场地积水和地沟、基槽、地下室等浸水,对工程施工造成损失。

4. 做好道路维护,保证运输畅通

雨期前检查道路边坡排水,适当提高路面,防止路面凹陷,保证运输畅通。

5. 做好物资的储存

雨期到来前,应多储存物资,减少雨期运输量,以节约费用。要准备必要的防雨器材,库房四周要有排水沟渠,防止物资淋雨浸水而变质,仓库要做好地面防潮和屋面防漏雨工作。

6. 做好机具设备等防护

雨期施工,对现场的各种设施、机具要加强检查,特别是脚手架、垂直运输设施等,要采取防倒塌、防雷击、防漏电等一系列技术措施,现场机具设备(焊机、闸箱等)要有防雨措施。

① 进入雨季,应提前做好雨季施工中所需各种材料、设备的储备工作。

② 各工程队(项目部)要根据各自所承建工程项目的特点,编制有针对性的雨季施工措施,并定期检查执行情况。

③ 施工期间,施工调度要及时掌握气象情况,遇有恶劣天气,及时通知项目施工现场负责人员,以便及时采取应急措施。重大吊装,高空作业、大体积混凝土浇注等更要事先了解天气预报,确保作业安全和保证混凝土质量。

④ 施工现场道路必须平整、坚实,两侧设置排水设施,纵向坡度不得小于0.3%,主要路面铺设矿渣、砂砾等防滑材料,重要运输路线必须保证循环畅通。

2.6.8.3 夏季施工作业准备

1. 编制夏季施工项目的施工方案

夏季施工条件差、气温高、干燥,针对夏季施工的这一特点,对于安排在夏季施工的项目,应编制夏季施工的施工方案及采取的技术措施。

如对于大体积混凝土在夏季施工,必须合理选择浇筑时间,做好测温和养护工作,以保证大体积混凝土的施工质量。

2. 现场防雷装置的准备

夏季经常有雷雨,工地现场应有防雷装置,特别是高层建筑和脚手架等要按规定设临时避雷装置,并确保工地现场用电设备的安全运行。

3. 施工人员防暑降温工作的准备

夏季施工,还必须做好施工人员的防暑降温工作,调整作息时间,从事高温工作的场所及通风不良的地方应加强通风和降温措施,做到安全施工。

2.6.9 安全文明施工的准备

在施工中贯彻文明施工的要求,推行现代化管理方法,科学组织施工,做好施工现场的各项管理工作。

可以采取以下管理措施:

① 贯彻文明施工的要求,推行现代管理方法,科学组织施工,做好施工现场的各项管理工作。

② 按照施工总平面布置图设置各项临时设施。堆放大宗材料、成品、半成品和机具设备,不得侵占场内道路及安全防护等设施。

③ 施工现场设置明显的标牌,标明工程项目名称、建设单位、设计单位、施工单位、项目经理和施工现场总代表人的姓名、开、竣工日期、施工许可证批准文号等。施工单位负责施工现场标牌的保护工作。施工现场的主要管理要员在施工现场应当佩戴证明其身份的证卡。

④ 施工现场的用电线路,用电设施的安装和使用必须符合安装规范和安全操作规程,严禁任意拉线接电。施工现场必须设有保证施工安全要求的夜间照明;危险潮湿场所的照明以及手持照明灯具,必须采用符合安全要求的电压。

⑤ 施工机械按照施工总平面布置图规定的位置和线路设置,不得任意侵占场内道路。

⑥ 保证施工现场道路畅通,排水系统处于良好的使用状态;保持场容场貌的整洁,随时清理建筑垃圾。在车辆、行人通行和地方施工,应当设置沟井坎穴覆盖物和施工标志。

⑦ 施工现场的各种安全设施和劳动保护器具,必须定期进行检查和维护,及时消除隐患,保证其安全有效。

⑧ 职工生活设施,符合卫生、通风、照明等要求。职工的膳食、饮水的供应等应当符合卫生要求。

⑨ 做好施工现场安全保卫工作,采取必要的防盗措施,在现场周边设立围护设施。非施工人员不得擅自进入施工现场。

⑩ 严格依照《中华人民共和国消防条例》的规定,在施工现场建立和执行防火管理制度,设置符合消防要求的消防设施,并保持完好的备用状态。在容易发生火灾的地区施工或者储存、使用易燃易爆器材时,施工单位应当采取特殊的消防安全措施。

⑪ 遵守国家有关环境保护的法律规定,采取措施控制施工现场的各种粉尘、废气、废水、固体废弃物以及噪声、振动对环境的污染和危害。

a. 现场进出口处设沉淀池处理混凝土搅拌机、混凝土搅拌车清洗浆水,未经处理不得直接排入城市排水设施;

b. 不在施工现场熔融沥青或者焚烧油毡、油漆以及其他会产生有毒有害烟尘和恶臭气体的物质;

c. 对于高空废弃物必须使用密封式的容器装好后用塔吊吊下,再运出现场;

d. 采取有效措施控制施工过程中的扬尘;在炎热干燥的天气时,由专人在现场及现场附近道路上洒水,以保持湿润,防止尘土飞扬;对于现场的容易飞扬的材料如水泥、粉煤灰等,采

用适当的方式覆盖;

　　e. 为了降低施工中噪声对环境的影响,可采用如下措施:
- 通过统筹安排,合理计划,最大限度地减少夜间施工的时间和次数;
- 在某些特殊时期内,如高考期间,现场不安排施工;
- 混凝土施工采用商品混凝土,可降低混凝土搅拌而产生的噪声;
- 楼面模板采用胶合板模板,比采用钢模板的噪声低;
- 教育工人在混凝土振捣时不得用振动器长时间振动钢筋;
- 车辆进出现场,专人指挥,减少或不鸣笛;

⑫ 搞好公共关系的协调工作。为最大限度地减少施工对周围环境的影响,应安排专人负责公共关系的协调工作,随时听取有关方面对施工方的意见和建议,并在可能的情况下加以改正,满足有关部门的要求,使工程能顺利进行。

2.7　施工准备阶段的监理工作与开工令

　　了解施工准备阶段的监理工作对于施工单位搞好施工准备工作意义重大。

2.7.1　施工准备阶段的监理工作

1. 熟悉设计文件

　　在设计交底前,总监理工程师应组织监理人员熟悉设计文件,并对图纸中存在的问题通过建设单位向设计单位提出书面意见和建议。

2. 设计技术交底会

　　项目监理人员应参加由建设单位组织的设计技术交底会,总监理工程师应对设计技术交底会议纪要进行签认。

3. 审查施工组织设计(方案)

　　工程项目开工前,总监理工程师应组织专业监理工程师审查承包单位报送的施工组织设计(方案),提出审查意见,并经总监理工程师审核、签认后报建设单位。施工组织设计(方案)报审表应符合《建设工程监理规范》(GB 50319—2013)附录 B 表 B.0.1 的格式(表 2-11)。

4. 审查承包单位现场项目管理机构的管理体系

　　工程开工前,项目监理机构应审查施工单位现场的质量管理组织机构、管理制度及专职管理人员和特种作业人员的资格。

5. 审查分包单位资格

　　分包工程开工前,项目监理机构应审核施工单位报送的分包单位资格报审表,专业监理工程师提出审查意见后,应由总监理工程师审核签认。

　　分包单位资格审核应包括下列基本内容:
① 营业执照、企业资质等级证书。
② 安全生产许可文件。
③ 类似工程业绩。

④ 专职管理人员和特种作业人员的资格。

分包单位资格报审表应按《建设工程监理规范》(GB 50319—2013)附录 B 表 B.0.4 的格式(见表 2-12)填写。

表 2-12 分包单位资格报审表

工程名称：　　　　　　　　　　　　　　编号：

致：_____(项目监理机构)		
经考察，我方认为拟选择的_____(分包单位)具有承担下列工程的施工或安装资质和能力，可以保证本工程按施工合同第_____条款的约定进行施工或安装。请予以审查。		
分包工程名称(部位)	分包工程量	分包工程合同额
合　计		
附件：1. 分包单位资质材料 　　　2. 分包单位业绩材料 　　　3. 分包单位专职管理人员和特种作业人员的资格证书 　　　4. 施工单位对分包单位的管理制度		
		施工项目经理部(盖章) 项目经理(签字) 年　月　日
审查意见：		
		专业监理工程师(签字) 年　月　日
审核意见：		
		项目监理机构(签字) 总监理工程师(其签字) 年　月　日

注：本表一式三份，项目监理机构、建设单位、施工单位各一份。

6. 检查测量放线控制成果及保护措施

专业监理工程师应检查、复核施工单位报送的施工控制测量成果及保护措施，签署意见。专业监理工程师应对施工单位在施工过程中报送的施工测量放线成果进行查验。

施工控制测量成果及保护措施的检查、复核，应包括下列内容：

① 施工单位测量人员的资格证书及测量设备检定证书。

② 施工平面控制网、高程控制网和临时水准点的测量成果及控制桩的保护措施。

施工控制测量成果报验表应按《建设工程监理规范》(GB 50319—2013)附录 B 表 B.0.5 (见表 2-13)的格式填写。

7. 审查施工单位报送的新材料、新工艺、新技术、新设备的质量认证材料

专业监理工程师应审查施工单位报送的新材料、新工艺、新技术、新设备的质量认证材料和相关验收标准的适用性，必要时，应要求施工单位组织专题论证，审查合格后报总监理工程师签认。

表 2-13　施工控制测量成果报验表

工程名称：　　　　　　　　　　　　　　　　编号：

致：_____（项目监理机构）
　　我方已完成_____的施工控制测量，经自检合格，请予以查验。
　　附件：1. 施工控制测量依据资料
　　　　　2. 施工控制测量成果表

施工项目经理部（盖章）
项目技术负责人（签字）
年　月　日

审查意见：

项目监理机构（盖章）
专业监理工程师（签字）
年　月　日

注：本表一式三份，项目监理机构、建设单位、施工单位各一份。

8. 审查施工单位报送的用于工程的材料、构配件、设备的质量

项目监理机构应审查施工单位报送的用于工程的材料、构配件、设备的质量证明文件，并应按有关规定、建设工程监理合同约定，对用于工程的材料进行见证取样、平行检验。

项目监理机构对已进场经检验不合格的工程材料、构配件、设备，应要求施工单位限期将其撤出施工现场。

工程材料、构配件、设备报审表应按按《建设工程监理规范》（GB 50319—2013）附录 B 表 B.0.6（见表 2-14）的格式填写。

表 2-14　工程材料、构配件、设备报审表

工程名称：　　　　　　　　　　　　　　　　编号：

致：_____（项目监理机构）
　　于_____年_____月_____日进场的拟用于工程_____部位的_____，经我方检验合格，现将相关资料报上，请以审查。
　　附件：1. 工程材料、构配件或设备清单
　　　　　2. 质量证明文件
　　　　　3. 自检结果

施工项目经理部（盖章）
项目经理（签字）
年　月　日

审查意见：

项目监理机构（盖章）
专业监理工程师（签字）
年　月　日

注：本表一式二份，项目监理机构、施工单位各一份。

9. 检查试验室的资质等级

专业监理工程师应检查施工单位为工程提供服务的试验室。

试验室的检查应包括下列内容：试验室的资质等级及试验范围、法定计量部门对试验设备出具的计量检定证明、试验室管理制度、试验人员资格证书。

2.7.2 开工条件

依据《建设工程监理规范》(GB 50319—2013),工程项目开工前,总监理工程师应组织专业监理工程师审查施工单位报送的工程开工报审表及相关资料;同时具备下列条件时,应由总监理工程师签署审核意见,并应报建设单位批准后,总监理工程师签发工程开工令。
① 设计交底和图纸会审已完成。
② 施工组织设计已由总监理工程师签认。
③ 施工单位现场质量、安全生产管理体系已建立,管理及施工人员已到位,施工机械具备使用条件,主要工程材料已落实。
④ 进场道路及水、电、通信等已满足开工要求。

工程开工报审表应按《建设工程监理规范》(GB 50319—2013)表 B.0.2(见表 2-15)的要求填写。工程开工令应按《建设工程监理规范》(GB 50319—2013)表 A.0.2(见表 2-16)的要求填写。

表 2-15 工程开工报审表

工程名称:	编号:
致:_____(建设单位) _____(项目监理机构) 　　我方承担的_____工程,已完成相关准备工作,具备开工条件,申请于_____年_____月_____日开工,请予以审批。 附件:证明文件资料 　　　　　　　　　　　　　　　　　　　　　　施工单位(盖章) 　　　　　　　　　　　　　　　　　　　　　　项目经理(签字) 　　　　　　　　　　　　　　　　　　　　　　年　月　日	
审核意见: 　　　　　　　　　　　　　　　　　　　　　　项目监理机构(盖章) 　　　　　　　　　　　　　　　　　　　　　　总监理工程师(签字、加盖执业印章) 　　　　　　　　　　　　　　　　　　　　　　年　月　日	
审批意见: 　　　　　　　　　　　　　　　　　　　　　　建设单位(盖章) 　　　　　　　　　　　　　　　　　　　　　　建设单位代表(签字) 　　　　　　　　　　　　　　　　　　　　　　年　月　日	

注:本表一式三份,项目监理机构、建设单位、施工单位各一份。

2.7.3 施工许可证

建设工程施工许可证是建筑施工单位符合各种施工条件、允许开工的批准文件,是建设单位进行工程施工的法律凭证,也是房屋权属登记的主要依据之一。没有施工许可证的建设项目均属违章建筑,不受法律保护。当各种施工条件完备时,建设单位应当按照计划批准的开工项目向工程所在地县级以上人民政府建设行政主管部门办理施工许可证手续,领取施工许可证。未取得施工许可证的不得擅自开工。

表 2-16　工程开工令

工程名称：_____　　　　　　　　　编号：_____

致：_____（施工单位）

　　经审查，本工程已具备施工合同约定的开工条件，现同意你方开始施工，开工日期为：_____年_____月_____日。

　　附件：工程开工报审表

项目监理机构（盖章）
总监理工程师（签字、加盖执业印章）
年　月　日

《中华人民共和国建筑法》第七条规定：建筑工程开工前，建设单位应当按照国家有关规定向工程所在地县级以上人民政府建设行政主管部门申请领取施工许可证；但是，国务院建设行政主管部门确定的限额以下的小型工程除外。

图 2-2　施工许可证

按照国务院规定的权限和程序批准开工报告的建筑工程，不再领取施工许可证。建设工程施工许可证的格式，国家没有统一规定，图 2-2 所示为西安市建筑工程施工许可证。

第十一条规定：按照国务院有关规定批准开工报告的建筑工程，因故不能按期开工或者中止施工的，应当及时向批准机关报告情况。因故不能按期开工超过六个月的，应当重新办理开工报告的批准手续。开工报告国家没有规定统一的格式，全国各地建筑主管部门要求不同。

思考与实训

1. 思考题

(1) 施工准备工作按其对象不同分为哪几类？

(2) 工程项目施工准备工作的内容按其性质划分通常包括哪几个方面？

(3) 审查图纸的程序通常分为哪几个阶段？

(4) 原始资料的调查分析包括哪几个方面？

(5) 标前与标后两类施工组织设计有何不同特点？

(6) 施工现场的准备工作一般包括哪些内容？

(7) 什么叫七通一平？

(8) 工程项目开工前，施工准备工作具备了哪些条件时，总监理工程师签发工程开工令？

2. 实训题

(1) 简述冬季施工作业准备的内容。

(2) 简述施工准备阶段的监理工作。

建筑工程流水施工

内容要点

① 流水施工的基本参数;
② 流水施工的组织方式;
③ 多层混合结构房屋主体结构的流水施工安排。

① 了解流水施工的概念;
② 了解组织施工的方式;
③ 掌握流水施工施工过程、施工段、流水节拍、流水步距的基本概念;
④ 掌握流水节拍、流水步距确定方法;
⑤ 掌握全等节拍流水、成倍节拍流水、无节奏流水施工计算步骤、方法及进度表的绘制;
⑥ 掌握多层混合结构房屋主体结构的流水施工安排。

3.1 流水施工的基本概念

建筑生产的流水作业法是在生产实践中不断发展起来的一种组织施工形式,它的产生是由于建筑施工技术水平不断提高、工种专业不断分工以及劳动工具向机械化发展的必然结果,同时也是长期生产实践的经验总结。

在过去由于建筑施工技术比较落后,大多数建筑都是单层结构。建筑材料主要是采用砖、石、瓦、泥土、柴草等。广大农村建筑主要是土坯墙,屋面防水为柴草(北方主要采用麦秆、南方主要采用稻草)或泥瓦,所以那时的建筑工人称为"泥水匠"。每一个建筑物,下自基础,上到屋面,自下而上,都是由"泥水匠"一手完成的,根本不存在工种专业分工。

随着建筑业的不断发展,我国建筑由早期的木结构构架制,向砖石承重墙发展,19世纪中叶出现了钢筋混凝土结构后,我国于19世纪末20世纪初,也开始使用钢筋混凝土,特别是20世纪50年代以后,我国的钢筋混凝土结构发展迅速,全国各地先后建成了不少多层或高层钢筋混凝土建筑物。20世纪80年代初国家进行了重大经济改革,我国国民经济发展迅速,北京、上海、深圳等城市高楼林立。进入21世纪,我国的高层建筑更出现了迅猛发展的趋势,一些地方县级市也出现了20层以上的高层建筑。正是由于建筑施工技术的不断发展,建筑材料的日新月异,促使建筑施工组织方法的改进,由于各工种专业的不断分工以及劳动工具向机械化发展,从而产生了流水作业法施工。

工业生产中的流水作业,产品是流动的,生产产品的机床设备是固定的,比如生产一个机器零件,大致要经过制坯、切削、加工、检验等工序。在切削工序中,要经过车床、钻床、铣床、刨床等,在工作过程中,机床是固定不动的,机器零件依次经过一道道工序进行加工,最后形成产品,运往全国各地乃至世界市场进行销售。但是,在建筑产品——房屋的生产过程中,建筑产品是固定不动的,它不能从一个地方转移到另一个地方。这时,如果对其组织流水施工,必须使建筑工人带着工具设备和建筑材料沿着建筑物水平或垂直方向不断移动,最后使这些材料成为建筑物的一部分,直至最终形成建筑产品。这个生产过程就称为流水施工。

由于建筑产品体积庞大,足以容纳各工种工人能在不同的空间同时进行工作,从而使得建筑生产能够如工业生产流水那样,同样具有连续性和均衡性。

3.1.1 建筑工程施工组织方式

由于建筑产品的综合性和体积庞大,需要投入大量的人力物力和财力,使得建筑产品的生产过程非常复杂,往往要划分数十个施工过程和组织多专业不同的施工班组来共同进行施工。不同的组织方式,可获得不同的经济效果。在工程施工时可采用依次施工、平行施工和流水施工三种组织方式。三种方式的施工特点和效果分析如下。

1. 依次施工

依次施工也称顺序施工,是按施工组织先后顺序或施工工艺先后顺序逐个进行施工的一种施工组织方式。这是一种最基本,最原始的施工组织方式。

【案例3-1】 某三幢相同的砌体结构房屋的基础工程,划分为基槽挖土、混凝土垫层、砌砖基础、回填土4个施工过程,每个施工过程安排一个施工队组,一班制施工。其中,每幢楼挖土方工作队由15人组成,2天完成;垫层工作队由8人组成,1天完成;砌基础工作队由20人组成,3天完成;回填土工作队由10人组成,1天完成。

问题:

按照依次施工组织方式施工,进行进度计划安排。

分析与解答:

按照依次施工组织方式施工,进度计划安排如图3-1、图3-2所示。

若用t_i表示完成一幢房屋的某一施工过程所需的时间,则完成该幢房屋各施工过程所需时间为$\sum t_i$,完成m幢房屋所需总时间为:

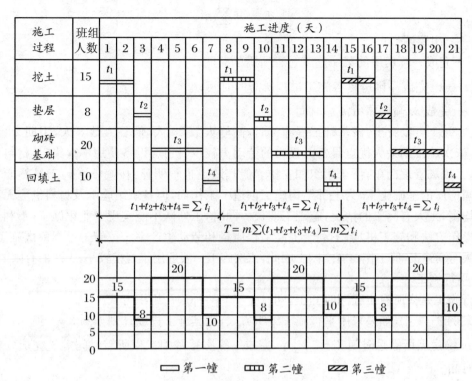

图 3-1　按幢依次施工进度表

图 3-2　按施工过程依次施工进度表

$$T = m\sum t_i$$

式中：m——房屋幢数；

t_i——完成一幢房屋的某一施工过程所需的时间；

$\sum t_i$——完成一幢房屋各施工过程所需的时间；

T——完成 m 幢房屋所需总时间。

由图 3-1 可以看出，该基础工程施工时，高峰人数 20 人，低谷人数 8 人，工期 21 天。由此说明：依次施工的最大优点是每天投入的劳动力较少，机具、设备使用不很集中，材料供应较单一，施工现场管理简单，便于组织和安排。但其缺点也很明显：按幢依次施工虽然能较早地完成一幢房屋的基础施工，为上部结构施工创造了工作面，但各班组施工及材料供应无法保持连续和均衡，工人有窝工的情况，施工工期长。同时，工作队不能实现专业化施工，不利于改进工人的操作方法和施工机具，不利于提高工程质量和劳动生产率。按施工过程依次施工，虽然各工作队连续施工，但工作面有空闲。因此，依次施工一般适用于规模较小，工作面有限的工程。

2. 平行施工

平行施工是指所有工程同时开工，同时完工的一种施工组织方式。

在案例 3-1 中，如果采用平行施工组织方式，则其施工进度计划如图 3-3 所示。这种方式完成 m 幢房屋所需总时间 $T = \sum t_i$，完成三幢房屋基础工程所需时间等于完成一幢房屋基础的时间。

图 3-3 平行施工进度表

由图 3-3 可以看出，该基础工程施工时，高峰人数 60 人，低谷人数 24 人，工期 7 天。由此说明：平行施工的优点是能充分利用工作面，完成工程任务的施工工期最短；但由于施工班组数成倍增加，从而造成组织安排和施工管理困难，工作队及其工人不能连续作业，且不能实现专业化生产。这种方式只有在各方面的资源供应有保障的前提下，才是合理的。因此，平行施工一般适用于工期要求紧，大规模的建筑群及分期分批组织施工的工程任务。

3. 流水施工

流水施工是指所有的施工过程按一定的时间间隔依次投入施工,各施工过程陆续开工、陆续竣工,使同一施工过程的施工班组保持连续、均衡施工,施工过程尽可能搭接施工的组织方式。

组织流水施工时将施工对象划分成若干个施工区段,组织各专业队组,相同的施工过程依次施工,不同的施工过程平行施工,根据施工顺序有机的搭接起来。

在案例 3-1 中,如果采用流水施工组织方式,则其施工进度计划如图 3-4 所示。

图 3-4 流水施工进度表

由图 3-4 中可以看出,该基础工程施工时,高峰人数 43 人,低谷人数 10 人,工期 13 天。由此说明:流水施工所需时间比依次施工短,各施工过程投入的劳动力比平行施工少,各施工班组能连续地、均衡地施工,前后施工过程尽可能平行搭接施工,比较充分地利用了工作面。

3.1.2 流水施工的技术经济效果

从图 3-4 中可以看出,流水施工是依次施工和平行施工的综合,它体现了以上两种组织方法的优点,而消除了它们的缺点,用流水施工的方法组织施工生产时,工期较依次施工短,需要投入的劳动力和资源供应比平行施工的均匀,而且工作队(组)都能够保证连续生产。由此可见,采用流水施工的方法组织施工,可以带来较好的经济效果。因为,流水施工方法可以保证生产的连续和均衡,而生产的连续和均衡必然使各种材料可以均衡使用,使得建筑机构及附属企业的生产能力可以得到充分的发挥;由于流水施工的连续,消除了工作队(组)的施工间歇,因而还可以大大缩短施工工期。据国内外大量实践经验证明,工期一般可以缩短 $\frac{1}{3} \sim \frac{1}{2}$。

另外,流水施工中各工作队(组)可以实现专业化,因而为工人提高技术熟练程度以及改进操作方法和生产工具创造了有利条件。这就能够大大提高劳动生产率。劳动生产率的提高，可以减少工人人数，随之也就可以减少临时设施的数量，节约投资，降低工程成本。同时，生产的专业化，也有助于保证工程质量和生产安全。总之，流水施工是一个保质保量且又经济的好方法，应尽量采用。综上所述，流水施工的优点主要表现在以下几个方面：

① 工期可缩短 $\frac{1}{3} \sim \frac{1}{2}$；

② 降低工程成本 6%～12%；

③ 提高了工程质量；

④ 提高了劳动生产率。

3.1.3 组织流水施工的条件

流水施工的实质是分工协作与成批生产。在社会化大生产的条件下，分工已经形成，由于建筑产品体形庞大，通过划分施工段可将单件产品变成假想的多件产品。组织流水施工的条件主要有以下几点：

1. 划分施工过程

首先根据工程特点及施工要求，将单位工程划分为若干个分部工程，其次按照工艺要求、工程量大小和施工队组情况，将各分部工程划分为若干个施工过程（即分项工程），它是组织专业化施工和分工协作的前提。

2. 划分施工段

根据组织流水施工的需要，将拟建工程在平面上或空间上，划分为工程量大致相等的若干个施工区段——施工段。它是将建筑单件产品变成多件产品，以便成批生产，它是形成流水的前提。

3. 组织独立的施工队组

在一个流水施工中，每个施工过程尽可能组织独立的施工队组，根据施工需要其形式可以是专业队组，也可以是混合队组。这样可使每个施工队组在流水施工生产中进行独立地施工，可以按施工顺序，依次地，连续地，均衡地从一个施工段转移到另一个施工段进行相同的操作，它是提高工程质量、增加效益的保证。

4. 主要施工过程连续施工

主要施工过程是指工程量较大、施工时间较长、对总工期有决定性影响的施工过程，必须组织连续、均衡地施工；这是缩短工期的保证。对次要施工过程，可考虑与相邻的施工过程合并。如不能合并可安排穿插施工或间断施工。

3.1.4 流水施工的表达形式

流水施工的表达形式通常是用图表表示，它以采用横道图表、斜线图表或网络图表等表示。图 3-5、图 3-6、图 3-7 所示为某混合结构房屋基础工程施工进度计划表的三种表达方式。

1. 横道图

流水施工的横道图表达形式如图 3-5 所示，横道图以横向线条结合时间坐标来表示工程各工序的施工起讫时间和先后顺序，整个计划由一系列的横道组成，其左边列出各施工过程的名称，右边用水平线段在时间坐标下划出施工进度，所以又叫水平图表。水平线段的长度表示某施工过程在某施工段上的作业时间长短，水平线段的位置表示某施工过程的施工起止时间。

图3-5 流水施工横道图

2. 斜线图

流水施工可以采用斜线图来表达，在斜线图中，左边列出各施工过程，右边用斜线在时间坐标下画出施工进度，如图3-6所示。斜线图又叫垂直图表。

图3-6 流水施工斜线图

3. 网络图

网络图是一种以网状图形表示整个计划中各道工序（或工作）的先后次序和所需要时间的工作流程图。又称工艺流线图或箭头图。它由若干带箭头的线段和节点（圆圈、方形或长方形）组成，如图 3-7 所示。网络图的绘制方法、要求见网络计划技术。

图 3-7 流水施工网络图

3.2 流水施工的基本参数

在进行流水施工计算时，首先要计算流水施工参数。流水施工的主要参数，按其性质不同，可以分为工艺参数、空间参数和时间参数三种。

3.2.1 工艺参数

工艺参数就是指在组织流水施工时，用以表达流水施工在施工工艺上开展顺序及其特征的参数；也就是将拟建工程项目的整个建造过程分解为施工过程的种类、性质和数目的总称。通常工艺参数包括施工过程和流水强度两种。

3.2.1.1 施工过程

将施工对象所划分的工作项目称为施工过程，它的数目一般以"n"表示。又叫"工序"。

1. 施工过程的分类

（1）制备类施工过程

为了提高建筑产品的装配化、工厂化、机械化和生产能力而形成的施工过程称为制备类施工过程。它一般不占施工对象的空间，不影响项目总工期，因此在项目施工进度表上不列出。只有当其占有施工对象的空间并影响项目总工期时，在项目施工进度表上才列入，如砂浆、混凝土、构配件、门窗框扇等的制备过程。

（2）运输类施工过程

将建筑材料、构配件、（半）成品、制品和设备等运到项目工地仓库或现场操作使用地点而形成的施工过程称运输类施工过程。如把砖运送至工地堆场，把单层厂房的大型屋面板运送至工地边沿，它一般不占施工对象的空间，不影响项目总工期，通常不列入施工进度计划中。

只有当其占有施工对象的空间并影响项目总工期时,才被列入进度计划中。如把单层厂房的大型屋面板由工地边沿运送至吊装机械服务范围内,把砖由工地堆场运送至塔式起重机下等,叫做场内的二次搬运。虽然不占施工对象的空间,但需占用时间,所以,应把这种场内的二次搬运当做施工过程来对待。

(3) 安装砌筑类施工过程

在施工对象空间上直接进行加工,最终形成建筑产品的施工过程称为安装砌筑类施工过程。如砌砖、浇混凝土、装修、水电安装等。它占有施工空间,同时影响项目总工期,必须列入施工进度计划中。

安装砌筑类施工过程按其在项目生产中的作用不同可分为主导施工过程和穿插施工过程,如混合结构房屋主体工程,有以下施工过程:砌砖墙、搭脚手架、安门窗框、布置室内照明线路、浇圈梁、吊楼板等。我们组织施工时把砌砖墙、浇圈梁、吊楼板当做主导施工过程,而把搭脚手架、安装门窗框、布置室内照明线路当做次要施工过程来对待。按其工艺性质不同可分为连续施工过程和间断施工过程,上例砌砖墙为连续施工过程,布置室内照明线路为间断施工过程。按其复杂程度可分为简单施工过程和复杂施工过程。

2. 划分施工过程的影响因素

在建设项目施工中,首先应将施工对象划分为若干个施工过程。施工过程可以是分项工程、分部工程、单位工程或单项工程。施工过程划分的数目多少、粗细程度一般与下列因素有关:

(1) 施工进度计划的性质和作用

对长期计划及建筑群体,规模大、结构复杂、工期长的工程,编制控制性施工进度计划,其施工过程划分可粗些,一般划分至单位工程或分部工程。例如,表3-1为装配式单层工业厂房金工车间的控制性施工进度计划,表中列出了准备工作、基础工程、预制工程、安装工程、围护工程、屋面工程、地坪工程、装饰工程、其他工程、水电设备安装等10个分部工程。对中小型单位工程及工期不长的工程,编制实施性施工计划,其施工过程划分可细些,具体些,一般划分至分项工程。表3-2为装配式单层工业厂房金工车间的实施性施工进度计划。

(2) 施工方案及工程结构

施工过程的划分与工程的施工方案及工程结构形式有关。如厂房的柱基础与设备基础挖土,若同时施工,可合并为一个施工过程,若先后施工,可分为两个施工过程。又如承重墙与非承重墙的砌筑,也是如此,砖混结构、大板结构、装配式框架与现浇钢筋混凝土框架等不同结构体系,其施工过程划分及其内容亦各不相同。

(3) 劳动组织及劳动量大小

施工过程的划分与施工队组的组织形式及施工习惯有关。如安装玻璃、油漆施工可分为两个施工过程,也可合并为一个施工过程。如果是混合队组应把安装玻璃、油漆合并为一个施工过程,如果是单一工种的队组,应划分为两个施工过程。施工过程的划分还与劳动量大小有关。劳动量小的施工过程,当组织流水施工有困难时,可与其他施工过程合并。如垫层劳动量较小时可与挖土合并为一个施工过程,这样可以使各个施工过程的劳动量大致相等,便于组织流水施工。

(4) 劳动内容和范围

施工过程的划分与其劳动内容和范围有关。如直接在施工现场与工程对象上进行的劳动过程,可以划入流水施工过程,如安装砌筑类施工过程、施工现场制备及运输类施工过程等。

表 3-1　金工车间主要施工阶段控制进度计划

项次	主要施工过程名称	工程量 单位	工程量 数量	劳动量（工日）	工作日	进度日常
1	准备工作				10	四月 5-15
2	基础工程	m³	966	1210	30	四月中~五月下
3	预制工程	m³	288	1250	20	五月中~六月上
4	安装工程	m²	4980	530	42	六月~七月
5	围护工程	m³	400	1000	38	七月~八月
6	屋面工程	m²	4290	360	20	八月
7	地坪工程	m²	4898	738	40	八月下~九月
8	装饰工程			1180	25	九月中~十月上
9	其他工程			400	60	五月~十月
10	水电安装				40	九月~十月

表 3-2 装配式单层工业厂房金工车间的实施性施工进度计划

项次	主要施工过程名称		工程量		产量定额	普工	木工	钢筋工	瓦工	粉刷工	其他	工作日	工作班	每班人数	进度日程
			单位	数量											四月 / 五月 / 六月 / 七月 / 八月 / 九月 / 十月
1	准备工作											10	1		
2	基础工程	桩基础挖土	m³	7500	25	300						15	2	10	
3		设备基础挖土	m³	4000	40	100						5	2	10	
4		桩基反设备基础垫层	m³	150	1.5	100						10	1	10	
5		钢筋混凝土基础	m³	360	1.2	200	100					20	1	15	
6		回填土	m³	1125	5	225						15	1	15	
7		杯口灌细石混凝土	m³	10	0.2	50						5	1	10	
8	预制	屋架	m³	300	0.5	150	400	50				20	1	30	
9		柱	m³	600	1	150	350	100				20	1	30	
10		吊装工程	m³	410	0.9							45	1	25	
11	围护工程	砌围护墙	m²	5000	10				500		150	10	1	15	
12		安装脚手架、井架	m²	4500	30						100	10	1	20	
13		安钢门窗	m²	300	1.5	50	100	50				10	1	20	
14		现浇过梁、雨篷	m³	120	0.6	150						10	1	15	
15	屋面工程	屋面板灌缝	m²	4390	30		15	10			200	20	1	10	
16		屋面防水	m²	4500	25							10	1	5	
17		山墙压顶混凝土	m	3	0.2						50	5	1	10	
18		山墙泛水	m	200	4							5	1		

项目 3 建筑工程流水施工

续表

项次	主要施工过程名称		工程量		产量定额	普工	木工	钢筋工	瓦工	粉刷工	其他	工作日	工作班	每班人数	进度日程
			单位	数量											四月／五月／六月／七月／八月／九月／十月
19	地坪工程	地坪夯实	m²	5 000	200	25						5	1	5	
20		铺清水道路	m²	400	2	200						10	1	20	
21		浇混凝土	m³	450	1.5	300						10	1	30	
22		粉地坪面层	m²	4 000	40					100		10	1	10	
23		变形缝灌沥青砂	m	200	40						50	5	1	10	
24	装饰工程	外墙清水勾缝	m²	1 250	10				125			5	1	25	
25		外墙粉刷	m²	2 400	8					300		15	1	20	
26		内墙勾缝及踢脚线	m²/m	200/125	20/25				100	25		5	1	25	
27		铁件及门窗油漆玻璃	kg/m	3 000/750	20/5	150					150	15	1	20	
28		内墙面刷白	m²	2 250	30					75	75	5	1	15	
29	其他工程	构件刷白	m²	7 500	100					25		5	1	15	
30		雨水斗、雨水管	只/m	35/150	3.5/10						18	5	1	5	
31		明沟	m	290	50	29	12								
32		零星工程										55			
33		水电设备安装										55			
34		合计													

而场外劳动内容可以不划入流水施工过程,如部分场外制备和运输类施工过程。

综上所述,施工过程的划分既不能太多、过细,那样将给计算增添麻烦,重点不突出;也不能太少、过粗,那样将过于笼统,失去指导作用。

3.2.1.2 流水强度

某施工过程在单位时间内所完成的工程量,称为该施工过程的流水强度,一般以"V_i"表示。

1. 机械施工过程的流水强度

$$V_i = \sum_{i=1}^{x} R_i S_i \quad (3-1)$$

式中:R_i——投入施工过程i的某种施工机械台数;

S_i——投入施工过程i的某种施工机械产量定额;

x——投入施工过程i的施工机械种类数。

2. 人工施工过程的流水强度

$$V_i = R_i S_i \quad (3-2)$$

式中:R_i——投入施工过程i的专业工作队工人数;

S_i——投入施工过程i的专业工作队平均产量定额。

3.2.2 空间参数

空间参数就是用以表达流水施工在空间布置上所处状态的参数。空间参数主要有施工段、施工层和工作面三种。

3.2.2.1 工作面

工作面是指提供给工人进行操作的工作空间。它的大小直接影响施工对象上可能安置多少工人操作或布置施工机械的多少。所以工作面是用来反映施工过程(工人操作,施工机械布置)在空间上布置的可能性。

某些工程施工一开始就在整个长度或面上形成了工作面,这种工作面称为完整的工作面(如挖土)。但有些工程的工作面是随着施工过程的进展而逐步形成的,这种工作面叫做部分工作面(如砌砖墙)。不论是哪一种工作面,通常前一个施工过程的结束,就为后一个(或几个)施工过程提供了工作面。工作面的大小,是根据相应工种单位时间内的产量定额、建筑安装工程操作规程和安全规程等的要求确定的。工作面确定的合理与否,直接影响到专业工种工人的劳动生产效率。对此,必须认真加以对待,合理确定。有关工种的工作面可参考表3-3。

3.2.2.2 施工段

在组织流水施工时,通常把拟建工程项目在平面上划分成若干个劳动量大致相等的施工区域,这些施工区域称为施工段。施工段的数目,一般用"m"表示,在一般情况下,每个施工段在某个时间段内只供一个施工班组施工。

1. 划分施工段的目的和原则

由于建筑产品的单件性,为了使不同的施工专业队能在同一建筑物上同时工作,在组织流水施工时,必须划分施工段,为各专业工作队确定合理的空间活动范围。所以,划分施工段的目的,就在于保证不同的施工队组能在不同的施工区段上同时进行施工。

表 3-3 主要工种工作面参考数据表

工作项目	每个技工的工作面	说　明
砖基础	7.6 m/人	以1.5砖计,2砖乘以0.8,3砖乘以0.55
砌砖墙	8.5 m/人	以1砖计,1.5砖乘以0.71,2砖乘以0.57
毛石墙基	3 m/人	以60 cm计
毛石墙	3.3 m/人	以40 cm计
混凝土柱、墙基础	8 m^3/人	机拌、机捣
混凝土设备基础	7 m^3/人	机拌、机捣
现浇钢筋混凝土柱	2.45 m^3/人	机拌、机捣
现浇钢筋混凝土梁	3.20 m^3/人	机拌、机捣
现浇钢筋混凝土墙	5 m^3/人	机拌、机捣
现浇钢筋混凝土楼板	5.3 m^3/人	机拌、机捣
预制钢筋混凝土柱	3.6 m^3/人	机拌、机捣
预制钢筋混凝土梁	3.6 m^3/人	机拌、机捣
预制钢筋混凝土屋架	2.7 m^3/人	机拌、机捣
预制钢筋混凝土平板、空心板	1.91 m^3/人	机拌、机捣
预制钢筋混凝土大型屋面板	2.62 m^3/人	机拌、机捣
混凝土地坪及面层	40 m^2/人	机拌、机捣
外墙抹灰	16 m^2/人	
内墙抹灰	18.5 m^2/人	
卷材屋面	18.5 m^2/人	
防水水泥砂浆屋面	16 m^2/人	
门窗安装	11 m^2/人	

在组织施工时施工段可以是固定的,也可以是非固定的,固定的施工段,便于组织流水施工。施工段的大小可根据工程规模和施工内容确定,一幢房屋可划分2~3个施工段,对于建筑群或住宅小区,也可以把一幢房屋作为一个施工段。

为了使施工段划分得更科学、合理,通常应遵循以下原则:

① 各施工段的工程量(或劳动量)要大致相等,其相差幅度不宜超过10%~15%,以保证各施工队组能连续、均衡地施工。

② 划分施工段要考虑结构的界限,有利于结构的整体性。施工段的界限要尽可能利用结构的自然界限,如利用建筑物的温度缝、沉降缝、抗震缝,以减少施工缝的数量。施工段的划分界限要以保证施工质量为前提。例如结构上不允许留施工缝的部位不能作为划分施工段的界限。当必须划分在建筑物整体的中间时,应尽量选在对结构整体影响较小的位置。例如墙体

施工应划分在门窗洞口处,以减少留槎。

③ 要以工程的主导施工过程为依据。施工段的划分,通常是以主导施工过程为依据,保证主导施工过程连续施工。例如,混合结构房屋主体结构的施工中,就是以主导施工过程砌砖墙和吊楼板来划分的,即划分施工段是以保证砌砖墙和吊楼板连续施工为前提。其他次要工序要服从主导工序。

④ 施工段的划分还应考虑主导施工机械。主要考虑主导施工机械的服务半径,满足其施工效率。

⑤ 施工段数 m 与施工过程数 n 的关系。组织有结构层的房屋流水施工时,为了使各施工队组能连续施工,上一层的施工必须在下一层对应部位完成后才能开始。即各施工班组做完第一段后,能立即转入第二段,做完第一层的最后一段后,能立即转入第二层的第一段。因此,每一层的施工段数必须大于或等于其施工过程数,即

$$m \geqslant n \tag{3-3}$$

式中:m—— 施工段数;

n—— 施工过程数。

【案例 3-2】 某三层砖混结构房屋的主体工程,在组织流水施工时将主体工程划分为三个施工过程,即砌筑砖墙、浇圈梁和安装楼板,设每个施工过程在各个施工段上施工所需时间均为 2 天。

问题:

试分析 $m<n,m=n,m>n$,流水施工效果。

分析与解答:

① 当 $m<n$,即每层分两个施工段组织流水施工时,$m=2,n=3$,其进度安排如图 3-8、图 3-9 所示。

图 3-8

从图 3-8、图 3-9 可以看出:第一层的砌筑砖墙完成后不能马上进行第二层的砌筑,中间空闲 2 天,砌墙的施工队组产生窝工,同样浇圈梁和安装楼板也是如此。三个施工队组均无法保持连续施工,轮流出现窝工现象。从图 3-8 可以看出,从开工到完工,工作面没有空闲。

图 3-9 $m<n$ 施工进度表

② $m=n$ 时,即每层分三个施工段组织流水施工时,$m=3$,$n=3$,其进度安排如图 3-10、图 3-11 所示。

图 3-10

从图 3-10、图 3-11 可以看出:各施工队组均能保持连续施工,每一施工段上均有施工队组,工作面能充分利用,无停歇现象,也不会产生工人窝工现象,这是比较理想的。

③ 当 $m>n$ 时,即每层分 4 个施工段组织流水施工时,$m=4$,$n=3$,其进度安排如图 3-12、图 3-13 所示。

从图3-12、图3-13可以看出:虽然施工队组的施工是连续的,但安装楼板后不能立即投入上一层的砌筑砖墙,工作面出现空闲现象,显然工作面未被充分利用,有轮流停歇的现象。这时,工作面的停歇并不一定有害,有时还是必要的,如可以利用停歇的时间做养护、备料、弹线等工作,所以这种情况是允许的。但当施工段数目过多,必然使工作面减少,从而减少施工队组的人数,延长工期。

图3-11 $m=n$ 施工进度表

图3-12

由此可以得到一个结论:组织有结构层房屋流水施工时,施工段数与施工过程数的关系:

$m<n$,施工队出现窝工,施工段不停歇——不允许;

$m>n$,施工队不出现窝工,施工段停歇——允许;

$m=n$,施工队不出现窝工,施工段不停歇——最理想。

对于施工段大于施工过程数的情况,在某些工程的施工中,还是经常遇到的,这时为满足技术间歇的要求,有意让工作面空闲一段时间,如混凝土要求一定强度后,才能在其上面进行下一道工作。另外施工段数大于施工过程数的情况,还可起到调节流水施工的作用,当由于某种原因使施工段任务完不成,这时由于空闲工作面的存在,不影响其他工作面连续施工。

图 3-13 $m>n$ 施工进度表

在工程实际施工中,若某些施工过程需要考虑技术间歇等,则可按下面公式确定每层的最少施工段数:

$$m_{\min} = n + \frac{\sum Z_1 + \sum Z_2}{K} \qquad (3-4)$$

式中:$m_{\min}$——每层需划分的最少施工段数;

n——施工过程数;

Z_1——楼层内各施工过程间的技术、组织间歇时间;

Z_2——楼层间技术、组织间歇时间;

K——流水步距。

2. 施工段划分的一般部位

施工段划分的部位要有利于结构的整体性,应考虑到施工工程对象的轮廓形状、平面组成及结构构造上的特点。在满足流水段划分要求的前提下,可按下述几种情况划分其部位。

① 设置在变形缝处;

② 在单元、半单元处;

③ 道路、管线等可按一定长度划分;

④ 多幢同类型房屋,可按一幢或多幢划分。

3.2.2.3 施工层

在组织流水施工时,为了满足专业工种对操作高度和施工工艺的要求,将拟建工程项目在竖向上划分为若干个操作层,这些操作层称为施工层,施工层一般以"r"表示。

施工层的划分,要按工程项目的具体情况,根据建筑物的高度、楼层来确定。应满足操作高度和施工工艺要求。

砌筑工程施工层的高度一般为 1.2 m,如加垫 600 mm 的脚手凳,则施工层可以高达 1.8 m。例如,混合结构房屋主体砌墙施工层的划分,楼层高度 3.6 m,沿竖向可划分三个施工层;楼层高度 2.8 m,沿竖向可划分两个施工层(图 3-14)。

对于现浇钢筋混凝土框架、装修工程一般按一个楼层作为一个施工层。

3.2.3 时间参数

时间参数是反映组成一个流水组的各个施工过程在各施工段上完成施工的速度,各施工班组在时间安排上相互制约关系,完成一个流水组所需时间的指标。一般有流水节拍、流水步距、平行搭接时间、技术间歇时间、组织间歇时间、工期等。

3.2.3.1 流水节拍

流水节拍是指从事某一施工过程的施工队组在一个施工段上完成施工任务所需的时间,用符号"t_i"表示,它是流水施工的基本参数之一。例,某基础工程分4个施工过程挖土、垫层、砌基础、回填土,组织施工时,分4个施工段,在每一施工段上施工持续时间为:挖土4天、垫层2天、砌基础4天、回填土2天,那么4、2、4、2就叫做流水节拍。即 $t_挖 = 4$ 天、$t_垫 = 2$ 天、$t_基 = 4$ 天、$t_填 = 2$ 天。

图 3-14 施工段与施工层的划分

1. 流水节拍的计算方法

流水节拍的大小直接关系到投入的劳动力、机械和材料量的多少,决定着施工速度和施工节奏,因此,必须合理确定流水节拍。流水节拍可按下面三种方法确定。

(1) 定额计算法

就是根据各施工段的劳动量和能够投入的资源量(劳动力、机械台班数和材料量)按式 3-5计算:

$$t_i = \frac{P_i}{R_i N_i} \tag{3-5}$$

式中:t_i——某专业工作队在第 i 施工段的流水节拍;

R_i——某专业工作队投入的工作人数或机械台数;

N_i——某专业工作队的工作班次。

P_i——某专业工作队在第 i 施工段需要的劳动量或机械台班数量。

所谓劳动量,就是指完成某施工过程所需要的劳动工日数。

$$P_i = \frac{Q_i}{S_i} = Q_i H_i \qquad (3-6)$$

式中:Q_i——某专业工作队在第 i 施工段要完成的工程量;
　　S_i——某专业工作队的产量定额;
　　H_i——某专业工作队的时间定额。

$$H_i = \frac{1}{S_i} \qquad (3-7)$$

把式(3-6)代入式(3-5)得

$$t_i = \frac{P_i}{R_i N_i} = \frac{Q_i}{S_i R_i N_i} \qquad (3-8)$$

或

$$t_i = \frac{Q_i H_i}{R_i N_i} \qquad (3-9)$$

【案例 3-3】 某混合结构房屋基础的土方工程,经计算土方工程量为 1 200 m³,已知一个壮工,每人每天可挖土 4 m³,求该土方工程的劳动量。现分 3 个施工段进行施工,一班制,每班 10 人。

问题:
求流水节拍。

分析与解答:
① 已知 Q=1 200 m³,m=3,S=4 m³,则,每一施工段的工程量 Q_i=1 200 / 3 = 400 (m)³
② 劳动量:

$$P_i = \frac{Q_i}{S_i} = \frac{400}{4} = 100(工日)$$

③ 流水节拍:

$$t_i = \frac{P_i}{R} = \frac{100}{10} = 10(天)$$

④ 若每班 20 人,则流水节拍:

$$t_i = \frac{P_i}{R} = \frac{100}{20} = 5(天)$$

当施工段划分后,则 Q_i 为定值,P_i 为定值,从式 $t_i = \frac{P_i}{R_i}$ 可知,其流水节拍 t_i 就成为 R_i 的函数,也即人数增加,流水节拍减少,反之,流水节拍增大。但无论哪一道工序施工人数的增减,都有一个限度,则流水节拍必然存在一个最小流水节拍和最大流水节拍,合适的流水节拍总是处于这二者之间。即

$$t_{\max} \geq t_i \geq t_{\min}$$

(2) 工期计算法

流水节拍的大小,对工程工期有直接影响。通常情况下,流水节拍越大,工程的工期越长,反之工程工期将缩短。当工程的施工工期已知时,必须服从工期要求,反过来确定各施工过程的流水节拍的大小,进而求出所需工人数或机械台数及材料量,这时还必须考虑工人应拥有足够的工作面,资源供应是否能满足要求。当所确定的流水节拍同施工段的工程量、作业班组人数有矛盾时,必须进一步调整人数或重新划分施工段。如果工期紧,节拍小,工作面又不够,就

应增加工作班次(两班制或三班制)。

(3) 经验估算法

它是根据以往的施工经验进行估算。为了提高其准确程度,往往先估算出流水节拍的最长、最短和最可能三种时间,然后据此求出期望时间作为流水节拍。因此,本法也称为三时估算法。一般按公式(3-10)计算:

$$t_i = \frac{a + 4c + b}{6}$$ (3-10)

式中:t_i——某施工过程在某施工段上的流水节拍;

a——某施工过程在某施工段上的最短估算时间;

b——某施工过程在某施工段上的最长估算时间;

c——某施工过程在某施工段上的最可能估算时间。

流水节拍求出后,还要根据各施工过程的工程量(或劳动量)求出各施工段所需工人数,$R_i = P_i/t_i$,最后根据施工段的大小和工人数校核最小工作面和最小劳动组合。若确定的 t_i 不合理,应进行调整。

2. 确定流水节拍大小要考虑的因素

① 施工队组人数应符合该施工过程最少劳动组合人数的要求。所谓最小劳动组合,就是指某一施工过程进行正常施工所必需的最低限度的人数。例如,现浇混凝土施工过程,包括上料、搅拌、运输、浇捣等施工操作环节,如果人数太少或比例不当都将引起劳动生产率下降,甚至无法施工。

② 要考虑工作面的大小或某种条件的限制。施工队组人数也不能太多,每个工人的工作面要符合最小工作面的要求。否则,就不能发挥正常的施工效率或不利于安全生产。

③ 要考虑各种机械台班的效率或机械台班产量的大小。

④ 要考虑各种材料、构件等施工现场堆放量、供应能力及其他有关条件的制约。

⑤ 要考虑施工及技术条件的要求。例如浇筑混凝土,为了连续施工有时要按三班制工作的条件决定流水节拍,以保证工程质量。

⑥ 确定一个分部工程各施工过程的流水节拍时,首先应考虑主要的工程量大的施工过程的节拍,其次确定其他施工过程的流水节拍。

⑦ 流水节拍值一般取整数,必要时可保留0.5天(台班)的小数值,即,工人交接班应处于下班时间。

3.2.3.2 流水步距

流水步距是指两个相邻的施工过程的施工队组相继投入同一施工段施工的最小时间间隔,以 $K_{i,i+1}$ 表示(i 表示前一个施工过程,$i+1$ 表示后一个施工过程)。它是流水施工的基本参数之一。

确定流水步距要考虑以下几个因素:

① 尽量保证各主要专业工作队都能连续作业;

② 要满足相邻两个施工过程在施工工艺顺序上的相互制约关系;

③ 要保证相邻两个专业工作队在开工时间上最大限度地、合理地搭接;

④ 流水步距 K 取整数或半天的整数倍;

⑤ 保持施工过程之间有足够的技术、组织间歇时间。

流水步距的确定方法根据流水施工形式而定,全等节拍流水施工的流水步距 K 等于其流水节拍,即 $K=t$;成倍节拍流水施工的流水步距 K 等于其流水节拍的最大公约数;无节奏流水施工的流水步距 K 用潘特考夫斯基法(累加数列法)计算。关于流水节拍的计算,后面将详细讲解。

3.2.3.3 平行搭接时间

在组织流水施工时,有时为了缩短工期,在工作面允许的条件下,如果前一个专业工作队完成部分施工任务后,能够提前为后一个专业工作队提供工作面,使后者提前进入前一个施工段进行施工,两者在同一施工段上平行搭接施工,这个搭接的时间称为平行搭接时间,通常以 $C_{i,i+1}$ 表示(i 表示前一个施工过程,$i+1$ 表示后一个施工过程)。

3.2.3.4 技术、组织间歇时间

在组织流水施工时,除要考虑相邻专业工作队之间的流水步距外,有时根据建筑材料或现浇构件等的工艺性质,还要考虑合理的工艺等待间歇时间,如混凝土养护时间;墙体抹灰的干燥时间;门窗底漆涂刷后,必须经过一定的干燥时间,才能涂刷面漆等等。另外,由于施工技术或施工组织的原因,还会在流水步距以外增加间歇时间。如楼板吊装完毕,在其上弹线时间;前一个施工过程完成后,后一个施工过程施工前检查验收时间等。由于施工工艺或质量保证的要求,在相邻两个施工过程之间必须留有的时间间隔称为技术间歇时间。由于施工组织原因,在相邻两个施工过程之间留有的时间间隔称为组织间歇时间。技术、组织间歇时间用 $Z_{i,i+1}$ 表示(i 表示前一个施工过程,$i+1$ 表示后一个施工过程)。技术间歇时间又叫工艺间歇时间。

技术间歇时间和组织间歇时间在具体组织施工时,可以分别考虑,也可以一起考虑,但它们是两个不同的概念,其内容和作用是不一样的。

3.2.3.5 工期

工期是指完成一项工程任务或一个流水组施工所需的时间,也就是说从第一个施工过程进入施工到最后一个施工过程退出施工所经过的总时间,用 T 表示。一般可采用式(3-11)计算:

$$T = \sum K_{i,i+1} + T_n + \sum Z_{i,i+1} - \sum C_{i,i+1} \qquad (3-11)$$

式中:$\sum K_{i,i+1}$ —— 流水施工中各流水步距之和;

T_n —— 流水施工中最后一个施工过程的持续时间;

$\sum Z_{i,i+1}$ —— 流水施工中各技术、组织间歇时间之和;

$\sum C_{i,i+1}$ —— 流水施工中各平行搭接时间时间之和。

3.3 流水施工的组织方式

在组织流水施工时,根据各施工过程在施工区段上的流水节拍特征,可分为全等节拍流水、成倍节拍流水、无节拍流水。

所谓全等节拍流水,就是所有施工过程的流水节拍都彼此相等。

所谓成倍节拍流水,就是同一施工过程在不同施工段上的流水节拍相等,不同施工过程在同一施工段上的流水节拍不相等,但互成整数倍。

所谓无节拍流水,又叫无节奏流水。就是同一施工过程在不同施工段上的流水节拍不一定相等,不同施工过程在同一施工段或不同施工段上的流水节拍也不一定相等。

例如,某砖混结构房屋,分基础、砌墙、吊楼板、屋面及装修4个施工过程,它们的流水节拍及施工段见表3-4、表3-5、表3-6。

表 3-4 全等节拍流水各施工段上流水节拍表

n＼m	(一)	(二)	(三)	(四)
基础	4	4	4	4
砌墙	4	4	4	4
吊装	4	4	4	4
装修	4	4	4	4

表 3-5 成倍节拍流水各施工段上流水节拍表

n＼m	(一)	(二)	(三)	(四)
基础	4	4	4	4
砌墙	6	6	6	6
吊装	2	2	2	2
装修	6	6	6	6

表 3-6 无节拍流水各施工段上流水节拍表

n＼m	(一)	(二)	(三)	(四)
基础	4	6	2	6
砌墙	3	3	2	4
吊装	4	6	2	6
装修	2	3	2	3

表3-4中,所有施工过程的流水节拍都相等,$t=4$天,属全等节拍流水施工;表3-5中,同一施工过程在不同施工段上的流水节拍相等,基础施工过程在4个施工段上的流水节拍都相等,$t_{基础}=4$天;砌墙施工过程在4个施工段上的流水节拍也相等,$t_{砌墙}=6$天;吊装施工过程在4个施工段上的流水节拍也相等,$t_{吊装}=2$天;装修施工过程在4个施工段上的流水节拍也相等,$t_{装修}=6$天。不同施工过程在同一施工段上的流水节拍不相等。表3-5中,在第一施工段上 $t_{基础}=4$天;$t_{砌墙}=6$天;$t_{吊装}=2$天;$t_{装修}=6$天;他们之间有最大公约数为2,属成倍节拍流水施工。

表3-6中,基础施工过程在第一、二、三、四施工段上的流水节拍分别为4天、6天、2天、6天;砌墙施工过程在第一、二、三、四施工段上的流水节拍分别为3天、3天、2天、4天;吊装施工过程在第一、二、三、四施工段上的流水节拍分别为4天、6天、2天、6天;装修施工过程在第一、二、三、四施工段上的流水节拍分别为2天、3天、2天、3天,符合无节拍流水施工的特征。同一施工过程在各施工段上的流水节拍不一定相等,不同施工过程在同一施工段或不同施工段上的流水节拍也不一定相等。所以表3-6为无节拍流水施工。

3.3.1 全等节拍流水施工

全等节拍流水施工是指同一施工过程在各施工段上的流水节拍都相等,并且不同施工过程之间的流水节拍也相等的一种流水施工方式,也称为等节拍流水、固定节拍流水、等节奏流水、同步距流水。

3.3.1.1 全等节拍流水施工的主要特点

① 各施工过程的流水节拍都相等。即同一施工过程在不同施工段上的工作时间相等,不同施工过程在同一施工段上的工作时间也相等,即

$$t_1 = t_2 = \cdots = t_n = t(常数)$$

② 流水步距彼此相等,而且等于流水节拍,即

$$K_{1,2} = K_{2,3} = \cdots = K_{n-1,n} = K = t(常数)$$

③ 专业工作队数等于施工过程数;
④ 每个专业工作队都能够连续施工,施工段没有空闲。

3.3.1.2 全等节拍流水施工主要参数的确定

1. 流水步距 K

$$K = t$$

2. 施工段数 m

为了保证各专业工作队能连续施工,应取

$$m = n + \frac{\sum Z_1}{K} + \frac{\sum Z_2}{K} \tag{3-12}$$

式中:m——施工段数;

n——施工过程数;

Z_1——楼层内各施工过程间的技术、组织间歇时间;

Z_2——楼层间技术、组织间歇时间;

K——流水步距。

3. 流水施工的工期

$$T = (m \cdot r + n - 1) \cdot K + \sum Z_1 - \sum C \tag{3-13}$$

式中:T——流水施工总工期;

r——施工层数;

K——流水步距;

$\sum Z_1$——第一个施工层中各施工过程间的技术与组织间歇时间之和;

$\sum C$——第一个施工层中各施工过程间的搭接时间之和。

根据全等节拍流水施工的特点 $K=t$,则:

$$T = (m \cdot r + n - 1) \cdot t + \sum Z_1 - \sum C \tag{3-14}$$

3.3.1.3 全等节拍流水施工计算步骤

已知:各施工过程的流水节拍 t_i、n。

① 首先确定流水步距 K,施工段数 m:

$$K = t_i$$

$$m = n + \frac{\sum Z_1}{K} + \frac{\sum Z_2}{K}$$

② 计算工期：
$$T = (m \cdot r + n - 1) \cdot K + \sum Z_1 - \sum C$$
$$= (m \cdot r + n - 1) \cdot t + \sum Z_1 - \sum C$$

③ 绘制施工进度表。

表上工期应与计算工期相等。

【案例 3-4】 某基础分部工程由 4 个分项工程组成，分别为：挖土、垫层、砌基础、回填土，划分成五个施工段，流水节拍均为 3 天，无技术、组织间歇。

问题：

试确定流水步距，计算工期，并绘制流水施工进度表。

分析与解答：

由已知条件 $t_i = t = 3$(天)，本分部工程宜组织全等节拍流水施工。

① 确定流水步距，由全等节拍流水施工的特点可知：
$$K = t = 3(天)$$

② 计算工期：
$$T = (m \cdot r + n - 1) \cdot K + \sum Z_1 - \sum C$$
$$= (5 \times 1 + 4 - 1) \times 3 + 0 - 0$$
$$= 24(天)$$

③ 绘制流水施工进度表如图 3-15 所示。

施工过程	施工进度（天）																							
	1	2	3	4	5	6	7	8	9	10	11	12	13	14	15	16	17	18	19	20	21	22	23	24
挖土																								
垫层																								
砌基础																								
回填土																								

图 3-15

【案例 3-5】 某单位办公楼，混合结构，三层，建筑面积 1 350 m²，主体结构施工划分为 3 个施工过程：砌砖墙 3 天，浇圈梁、养护 3 天，吊楼板 3 天。楼板吊完后，需进行灌缝、弹线 3 天，才能进行上一层的施工。

问题：

试组织流水施工，计算总工期，绘施工进度表。

分析与解答：

① 确定流水步距，由全等节拍流水施工的特点可知：
$$K = t = 3(天)$$

② 确定施工段：
$$m = n + \frac{\sum Z_1}{K} + \frac{\sum Z_2}{K}$$
$$= 3 + \frac{0}{3} + \frac{3}{3} = 4(段)$$

③ 计算工期：

$$T = (m \cdot r + n - 1) \cdot K + \sum Z_1 - \sum C$$
$$= (4 \times 3 + 3 - 1) \times 3 + 0 - 0 = 42(天)$$

④ 绘制流水施工进度表，如图 3-16、图 3-17、图 3-18 所示。

图 3-16 流水施工进度

3.3.2 成倍节拍流水施工

3.3.2.1 成倍节拍流水施工的概念

在组织流水作业时往往遇到某施工过程要求尽快完成或某施工过程的工程量过少，所需时间少，或者某施工过程的工作面受到限制，不能投入较多的人力或机械，所需的时间就要多一些。因而出现各施工过程的流水节拍不能全部相等的情况。

如某工程有 3 个施工过程，其流水节拍分别为：$t_1=1$ 天，$t_2=3$ 天，$t_3=2$ 天（表 3-7），由表 3-7 可以看出：第一施工过程在第一、第二、第三施工段的流水节拍均为 1 天；第二施工过程，在第一、第二、第三施工段的流水节拍均为 3 天；第三施工过程，在第一、第二、第三施工段的流水节拍均为 2 天。一般地，同一施工过程在不同施工段上流水节拍都相等；不同施工过程在同一施工段上流水节拍不相等，但互成整数倍。这就叫成倍节拍流水施工，又叫异节奏流水施工。对于这样的问题，就不能再按全等节拍的流水组织方法组织施工，因其不能满足各施工过程的工作队连续、均衡地依次在各施工段上工作。若按全等节拍流水组织方法进行组织，其施工段数（m）等于施工过程数（n），则可能得出图 3-19 所示的几种情况。

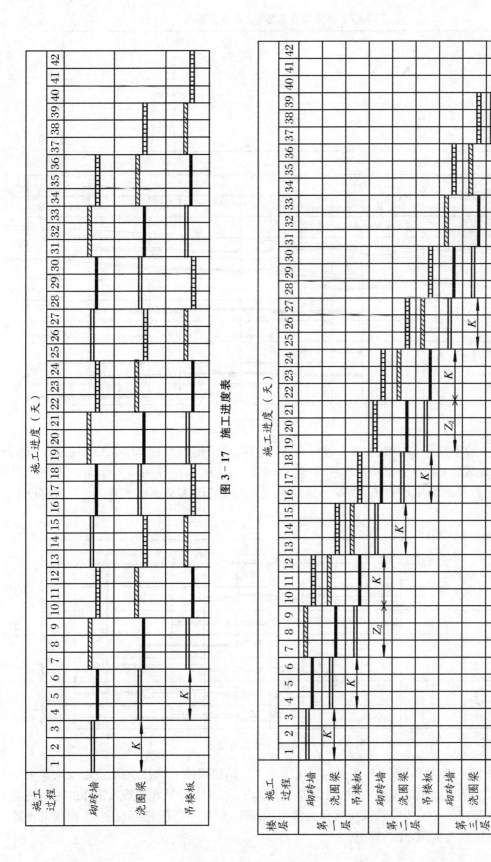

图 3-17 施工进度表

图 3-18 施工进度表

表 3-7　某工程各施工段上流水节拍表

n＼t＼m	一	二	三
1	1	1	1
2	3	3	3
3	2	2	2

分析与说明	n	1	2	3	4	5	6	7	8	9	10	11	12
按等步距搭接组织时，则出现违反施工程序的不合理现象	1												
	2	K											
	3			K									
按搭接合理要求组织时，则工作队的工作就不连续	1												
	2												
	3												
按工作队工作连续要求组织时，则工作队未充分利用工作面	1												
	2												
	3												

图 3-19　施工进度

图 3-19 说明成倍节拍流水施工若用全等节拍流水的组织方法，则要么出现违反施工程序的不合理现象；要么工作队的工作不连续；要么工作队未充分利用工作面。若采用图 3-20 所示的方法组织流水施工，则既不违反施工程序，工作队又连续工作，且工作面没有空闲。

施工过程	工作队	施工进度（天）										
		1	2	3	4	5	6	7	8	9	10	11
1	Ⅰ											
2	Ⅰ	K										
	Ⅱ		K									
	Ⅲ			K								
3	Ⅰ				K							
	Ⅱ					K						

图 3-20　流水施工施工进度表

由图 3-20 可以看出，第一施工过程投入 1 个工作队进行施工，第二施工过程投入 3 个工作队进行施工，第三施工过程投入 2 个工作队进行施工，每个工作队相继投入工作的时间间隔为 1 天（流水步距 $K=1$ 天），若采用这种方法组织施工，则既不违反施工程序，工作队又连续工作，且工作面没有空闲，比较理想。

当遇到成倍节拍流水时,为使各工作队仍能连续、均衡地依次在各施工段上工作,应选取流水步距(K)为各施工过程流水节拍的最大公约数,每个施工过程投入 t_i/K 个工作队进行施工。这样,同一施工过程的每个队(组)就可依次相隔 K 天投入工作;使整个流水作业能够连续、均衡地施工。

3.3.2.2 成倍节拍流水施工段数 m 的确定

$$m \geqslant \sum b_i + \frac{\sum Z_1}{K} + \frac{\sum Z_2}{K}$$

式中:Z_1——第一楼层内各施工过程间的技术间歇时间、组织间歇时间之和;

Z_2——第一楼层间技术间歇时间、组织间歇时间之和;

b_i——某一施工过程所需工作班组数;

$\sum b_i$——各施工过程所需工作班组数之和:

$$\sum b_i = b_1 + b_2 + \cdots + b_i = \frac{\sum t_i}{K}$$

K——流水步距,取各施工过程流水节拍的最大公约数。

3.3.2.3 成倍节拍流水施工工期 T 的确定

$$T = (mr + \sum b_i - 1)K + \sum Z_1 - \sum C$$

式中:r——施工层。

3.3.2.4 成倍节拍流水施工计算步骤

① 确定流水步距 K,流水步距 K 取流水节拍的最大公约数;

② 求出各施工过程所需作业班组数:

$$b_1 = \frac{t_1}{K}, b_2 = \frac{t_2}{K}, \cdots, b_i = \frac{t_i}{K}$$

$$\sum b_i = b_1 + b_2 + \cdots + b_i = \frac{\sum t_i}{K}$$

③ 求施工段数:

$$m \geqslant \sum b_i + \frac{\sum Z_1}{K} + \frac{\sum Z_2}{K}$$

④ 计算工期:

$$T = (mr + \sum b_i - 1)K + \sum Z_1 - \sum C$$

式中:r——施工层。

(5) 绘制施工进度表。

表上工期应与计算工期相符。

【案例3-6】 某4层混合结构房屋主体工程,由3个施工过程组成,砌砖墙4天,浇圈梁2天,吊楼板2天,圈梁浇筑后,需养护2天,才能吊装楼板,楼板安装完毕后,需要2天的时间进行灌缝和弹线工作,才能进行上一层墙体砌筑。

问题:

试组织流水施工。

分析与解答:

已知:$n=3$,$t_1=4$ 天,$t_2=2$ 天,$t_3=2$ 天,$Z_1=2$ 天,$Z_2=2$ 天,$r=4$。

① 确定流水步距 K，流水步距 K 取流水节拍的最大公约数，$K=2$ 天；
② 求出各施工过程所需作业班组数：

$$b_1 = \frac{t_1}{K} = \frac{4}{2} = 2(队)$$

$$b_2 = \frac{t_2}{K} = \frac{2}{2} = 1(队)$$

$$b_3 = \frac{t_3}{K} = \frac{2}{2} = 1(队)$$

$$\sum b_i = b_1 + b_2 + \cdots + b_i = \frac{\sum t_i}{K}$$

$$= 2+1+1 = \frac{(4+2+2)}{2} = 4(队)$$

③ 求施工段数：

$$m = \sum b_i + \frac{\sum Z_1}{K} + \frac{\sum Z_2}{K}$$

$$= 4 + \frac{2}{2} + \frac{2}{2} = 6$$

④ 计算工期：

$$T = (mr + \sum b_i - 1)K + \sum Z_1 - \sum C$$

$$= (6 \times 4 + 4 - 1) \times 2 + 2 - 0 = 56(天)$$

⑤ 绘制施工进度表（图 3-21、图 3-22）。

图 3-21

3.3.3 无节奏流水施工

有时由于各施工段的工程量不等，各施工班组的施工人数又不同，使每一施工过程在各施工段上或各施工过程在同一施工段上的流水节拍无规律性，如表 3-8 所示。同一施工过程在各施工段上的流水节拍不一定相等，不同施工过程在同一施工段或不同施工段上的流水节拍也不一定相等。这时，组织全等节拍或成倍节拍流水若均有困难，则按无节奏流水组织施工。

组织无节奏流水的基本要求是：各施工班组尽可能依次在各施工段上连续施工，允许有些施工段出现空闲，但不允许多个施工班组在同一施工段交叉作业，更不允许发生工艺顺序颠倒的现象。

表 3-8 无节奏流水施工流水节拍表

n＼t＼m	一	二	三	四
基础	4	6	2	6
砌墙	3	3	2	4
屋面	4	6	2	6
装修	2	3	2	3

图 3-22

1. 无节奏流水流水步距 $K_{i,i+1}$ 的计算

用潘特考夫斯基法（累加数列法）计算。潘特考夫斯基法又叫"累加、错位相减、取大差"法。

第一步：将每个施工过程的流水节拍逐段相加；

第二步：错位相减；

第三步：取差数之大者作为流水步距。

2. 无节奏流水流水工期的计算

$$T = \sum K_{i,i+1} + T_n + \sum Z - \sum C$$

式中：T_n——最后一个施工过程工作延续时间，或最后一个施工过程，在各施工段上流水节拍之和。

【案例 3-7】 某工程流水段及流水节拍见表 3-8。

问题：

计算各施工过程之间的流水步距 $K_{i,i+1}$。

分析与解答：

① 求 $K_{1,2}$。

$$\begin{array}{ccccc} 4 & 10 & 12 & 18 & \\ -)\quad & 3 & 6 & 8 & 12 \\ \hline 4 & 7 & 6 & 10 & -12 \end{array}$$

$K_{1,2}=10$（天）。

被减式：$4,4+6=10,4+6+2=12,4+6+2+6=18$。

减式：$3,3+3=6,3+3+2=8,3+3+2+4=12$。

② 求 $K_{2,3}$。

$$\begin{array}{ccccc} 3 & 6 & 8 & 12 & \\ -)\quad & 4 & 10 & 12 & 18 \\ \hline 3 & 2 & -2 & 0 & -18 \end{array}$$

$K_{2,3}=3$（天）。

被减式：$3,3+3=6,3+3+2=8,3+3+2+4=12$。

减式：$4,4+6=10,4+6+2=12,4+6+2+6=18$。

② 求 $K_{3,4}$。

$$\begin{array}{ccccc} 4 & 10 & 12 & 18 & \\ -)\quad & 2 & 5 & 7 & 10 \\ \hline 4 & 8 & 7 & 11 & -10 \end{array}$$

$K_{3,4}=11$（天）。

被减式：$4,4+6=10,4+6+2=12,4+6+2+6=18$。

减式：$2,2+3=5,2+3+2=7,2+3+2+3=10$。

【案例 3-8】 某工程有 A、B、C、D 等 4 个施工过程，施工时在平面上划分 4 个施工段，每个施工过程在各个施工段上的流水节拍如表 3-9 所示。A 施工队 15 人，B 施工队 20 人，C 施工队 10 人。

表 3-9 流水节拍表

t（天） n \ m	一	二	三	四
A	2	4	3	2
B	3	3	2	2
C	4	2	3	2

问题：

试计算流水步距和工期，绘制施工进度表，另绘出劳动力需要量曲线。

分析与解答：

① 求流水步距。

$$\begin{array}{r} 2\quad 6\quad 9\quad 11\\ -)\quad\quad 3\quad 6\quad 8\quad 10\\ \hline 2\quad 3\quad 3\quad 3\quad -10 \end{array}$$

$K_{AB}=3$(天)。

$$\begin{array}{r} 3\quad 6\quad 8\quad 10\\ -)\quad\quad 4\quad 6\quad 9\quad 11\\ \hline 3\quad 2\quad 2\quad 1\quad -11 \end{array}$$

$K_{BC}=3$(天)。

② 计算工期。

$$T=\sum K_{i,i+1}+T_n+\sum Z-\sum C$$
$$=3+3+(4+2+3+2)+0-0=17(\text{天})$$

③ 绘施工进度表(图3-23)。

图3-23 施工进度表

3.4 多层混合结构房屋主体结构的流水施工安排

在当前的建筑中,多层砖混结构房屋占有一定比例,其主体结构是砌砖墙和安装钢筋混凝土楼板两个施工过程,因此施工段数应该是等于或大于2而不允许小于2。通常将房屋平面划分成2个或3个施工段。每个楼层的砌墙又划分为2个或3个砌筑层,砌筑层的高度一般为1.2~1.8 m。组织流水施工有以下几种方法:

3.4.1 将房屋划分为 2 个施工段,每个楼层的砌墙分 3 个砌筑层

例如:每砌筑层砌墙为 1 个工作日,以此来组织主体结构的流水施工(图 3-24、图 3-25、图 3-26)。当瓦工砌完第一施工段砖墙转入第二施工段时,在第一施工段上吊装楼板。

图 3-24 将砖混结构房屋分成 2 个施工段,每个楼层砌墙分为 3 个砌筑层示意图

图 3-25 主体结构流水施工示意图

3.4.2 将房屋划分为 3 个施工段,每个楼层的砌墙分 2 个砌筑层

例如:每砌筑层砌墙为 1 个工作日,以此来组织主体结构的流水施工,图 3-27,图 3-28,图 3-29。从图 3-28 及图 3-29 中可以看出,每一施工段当楼板吊装完后有 2 天的闲置时间,可以用来进行楼板灌缝、沿墙嵌、弹线等工作。另外,如果由于某种原因影响了某一工序进

度时，也可用来起调节作用。

图 3-26 主体结构流水施工进度表

图 3-27 将砖混结构房屋分成 3 个施工段，每个楼层砌墙分为 2 个砌筑层示意图

图 3-28 主体结构流水施工示意图

图 3-29 主体结构流水施工进度表

思考与实训

1. 思考题

（1）组织流水施工应具备哪些条件？
（2）流水施工的优点主要表现在哪几个方面？
（3）划分施工段通常应遵循哪些原则？
（4）什么叫流水节拍？
（5）流水节拍有哪几种计算方法？
（6）什么叫流水步距？
（7）组织有结构层房屋流水施工时，施工段数与施工过程数有哪几种关系？

2. 实训题

实训 3-1
背景资料：
某工程外墙为马赛克墙面 725 m²，从劳动定额中查得每 10 m² 产量定额为 0.29，采用一班制，每班出勤人数 25 人。
问题：
① 计算该工程贴马赛克的劳动量；
② 计算工作延续时间。

实训 3-2
背景资料：
试组织某工程的流水施工。已知各施工过程的最小流水节拍为：$t_1=t_2=t_3=2$ 天，且第二施工过程需待第一施工过程完工 2 天后才能开始。

问题：
① 按全等节拍流水施工形式组织施工,计算总工期；
② 绘施工进度表。

实训 3-3
背景资料：
已知某工程各施工过程的最小流水节拍为：$t_1=3$ 天，$t_2=2$ 天，$t_3=1$ 天,且第二施工过程需待第一施工过程完工 2 天后才能开始。

问题：
① 按成倍节拍流水施工形式组织施工,计算流水步距；
② 计算各施工过程工作队数；
③ 确定施工段数及计算总工期；
④ 绘施工进度表。

案例 3-4
背景资料
已知 $t_1=2$ 天，$t_2=1$ 天，$t_3=3$ 天,共有两个施工层。

问题
① 适宜组织何种流水施工形式？
② 计算总工期并绘施工进度表。

实训 3-5
背景资料：
表 3-10 所示为某工程各施工过程在施工段上的持续时间。

表 3-10 工程流水节拍一览表

t（天） m n	（一）	（二）	（三）	（四）
1	4	3	1	2
2	2	3	4	2
3	3	4	2	1
4	2	4	3	2

问题
① 适宜组织何种流水施工形式？
② 计算流水步距和总工期。
③ 绘施工进度表。

实训 3-6
背景资料：
某一基础工程,已知条件见表 3-11,试分成 4 个施工段,组织全等节拍流水施工。

问题：
① 完善表中各参数；
② 绘施工进度表。

表 3-11 某基础工程施工进度表

工 序	总工程量	单位	时间定额	各施工段工程量	劳动量	工人数	流水节拍	施工进度(天)
挖土、垫层	460	m³	0.51					
扎钢筋	10.5	t	7.8					
浇混凝土	150	m³	0.83					
砖基、回填	180	m³	1.45					

实训 3-7

背景资料：

某三层全现浇钢筋混凝土工程，已知施工过程及流水节拍分别为：支模板 6 天，扎钢筋 3 天，浇混凝土 3 天。层间技术间歇 3 天(即浇筑混凝土后在其上支模的技术要求)。

问题：

① 确定流水步距，施工段数；

② 计算该工程的工期和绘制流水施工进度表。

实训 3-8

背景资料：

某混合结构房屋，其基础工程和底层砖墙的有关参数见表 3-12，由施工组织要求：

① 两工序共用一台砂浆搅拌机，产量定额 $S=21.3 \text{ m}^3$ 砌体/台班，且工作利用系数 $K=0.8$；

② 标准砖每天供应量不超过 1.5 万块(标准砖耗用量 528 块/m³)；

③ 每工序工人数不限，即不考虑最小工作面和最小劳动组合。

表 3-12 某基础工程施工进度表

工 序	总工程量	单位	产量定额	每天工人数	流水节拍	施工进度(天)
砖基础	46.08	m³	1.25			
砌砖墙	100.2	m³	0.84			

问题：

划分 3 个施工段，组织全等节拍流水施工，完成下面施工进度表中的有关内容。

实训 3-9

背景资料：

某分部工程由支模板、绑钢筋、浇混凝土 3 个施工过程组成，该工程在平面上划分为 3 个施工段组织流水施工。各施工过程在各个施工段上的持续时间均为 4 天。

问题：

① 根据该工程持续时间的特点，可按哪种流水施工方式组织施工？简述该种流水施工方式的组织过程。

② 该工程项目流水施工的工期应为多少天？

③ 若工作面允许，每一段绑钢筋均提前一天进入施工，该流水施工的工期应为多少天？

实训 3-10

背景资料：

某住宅共有 4 个单元，划分为 4 个施工段，其基础工程的施工过程分为：

① 土方开挖；
② 铺设垫层；
③ 绑扎钢筋；
④ 浇捣混凝土；
⑤ 砌筑砖基础；
⑥ 回填土。

各施工过程的工程量、每一工日（或台班）的产量定额、专业工作队人数（或机械台数）如表 3-13 所示，由于铺设垫层施工过程和回填土施工过程的工程量较少，为简化流水施工的组织，将垫层与回填土这两个施工过程所需要的时间作为间歇时间来处理，各自预留 1 天时间。浇捣混凝土与砌基础墙之间的工艺间歇时间为 2 天。

表 3-13 某工程工程量一览表

施工过程	工程量	单位	产量定额	人数（台数）
挖土	780	m³	65	1 台
垫层	42	m³	—	—
绑扎钢筋	10 800	kg	450	2
浇混凝土	216	m³	1.5	12
砌墙基	330	m³	1.25	22
回填土	350	m³	—	—

问题：

① 计算该基础工程各施工过程在各施工段上的流水节拍和工期，并绘制流水施工的横道计划；

② 如果该工程的工期为 18 天，按等节奏流水施工方式组织施工，则该工程的流水节拍和流水步距应为多少？

实训 3-11

背景资料：

某建设工程由 3 幢框架结构楼房组成，每幢楼房为一个施工段，施工过程划分为基础工程、主体结构、屋面工程、室内装修和室外工程 5 项，基础工程在各幢的持续时间为 6 周、主体结构在各幢的持续时间为 12 周、屋面工程在各幢的持续时间为 3 周、室内装修在各幢的持续时间为 12 周、室外装修在各幢的持续时间为 6 周。

问题：

① 为了加快施工进度，在各项资源供应能够满足的条件下，可以按何种方式组织流水施工？该流水施工方式有何特点？

② 如果资源供应受到限制，不能加快施工进度，该工程应按何种方式组织流水施工？

实训 3-12

背景资料：

某商品住宅小区一期工程共有8栋混合结构住宅楼,其中4栋有3个单元,其余4栋均有6个单元,各单元方案基本相同,一个单元基础的施工过程和施工时间见表3-14。

表3-14 某商品住宅基础工程施工时间一览表

施工过程	挖土	垫层	钢筋浇混凝土基础	砖砌条形基础	回填土
施工时间(天)	3	3	4	4	2

问题:
① 简述组织流水施工时,施工段划分的基本原则;
② 根据施工段划分的原则,如拟对该工程组织成倍节奏流水施工,应划分成几个施工段?
③ 试按成倍节拍流水施工方式组织施工并绘制流水施工横道计划。

实训3-13

(1)背景资料:

有一个三跨工业厂房的地面工程,施工过程分为:地面回填土并夯实;铺设道砟垫层;浇捣石屑混凝土面层。各施工过程在各跨的持续时间如表3-15所示。

表3-15 工业厂房的地面工程施工持续时间一览表

序号	施工过程	施工时间(天)		
		A跨	B跨	C跨
1	填土夯实	3	4	6
2	铺设垫层	2	3	4
3	浇混凝土	2	3	4

问题:
① 根据该项目流水节拍的特点,可以按何种流水施工方式组织施工?
② 确定流水步距和工期。

网络计划技术

① 双代号网络图的基本概念,绘制要求和方法;
② 双代号网络图时间参数计算;
③ 双代号时标网络图的基本概念,绘制要求和方法及时间参数判读;
④ 单代号网络图;
⑤ 网络图的优化。

① 了解网络计划技术的特点;
② 掌握双代号网络图的基本概念;
③ 掌握双代号网络图的绘图原则;
④ 掌握双代号、单代号网络图绘制和时间参数的计算方法;
⑤ 掌握时标网络计划绘制方法及时间参数的判读;
⑥ 了解网络计划的优化

4.1 概 述

20世纪50年代中后期在美国发展起来两种新的计划管理方法——关键线路法(又叫肯定型网络计划技术,代号CPM)和计划评审法(又叫非肯定型网络计划技术或计划协调技术,代号PERT),20世纪60年代中期由华罗庚教授介绍到我国。

网络计划方法出现以后,在桥梁、隧道、水坝、建筑、公路、电站、导弹基地、钢铁工业、化学工业等方面都获得了良好的效果,特别适用于建筑施工的组织与管理。从国内外的情况看,应用这种方法最多的还数建筑施工单位,它既是一种科学的计划方法,又是一种有效的生产管理方法。那么它有哪些优点呢？

网络计划法作为一种计划的编制与表达方法与我们流水施工中介绍的横道图具有同样的功能。对一项工程的施工安排,用这两种计划方法中的任何哪一种都可以把它表达出来,成为一定形式的书面计划。但是由于表达形式不同,它们所发挥的作用也就各具特点。

横道图以横向线条结合时间坐标来表示工程各工序的施工起讫时间和先后顺序,整个计划由一系列的横道组成,而网络计划则是以加注作业持续时间的箭线（双代号表示法）和节点组成的网状图形来表示工程施工的进度。

例如,有一项分三段施工的钢筋混凝土工程,用两种不同的计划方法表达出来,内容虽完全一样,但形式却各不相同(图 4-1、图 4-2)。

图 4-1 横道计划

图 4-2 网络计划

横道计划的优点是较易编制、简单、明了、直观、易懂。因为有时间坐标,各项工作的施工起讫时间、作业持续时间、工作进度、总工期以及流水作业的情况等都表示得清楚明确,一目了然。对人力和资源的计算也便于据图叠加。适用于手工编制计划。它的缺点主要是不能全面地反映出各工序相互之间的关系和影响,工序(工作)之间的逻辑关系可以设法表达,但不易表达清楚；无法通过严谨的进度计划时间参数计算确定计划的关键工作、关键路线与时差；不能从图中看出计划中的潜力及其所在，也不能电算及优化。计划调整只能用手工方式进行，其工作量较大；难以适应大的进度计划系统。这些缺点的存在，对改进和加强施工管理工作是不利的。

网络计划的优点是：

① 能把工程项目中各施工过程组成了一个有机的整体，因而能全面而明确地反映出各工序之间的相互制约和相互依赖的关系；

② 可以进行各种时间计算，能在工序繁多、错综复杂的计划中找出影响工程进度的关键工序，便于管理人员集中精力抓施工中的主要矛盾，确保按期竣工，避免盲目抢工；

③ 能够从许多可行方案中，选出最优方案；

④ 利用网络计划中反映出来的各工序的机动时间，可以更好地运用和调配人力与设备，节约人力、物力，达到降低成本的目的。

在计划的执行过程中，当某一工序因故提前或拖后时，能从计划中预见到它对其他工序及总工期的影响程度，便于及早采取措施以充分利用有利的条件或有效地消除不利的因素。

此外，它还可以利用现代化的计算工具——电子计算机对复杂的计划进行计算，调整与优化。它的缺点是从图上很难清晰地看出流水作业的情况，也难以根据一般网络图算出人力及资源需要量的变化情况。

这些方法在美国的历史上有两个起源：其一是关键线路法，早在1952年美国杜邦公司已注意到数学家在网络分析计算上的成就，认为可能在工程规划方面加以应用。至1955年该公司已提出了一种设想，将每一工作规定起讫时间，并按工作顺序绘制成网络状图形。1956年，他们又设计了电子计算机程序，将工作的顺序和作业时间输入计算机而编出计划，到1957年1月用于新工厂建设的研究工作。1958年初他们把这种方法实际应用于价值1000万美元的建厂工作的计划安排，接着，又用此法编制了一个200万美元的施工计划。从这两个计划的编制与执行中已初步看出了这种方法的潜力，以后再把此法应用于设备检修工程，取得了巨大的成就，使设备因维修而停机的时间由过去的125小时缩短到74小时。杜邦公司采用此法安排施工和维修等计划，仅一年时间就节约了近100万美元。因而关键线路法在杜邦公司顺利发展起来了。

其二是计划评审法。美国海军部在研制北极星导弹的时候，由于对象的复杂性，感觉到已有的工业管理方法无能为力，因而征求办法，这样就出现了计划评审法。此法应用后，效果极佳，使导弹制造时间缩短了三年，并节约了大量资金。因此，1962年美国国防部规定，凡承包有关工程的单位都需要采用这种方法来安排计划。

这两种方法创造出来之后，由于效果显著，各行各业都广为采用，并引起英国、法国、日本、苏联、罗马尼亚、捷克和加拿大等国的重视。在推广和应用的过程中，不同的行业和国家都结合各自的特点和需要对其进行了发展和改进，以致在形态与方法上变化繁多，但其基本原理则仍属同一渊源。

1965年由华罗庚教授将网络计划技术介绍到中国，称为统筹法。在北京举办了我国第一个统筹法训练班，由华罗庚教授主讲，培训骨干，并开始试点。随后又举行了试点经验交流会。从此，我国也开始在生产管理中推行网络计划法。尤其是在20世纪70年代后期，随着我国改革开放事业的发展，网络计划技术得到广泛应用，取得较好的效果。

我国建设部1991年颁发了行业标准《工程网络计划技术规程》(JGJ/T 1001—91)，于1992年7月1日起，在全国建筑行业中推广施行。例如：广州白天鹅宾馆工程，工期提前4.5

月,多盈利约500万元,仅利息就节约1000万港元。广州东方宾馆改建工程,工期提前200多天,为国家提前创汇400多万元;河南平顶山帘子布厂工程,工期缩短40%。我国于1999年对《工程网络计划技术规程》(JGJ/T 1001—91)进行了修订,1999年8月4日颁发了行业标准《工程网络计划技术规程》(JGJ/T 121—99),于2000年2月1日起施行。

4.2 网 络 图

4.2.1 网络图的概念

网络图(network diagram)是由箭线和节点组成的、用来表示工作流程的有向、有序网状图形。它是表示整个计划中各道工序(或工作)的先后次序和所需要时间的网状图,又称工艺流线图或叫箭头图。它由若干带箭头的线段和节点(圆圈、方形或长方形)组成。

例如某宿舍屋面防水工程,找平层2天,防水层2天,保护层1天,依次施工,绘成简单网络图,如图4-3(a)所示。网络图中各部分的名称如图4-3(b)所示。

图 4-3

网络计划,用网络图表达任务构成、工作顺序并加注工作时间参数的进度计划,叫网络计划。

下面重点介绍网络图的基本知识。

4.2.2 网络图的分类

我国《工程网络计划技术规程》(JGJ/T 121—00)推荐常用的工程网络计划类型有:双代号网络计划、单代号网络计划、双代号时标网络计划、单代号搭接网络计划。

1. 双代号网络图

双代号网络图,是以节点及其两端编号表示工作,以箭线表示工作之间逻辑关系的网络图。工作时间写在箭线下面,工作名称写在箭线上面,在箭线前后的衔接处画上节点,并以节点编号 i,j 代表一项工作,如图4-4所示。

图 4-4

2. 单代号网络图

以节点及其编号表示工作,以箭线表示工作之间的逻辑关系的网络图称为单代号网络图。即每一个节点表示一项工作,节点宜用圆圈或矩形表示。节点表示的工作名称、持续时间和工作代号等标注在节点内(图 4-5)。箭线应画成水平直线、折线或斜线。箭线水平投影的方向应自左向右,表示工作的进行方向。

(a)单代号网络图工作的表示方法　　　　(b)单代号网络图

图 4-5

3. 双代号时标网络图

以时间坐标为尺度编制的网络图叫双代号时标网络图,如表 4-1 所示。时标网络图中应以实箭线表示工作,以虚箭线表示虚工作,以波形线表示工作的自由时差。

表 4-1　时标计划表

日历	1	2	3	4	5	6	7	8	9	10	11	12	13	14	15	16
(时间单位)																
网络计划																
(时间单位)																

4. 单代号搭接网络图

传统的双代号和单代号网络计划中,只能表示两项工作首尾相接的关系,仅仅是一种衔接关系,即只有当其紧前工作全部完成之后,本工作才能开始,而不能表示搭接关系。但是在工程建设实践中,有许多工作的开始并不是以其紧前工作的完成为条件。只要其紧前工作开始一段时间后,即可进行该工作,而不需要等其紧前工作全部完成之后再开始。工作之间的这种关系称之为搭接关系。

搭接网络计划一般都采用单代号网络图的表示方法,即以节点表示工作,以节点之间的箭线表示工作之间的逻辑顺序和搭接关系。其特点是当前一项工作没有结束的时候,后一项工作即可插入进行,将前后工作搭接起来,大大简化了网络计划,便于计算。

如图 4-6 所示,单代号搭接网络图中,箭线上面的符号仅表示相关工作之间的时距。其中起点节点 St 和终点节点 Fin 为虚拟节点。节点的标注应与单代号网络图相同(图 4-5)。

在搭接网络计划中,工作之间的搭接关系是由相邻两项工作之间的不同时距决定的。

所谓时距,就是在搭接网络计划中相邻两项工作之间的时间差值。

单代号搭接网络图中搭接关系有以下几种。

① FTS(结束到开始)的搭接关系;
② STS(开始到开始)的搭接关系;
③ FTF(结束到结束)的搭接关系;
④ STF(开始到结束)的搭接关系;
⑤ 混合搭接关系。

图 4-6 单代号搭接网络图

4.2.3 双代号网络图

4.2.3.1 双代号网络图的基本概念

1. 箭线(arrow)

(1) 双代号网络图中,一条箭线代表一道工序

网络图中一端带箭头的实线叫箭线。在双代号网络图中,一条箭线代表一道工序,如支模板、绑钢筋、浇混凝土、拆模板、砌墙、吊楼板等。但所包括的工作范围可大可小,视情况而定,故也可用来表示一项分部工程,一幢建筑的主体结构,装修工程,甚至某一建筑物的全部施工过程。

(2) 工作

计划任务按需要粗细程度划分而成、既要消耗时间或同时也消耗资源的一个子项目或子任务叫工作,一项工作又叫一道工序或一个施工过程。一道工序都要占用一定的时间,一般地讲都要消耗一定的资源(如劳动力,材料,机具设备等)。因此,凡是占用一定时间的过程,都应作为一道工序看待。例如,混凝土养护工作,这是由于技术上的需要而引起的间歇等待时间,

在网络图中也应用一条箭线来表示。

（3）在无时标网络图中，箭线的长短并不反映该工序占用时间的长短

时标网络图中箭线的长度代表该工序施工天数，在时标网络图中，箭线长，表示该工序施工持续天数多，箭线短，表示该工序施工持续天数少。而在无时标网络图中，箭线的长短并不表示该工序施工天数长短。

在无时标网络图中，原则上讲，箭线的形状怎么画都行，可以是水平直线，也可以画成折线，曲线或斜线，但是不得中断。在同一张网络图上，箭线的画法要求统一，图面要求整齐醒目，最好都画成水平直线或带水平直线的折线。

（4）箭线方向表示工序进行的方向

箭线所指的方向表示工序进行的方向，箭线的箭尾表示该工序的开始，箭头表示该工序的结束，一条箭线表示工序的全部内容。工序的名称应标注在箭线水平部分的上方，工序的持续时间（也称作业时间）则标注在下方，如图4-3所示。

（5）平行工作、紧前工作、紧后工作、本工作

平行工作，又叫平行工序；紧前工作，又叫紧前工序；紧后工作，又叫紧后工序；本工作，又叫本工序。

两道工作（工序）前后连续施工时，代表两道工作（工序）的箭线也应前后连续画下去，工程施工时还常出现平行工作（工序），平行的工作其箭线也应平行的绘制，如图4-7所示。就某工作（工序）而言，紧靠其前面的工作（工序）叫做紧前工作（工序），紧靠其后面的工作（工序）叫紧后工作（工序），与之平行的叫做平行工作（工序），该工作（工序）本身则可叫做"本工作（工序）"。

图 4-7 工序关系

（6）虚箭线

在双代号网路图中，除有表示工作的实箭线外，还有一种带箭头的虚线，称为虚箭线，它表示一个虚工作。虚工作是虚拟的，工程中实际并不存在，因此它没有工作名称，不占用时间，不消耗资源，它的主要作用是在网络图中解决工作之间的连接关系问题。有关虚工作的性质、作用将在以后详细论述。虚工作的表示方法见图4-8。

图 4-8 虚工作的表示方法

2. 节点

（1）节点就是网络图中两道工序的交接之点

节点就是网络图中两道工序的交接之点，用圆圈表示。在有的书上，也把节点称为"事件"。双代号网络图中的节点一般是表示前一道工序的结束，同时也表示后一道工序的开始。

（2）箭尾节点、箭头节点、开始节点、结束节点

箭线尾部的节点称箭尾节点，箭线头部的节点称箭头节点；前者又称开始节点，后者又称

结束节点,如图4-9所示。

图 4-9

(3) 节点仅为前后两道工序交接之点

节点仅为前后两道工序交接之点,只是一个"瞬间"它既不消耗时间也不消耗资源。

(4) 内向箭线、外向箭线

在网络图中,对一个节点来讲,可能有许多箭线通向该节点,这些箭线就称为"内向箭线(或内向工序)",同样也可能有许多箭线由同一节点出发,这些箭线就称为"外向箭线(或外向工序)",如图4-10所示。

(a) 内向箭线 　　　　　　(b) 外向箭线

图 4-10

(5) 起点节点、终点节点、中间节点

网络图中第一个节点叫起点节点,它意味着一项工程或任务的开始;最后一个节点叫终点节点,它意味着一项工程或任务的完成;网络图中的其他节点称为中间节点。

3. 节点编号

(1) 工序的代号

一道工序是用一条箭线和两个节点来表示的,为了使网络图便于检查和计算,所有节点均应统一编号,一条箭线前后两个节点的号码就是该箭线所表示的工序的代号。因此,一道工序用两个号码来表示,如图4-11(a)中工序的代号就是③→④,图4-11(b)中工序的代号就是$i→j$。

(a) 　　　　　　(b)

图 4-11

(2) 编号的基本原则

① 每一工序的箭头编号必须大于箭尾编号,如图4-12所示;

② 在同一网络图中,不允许出现重复编号。

对网络图进行编号的作用,主要是能区别工序,如果出现重复编号,可能出现编号相同的工序,如图4-13所示,从而引起识别工序的混乱。因为一个编号只能表示一个唯一的工序,不然的话会给计划执行者造成困难。

不正确　　　　　　　　正确

图 4-12　　　　　　　　　　　　　　　　　图 4-13

(3) 编号方法

① 顺箭杆编号。

在一个网络图中，节点编号应从小到大，按箭头方向从左到右逐个节点顺序进行编号。先编工序的起始节点，最后编工序的终点节点，随编随调整和校对。

② 编号不必连续。

为了考虑到可能在网络图中会增添或改动某些工序，所以，在节点编号时，可预留有备用节点编号(空出若干编号)，即在一个网络图中的节点编号无须连续。这样可便于今后对编号进行调整，避免以后由于在网络图中部增加一个或几个工序而改动整个网络图的节点编号。

4. 逻辑关系

网络图中工作之间相互制约或相互依赖的关系称为逻辑关系，它包括工艺关系和组织关系，在网络中均应表现为工作之间的先后顺序。

(1) 工艺关系

生产性工作之间由工艺过程决定的、非生产性工作之间由工作程序决定的先后顺序叫做工艺关系。

(2) 组织关系

工作之间由于组织安排需要或资源(人力、材料、机械设备和资金等)调配，需要而规定的先后顺序关系称为组织关系。

网络图必须正确地表达整个工程或任务的工艺流程和各工作开展的先后顺序及它们之间相互依赖、相互制约的逻辑关系。因此，绘制网络图时必须遵循一定的基本规则和要求。

5. 虚工作(工序)及其应用

虚工作又叫虚工序。双代号网络计划中，只表示前后相邻工作之间的逻辑关系，既不占用时间，也不耗用资源的虚拟的工作称为虚工作。虚工作用虚箭线表示，其表达形式可垂直方向向上或向下，也可水平方向向右，如图 4-8 所示，虚工作起着联系、区分、断路三个作用。

(1) 联系作用

虚工作不仅能表达工作间的逻辑连接关系，而且能表达不同幢号的房间之间的相互联系。例如，工作 A、B、C、D 之间的逻辑关系为：工作 A 完成后可同时进行 B、D 两项工作，工作 C 完成后进行工作 D。不难看出，A 完成后，其紧后工作为 B、D，A、C 完成后，其紧后工作为 D 很容易表达，但 D 又是 A 的紧后工作，为把 A 和 D 联系起来，必须引入虚工作②→⑤，逻辑关系才能正确表达，如图 4-14 所示。

(2) 区分作用

双代号网络计划是用两个代号表示一项工作。如果两项工作用同一代号,则不能明确表示出该代号表示哪一项工作。

因此,不同的工作必须用不同代号。如图 4-15(a)中出现"双同代号"是错误的,图 4-15(b)、4-15(c)是两种不同的区分方式,4-15(d)则多画了一个不必要的虚工作。

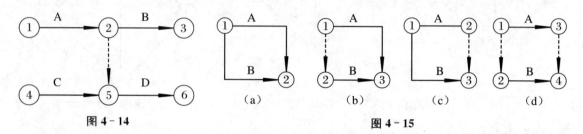

图 4-14　　　　　　　　　　图 4-15

(3) 断路作用

图 4-16 所示为某基础工程挖基槽、垫层、砌砖基础、回填土 4 项工作的流水施工网络图。该网络图中砖基础 1 与挖基槽 2,砖基础 2 与挖基槽 3,回填土 1 与垫层 2、挖基槽 3,回填土 2 与垫层 3 等 4 处把并无联系的工作联系上了,即出现了多余联系的错误。

图 4-16

对图 4-16 进行修改,如图 4-17 所示,增加了 4 个虚箭线④→⑤、⑧→⑨、⑪→⑫,⑬→⑭,把上述 4 处不应有的联系断开。

但该网络图有多处多余节点:⑦、⑩、⑰。进一步整理如图 4-18 所示把多余节点去掉。

由此可见,网络图中虚工作是非常重要的,但在应用时要恰如其分,不能滥用,以必不可少为限。另外,增加虚工作后要进行全面检查,不要顾此失彼。

6. 线路和关键线路

(1) 线路

网络图中从起点节点开始,沿箭头方向顺序通过一系列箭线与节点,最后达到终点节点的通路称为线路。一个网络图中,从起点节点到终点节点,一般都存在着许多条线路,如图 4-19 中有 5 条线路,每条线路都包含若干项工作,这些工作的持续时间之和就是该线路的时间长度,即线路上总的工作持续时间。图 4-19 中 5 条线路各自的总时间见表 4-2。

表 4-2 网络图线路

序号	线 路	总持续时间(天)
1	①→②→④→⑥	7
2	①→②→③→⑤→⑥	11
3	①→②→⑤→⑥	7
4	①→②→④→⑤→⑥	9
5	①→③→⑤→⑥	10

图 4-17

图 4-18

(2) 关键线路

在所有线路中总工作时间最长的线路称为关键线路。如表 4-2 所示,线路①→②→③→⑤→⑥总的工作时间最长,即为关键线路,又称主要矛盾线,它控制施工进度,决定总工期。

在施工过程中,关键线路上的工序时间拖延或提前,则工程最后完成日期也必然延缓或提前。关键线路在网络图上一般用双线、粗线或红线标出,以区别于其他线路。位于关键线路上的工作称为关键工作。关键工作完成快慢直接影响整个计划工期的实现。

(3) 次关键线路

短于但接近于关键线路长度的线路称为次关键线路。如表 4-2 中①→③→⑤→⑥,共计 10 天时间。

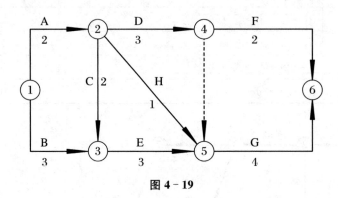

图 4-19

(4) 非关键线路

除关键线路、次关键线路以外的线路,都称为非关键线路。如表 4-2 中的①→②→④→⑥和①→②→⑤→⑥,共计 7 天时间;①→②→④→⑤→⑥,共计 9 天时间。

一般来说,一个网络图中至少有一条关键线路,也可能出现几条关键线路。关键线路也不是一成不变的,在一定的条件下,关键线路和非关键线路会相互转化。例如,当采取技术组织措施,缩短关键工作的持续时间,或者非关键工作持续时间延长时,就有可能使关键线路发生转移。

例如图 4-19 所示的网络计划中,工序①→③的工作时间,由原来的 3 天,延长为 6 天,则非关键线路①→③→⑤→⑥变为关键线路,$T=13$ 天;而关键线路①→②→③→⑤→⑥变为非关键线路,$T=11$ 天。

4.2.3.2 双代号网络图的绘图原则

1. 双代号网络图必须正确表达已定的逻辑关系

(1) 什么叫逻辑关系

逻辑关系是指工作进行时客观上存在的一种先后顺序关系,在表示建筑施工计划的网络图中,根据施工工艺和施工组织的要求,应正确反映各道工序之间的相互依赖和相互制约的关系,这也是网络图与横道图的最大不同之点。各工序间的逻辑关系是否表示得正确,是网络图能否反映工程实际情况的关键。如果逻辑关系错了,网络图中各种参数的计算就会发生错误,关键线路和工程的总工期跟着也将发生错误。

图 4-20

要画出一个正确地反映工程逻辑关系的网络图,首先就要搞清楚各道工序之间的逻辑关系,也就是要具体解决每个工序的下面 3 个问题:

① 该工序必须在哪些工序之前进行?
② 该工序必须在哪些工序之后进行?
③ 该工序可以与哪些工序平行进行?

在图 4-20 中,就工序 B 而言,它必须在工序 E 之前进行,是工序 E 的紧前工序,工序 B 必须在工序 A 之后进行,是工序 A 的紧后工序,工序 B 可以与工序C和D平行进行,是工序C和D的平行工序。这种严格的逻辑关系,必须根据施工工艺和施工组织的要求加以确定,只有这样才能逐步地按工序的先后次序把代表各工序的箭线连接起来,绘制成一张正确的网络图。

(2)常见网络图的逻辑关系表示方法

常见网络图的逻辑关系表示方法见表4-3。

表4-3 网络图的逻辑关系表

序号	工作之间逻辑关系	网络图中的表示方法	说明
1	有A、B两项工作按照依次施工方式进行		B工作前面有A工作,A工作结束,B工作开始
2	有A、B、C三项工作同时开始工作		A、B、C三项工作称为平行工作
3	有A、B、C三项工作,同时结束		A、B、C三项工作称为平行工作
4	有A、B、C三项工作,只有在A完成后,B、C才能开始		A工作制约着B、C工作的开始,B、C为平行工作
5	有A、B、C三项工作,C工作只有在A、B完成后才能开始		C工作依赖着A、B工作,A、B为平行工作
6	有A、B、C、D四项工作,只有在A、B完成后,C、D才能开始		通过节点j正确的表达了A、B、C、D之间的关系

续表

序号	工作之间逻辑关系	网络图中的表示方法	说 明
7	有 A、B、C、D 四项工作，A 完成后 C 才能开始，A、B 完成后 D 才开始。		D、A 之间引入了逻辑连接（虚工作），只有这样才能正确表达他们之间的约束关系
8	有 A、B、C、D、E 五项工作，A、B 完成后，C 才能开始，B、D 完成后 E 开始		虚工作 $i \rightarrow j$ 反映出 C 工作受到 B 工作的约束，虚工作 $i \rightarrow k$ 反映出 E 工作受到 B 工作的约束
9	有 A、B、C、D 四项工作，A、B、C 完成后，D 才能开始，B、C 完成后，E 才能开始		
10	A、B 两项工作分三个施工段，流水施工		按施工段排列
11	A、B 两项工作分三个施工段，流水施工		按施工过程排列

2. 网络图中不允许出现循环线路

在网络图中如果从一个节点出发顺着某一线路又能回到原出发点，这种线路就称作循环线路。例如，图 4-21 中的②→③→⑤→②和④→⑤→②→④就是循环线路，它表示的逻辑关系是错误的，在工艺顺序上是相互矛盾的。

3. 在网络图中不允许出现代号相同的箭线

网络图中每一条箭线都各有一个开始节点和结束节点的代号，号码不得重复，一道工序只能有唯一的代号。

例如:图4-22(a)中的两条箭线在网络图中表示两道工序,但其代号均为①→②,这就无法分清①→②究竟是代表哪道工序。这时,正确的表示方法是增加一个节点和一条虚箭线,如图4-22(b)所示。

图4-21 循环线路是逻辑错误图

图4-22 两道工序的错误和正确表示方法

4. 在一个网络图中只允许有一个起点节点

在一个网络图中,除起点节点外,不允许再出现没有内向箭线的节点。例如,图4-23(a)所示的网络图中出现了两个没有内向箭线的节点①、②,这是不允许的。如果遇到这种情况,最简单的办法就是像图4-23(b)那样,用虚箭线把①、②连接起来,使之变成一个起点节点。

图4-23 只允许有一个起点节点

5. 在网络图中只允许出现一个终点节点

在一个网络图中,除终点节点外,一般不允许出现没有外向箭线的节点(多目标网络图除外)。例如,图4-24(a)所示的网络图中出现了两个没有外向箭线的节点⑥、⑦,这是不允许的。如果遇到这种情况,最简单的办法就是增加虚箭线,像图4-24(b)那样,使它变成一个终点节点。

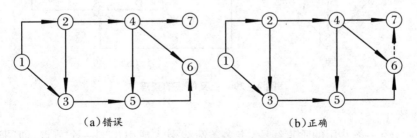

图4-24 只允许出现一个终点节点

6. 在网络图中不允许出现有双向箭头或无箭头的线段

用于表示建筑工程计划的网络图,是一种有向图,是沿着箭头指引的方向前进的,因此,一条箭线只能有一个箭头,不允许出现有双向箭头的箭线,如图 4-25 中的④→⑤工序;同样也不允许出现无箭头的线段,如②—③。

图 4-25 双向箭头的错误

7. 在一个网络图中,应尽量避免使用反向箭线

如图 4-26 所示中的虚箭线④→⑦,因为反向箭线容易发生错误,可能会造成循环线路。

图 4-26 避免反向箭线

8. 网络图中交叉箭线的处理方法

在一个箭线较多的网络图中,经常会出现箭线交叉现象,如图 4-27 所示。箭线交叉的原因之一是布局不合理,这种交叉经过整理完全可以避免,如图 4-28、图 4-29 所示。当箭线交叉不可避免时,可采用"过桥"(又叫暗桥)或"指向"等办法来处理,如图 4-30 所示。

图 4-27 交叉箭线　　　　　　　图 4-28 交叉箭线的整理

图 4-29 交叉箭线的整理

9. 母线法

网络图中,经一条共用的垂直线段,将多条箭线引入或引出同一个节点,使图形简洁的绘图方法,叫母线法。

当双代号网络图的某些节点有多条外向箭线或多条内向箭线时,为使图形简洁,可使用母线法绘制(但应满足"一项工作应只有唯一的一条箭线和相应的一对节点编号,箭尾的节点编号应小于箭头的节点编号"的绘图原则),如图 4-31 所示。

图 4-30 交叉箭线的处理方法

图 4-31 母线法绘图

4.2.3.3 网络图的绘制步骤

1. 绘草图

绘草图时,主要是满足工序的逻辑关系。

2. 整理网络图

整理网络图时,主要是避免箭线交叉,把所有的箭线尽量画成水平线或带水平线的折线,尽量减少虚工序及节点的数量。

【案例 4-1】 某工程工序名称及紧前工序见表 4-4。

问题:

试绘制双代号网络图。

表 4-4 某工程工序名称、工序时间一览表

工序名称	A	B	C	D	E	F	G	H	I	J	K
紧前工序	—	A	A	B	B	E	A	D,C	E	F,G,H	I,J
工序时间	2	3	4	2	5	3	2	6	1	2	1

分析与解答:

① 绘草图。

第一步:先画出没有紧前工序的工序 A,在工序 A 的后面画出紧前工序为 A 的各工序,即工序 B 和 C(图 4-32)。

第二步:在工序 B 的后面画出紧前工序为 B 的各工序,即工序 D 和 E。在工序 E 的后面

画出紧前工序为 E 的工序 F(图 4-33)。

图 4-32　　　　　　　　　　　图 4-33

第三步：在工序 A 的后面画出紧前工序为 A 的工序 G,在工序 D、C 的后面画出紧前工序为 D、C 的 H,在工序 E 的后面画出紧前工序为 E 的工序 I(图 4-34)。

第四步：在工序 F、G、H 的后面画出紧前工序为 F、G、H 的工序 J,在工序 I、J 的后面画出紧前工序为 I、J 的工序 K(图 4-35)。

图 4-34　　　　　　　　　　　图 4-35

② 整理网络图。

草图绘出后,进行整理。把工序名称标注在箭线的上方,把工序的时间标注在箭线下方,然后按照要求进行编号,并将各节点号码写在圆圈内(图 4-36)。

图 4-36

【案例 4-2】　某现浇多层框架一个结构层的钢筋混凝土工程,由柱、梁、楼板、抗震墙组合成整体框架,附设有电梯井和楼梯,均为现浇钢筋混凝土结构。

施工顺序大致如下：

柱和抗震墙先绑扎钢筋,后支模,电梯井先支内模,梁的模板必须待柱子模板都支好后才能开始,楼板支模可在电梯井支内模后开始,梁模板支好后再支楼板的模板,后浇捣柱子、抗震墙、电梯井壁及楼梯的混凝土,然后再开始梁和楼板的钢筋绑扎,同时在楼板上进行预埋暗管的铺设,最后浇捣梁和楼板的混凝土。

问题：

试根据以上资料,按照网络图绘制的要求和方法,绘出现浇多层框架一个结构层的钢筋混凝土工程的网络图。

分析与解答：

绘制网络图之前，首先根据已知条件确定其工序名称，衔接关系及工序时间如表 4-5 所示。

表 4-5 某现浇多层框架一个结构层施工顺序表

工序名称	代 号	紧前工序	工序时间
柱绑扎钢筋	A	—	2
抗震墙扎钢筋	B	A	3
柱支模板	C	A	3
电梯井先支内模	D	—	2
抗震墙支模板	E	B、C	3
电梯井扎钢筋	F	B、D	2
楼梯支模板	G	D	2
电梯井先支外模	H	E、F	2
梁支模板	I	C	2
楼板支模板	J	I、H	2
楼梯扎钢筋	K	G、F	3
墙、柱等浇混凝土	L	K、J	2
铺设暗管	M	L	4
梁、板扎钢筋	N	L	3
梁、板浇混凝土	P	N、M	2

① 绘草图。

第一步：先画出没有紧前工序的工序 A（图 4-37）。

第二步：在工序 A 的后面画出紧前工序为 A 的工序 B 和 C（图 4-38）。

第三步：画出没有紧前工序的工序 D（图 4-39）。

图 4-37　　　　图 4-38　　　　图 4-39

第四步：画出紧前工序为 B、C 的工序 E，画出紧前工序为 B、D 的工序 F，如图 4-40 所示。

第五步：画出紧前工序为 D 的工序 G，如图 4-41 所示。

第六步:画出紧前工序为 E、F 的工序 H,画出紧前工序为 C 的工序 I,如图 4-42 所示。

图 4-40

图 4-41

图 4-42

第七步:画出紧前工序为 I、H 的工序 J,画出紧前工序为 G、F 的工序 K,如图 4-43 所示。

图 4-43

第八步:画出紧前工序为 K、J 的工序 L,画出紧前工序为 L 的工序 M、N,画出紧前工序为 M、N 的工序 P,如图 4-44 所示。

② 整理网络图。

草图绘出后,进行整理。把工序名称标注在箭线的上方,把工序的时间标注在箭线下方,然后按照要求进行编号,并将各节点号码写在圆圈内(图 4-45)。

图 4-44

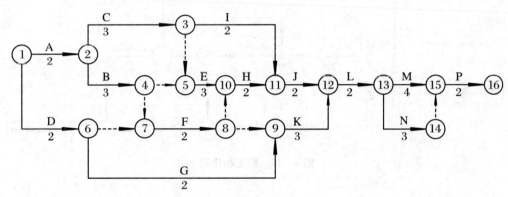

图 4-45

【案例 4-3】 某工程工序名称及紧后工序见表 4-6。

问题：

试绘制网络图。

表 4-6 某工程工序名称及紧后工序表

工序名称	A	B	C	U	V	W	D	Y	X	Z
紧后工序	Y、B、U	C	D、X	V	W、C	X	—	Z、D	—	—

分析与解答：

① 绘草图。

② 整理网络图(图 4-46)。

4.2.3.4 网络图的排列

在网络计划的实际应用中，要求网络图按一定的次序组织排列，做到条理清楚，层次分明，形象直观。

1. 按施工过程排列

又叫按工种排列。

这种方法是根据施工顺序把各施工过程按垂直方向排列，施工段按水平方向排列，突出了工种的连续作业，使相同工种的工作在同一水平线上(图 4-47、图 4-48)。

图 4-46

图 4-47 按工种排列

图 4-48 按工种排列

2. 按施工段排列

这种方法是把同一施工段的各工序排在同一条水平线上。能够反映出工程分段施工的特点，突出了工作面的利用情况，这是建筑工地习惯使用的一种方法（图 4-49）。

3. 按楼层排列

图 4-50 所示的是一个一般内装修工程，分三个施工过程，按楼层由上而下进行施工。

4.2.3.5 网络图的时间参数计算

网络图的时间参数计算分为按工作计算法计算时间参数和按节点计算法计算时间参数。

计算方法：图上计算法、表上计算法、矩阵计算法、电算法。

图 4-49 按施工段排列

图 4-50 按楼层排列

计算手段：手算、电算。

1. 时间参数

① 按工作的持续时间计算时间参数

工作持续时间是一项工作从开始到完成的时间，用 D_{i-j} 表示。

② 按工作计算法计算时间参数

a. 工作最早开始时间。

又叫工作最早可能开始时间，用符号 ES_{i-j} 表示。

b. 工作最早完成时间。

又叫工作最早可能完成时间或工作最早结束时间，用符号 EF_{i-j} 表示。

c. 工作最迟开始时间。

又叫工作最迟必须开始时间，用符号 LS_{i-j} 表示。

d. 工作最迟完成时间。

又叫工作最迟必须完成时间或工作最迟结束时间，用符号 LF_{i-j} 表示。

e. 工作总时差，用 TF_{i-j} 表示。

f. 工作自由时差，又叫局部时差，用 FF_{i-j} 表示。

按工作计算法计算时间参数，其计算结果应标注在箭线之上，如图 4-51 所示。

③ 按节点计算法计算时间参数

a. 节点最早时间 ET_i

b. 节点最迟时间 LT_i

按节点计算法计算时间参数,其计算结果应标注在节点之上,如图 4-52 所示。

图 4-51　按工作计算法的标注方法　　图 4-52　按节点计算法的标注方法

④ 工期计算

工期泛指完成任务所需要的时间,一般有以下 3 种:

计算工期,根据网络计划时间参数计算出来的工期,用于 T_c 表示;

要求工期,任务委托人所要求的工期,用 T_r 表示;

计划工期,根据要求工期和计算工期所确定的作为实施目标的工期,用 T_p 表示。

网络计划的计划工期 T_p 应按下列情况分别确定:

当已规定了要求工期 T_r 时,$T_p \leqslant T_r$。

当未规定要求工期 T_r 时,可令计划工期等于计算工期,$T_p = T_r$。

⑤ 根据关键工作和关键线路计算

a. 关键工作

网络计划中总时差最小的工作是关键工作。

当计划工期等于计算工期时,$T_p = T_c$。

网络图中工作的最早开始时间和最迟开始时间相等的工作即为关键工作。

b. 关键线路

网络图中,由起点到终点全为关键工作组成的线路即为关键线路。当计划工期等于计算工期 $T_p = T_c$ 时。关键工作的总时差等于 0。

(1) 图上计算法

① 按工作计算法计算时间参数

a. 计算工作的最早开始时间

又叫工序的最早开始时间,用符号 ES_{i-j} 表示。

工作最早开始时间是指各紧前工作全部完成后,本工作有可能开工的最早时刻。"可能开工"是指具备了开工条件,可以开工,但不一定马上开工。

计算工作的最早开始时间可用"前推法",所谓"前推法",就是从原始节点,顺箭杆方向,逐项进行计算,直到终点节点为止。必须先计算紧前工序,然后才能计算本工序,整个计算过程是一个加法过程。

【案例 4-4】　某工程网络图如图 4-53 所示。

问题:

用图上计算法计算工作的最早开始时间。

分析与解答：
起点工作：
$$ES_{i-j} = 0 \tag{4-1}$$
由于网络图计算是从相对时间零天开始，所以，起点工作的最早开始时间为 0。

图 4-53

工序①→②、①→③没有紧前工作，均为起点工作，所以
$$ES_{1-3} = 0$$
$$ES_{1-2} = 0$$
把计算出的工作最早开始时间标注在网络图中规定位置，如图 4-55 所示。

中间工作：
只有一个紧前工作的中间工作：
当只有一个紧前工作的中间工作时，该工作的最早开始时间等于紧前工作的最早开始时间加上该紧前工作的持续时间。

图 4-54

如图 4-54 所示，
$$ES_{j-k} = ES_{i-j} + D_{i-j} \tag{4-2}$$
式中：D_{i-j}——工作 $i-j$ 工作持续时间；
D_{j-k}——工作 $j-k$ 工作持续时间。

在图 4-53 中，工作②→③只有一道紧前工作，所以
$$ES_{2-3} = ES_{1-2} + D_{1-2} = 0 + 1 = 1$$
工作②→⑤只有一道紧前工作，所以
$$ES_{2-5} = ES_{1-2} + D_{1-2} = 0 + 1 = 1$$
有两个或两个以上紧前工作的中间工作：
当有两个或两个以上紧前工作的中间工作时，该工作的最早开始时间等于紧前工作最早开始时间，加上该紧前工作的持续时间之和的最大值。
$$ES_{j-k} = \max\{ES_{i-j} + D_{i-j}\} \tag{4-3}$$
在图 4-53 中，工作③→④有两道紧前工作①→③和②→③，所以
$$ES_{3-4} = \max\{ES_{1-3} + D_{1-3}, ES_{2-3} + D_{2-3}\} = \max\{0+2, 1+4\} = 5$$
工作③→⑥有两道紧前工作①→③和②→③，所以

$$ES_{3-6} = \max\{ES_{1-3} + D_{1-3}, ES_{2-3} + D_{2-3}\} = \max\{0+2, 1+4\} = 5$$

同理,可计算出:

$$ES_{4-8} = 5 + 3 = 8$$
$$ES_{4-6} = 5 + 3 = 8$$
$$ES_{6-8} = \max\{5+3, 0+8\} = 8$$
$$ES_{6-7} = \max\{5+3, 0+8\} = 8$$
$$ES_{5-7} = 1 + 3 = 4$$
$$ES_{7-8} = \max\{8+5, 4+2\} = 13$$
$$ES_{8-9} = \max\{8+5, 8+6, 13+4\} = 17$$

计算结果见图 4 – 55。

图 4 – 55 工作的最早开始时间

这是一种比较常用的方法,简便易行,计算速度快,但也可通过下面的第二种方法计算。

某工作的最早开始时间,等于该线路上紧前的各道工作持续时间之和,如果紧前有几道线路时,取其各线路时间总和中的最大值。

例如,在图 4 – 53 中,工作⑥→⑦,其紧前有 4 条线路:

- ①→③→④→⑥:各道工作持续时间之和为 2+3+0=5;
- ①→③→⑥:各道工作持续时间之和为 2+3=5;
- ①→②→③→④→⑥:各道工作持续时间之和为 1+4+3+0=8;
- ①→②→③→⑥:各道工作持续时间之和为 1+4+3=8。

$ES_{6-7} = \max\{5,5,8,8\} = 8$

则工作⑤→⑦的最早开始时间为 8。

b. 计算工作的最早完成时间

工作的最早完成时间,又叫最早可能完成时间或最早结束时间,是指各紧前工作全部完成后,本工作有可能完成的最早时刻。工作 $i \to j$ 的最早完成时间用 EF_{i-j} 表示。

工作的最早完成时间等于工作的最早开始时间加上工作的持续时间。

$$EF_{i-j} = ES_{i-j} + D_{i-j} \tag{4-4}$$

例如,在图 4-53 中,
工作①→③

$$EF_{1-3} = ES_{1-3} + D_{1-3} = 0 + 2 = 2$$

工作③→④

$$EF_{3-4} = ES_{3-4} + D_{3-4} = 5 + 3 = 8$$

工作④→⑥

$$EF_{4-6} = ES_{4-6} + D_{4-6} = 8 + 0 = 8$$

工作④→⑧

$$EF_{4-8} = ES_{4-8} + D_{4-8} = 8 + 5 = 13$$

计算结果见图 4-56。

图 4-56 工作的最早完成时间

网络计划的计算工期:

$$T_c = \max\{EF_{i-n}\} \tag{4-5}$$

式中:EF_{i-n}——以终点节点(n)为箭头节点的工作 $i \to n$ 的最早完成时间。

本例中 $T_c = 22$。

由图 4-56 可以看出:工作的最早开始时间等于各紧前工作的最早完成时间 EF_{i-j} 的最大值。

$$ES_{j-k} = \max\{EF_{i-j}\} \tag{4-6}$$

确定计算工期 T_c:

计算工期等于网络图的终点节点为箭头节点的各个工作的最早完成时间的最大值。当网络图终点节点的编号为 n 时,计算工期:

$$T_c = \max\{EF_{i-j}\} \tag{4-7}$$

c. 计算工作的最迟开始时间

又叫最迟必须开始时间,最迟开始时间是指在不影响整个任务按期完成的前提下,工作必须开始的最迟时刻。它必须在紧后工作开始前完成,用符号 LS_{i-j} 表示。

计算工作的最迟开始时间,应从终点节点逆箭线方向向起点节点逐项进行计算。必须先计算紧后工作,然后才能计算本工作,整个过程是一个减法过程。

最后工作的最迟开始时间:

最后一道工作的最迟开始时间等于其计算工期减本身的持续时间,即

$$LS_{i-j} = T_c - D_{i-j} \tag{4-8}$$

例如,在图 4-53 中,工作⑧→⑨为最后一道工作,则

$$LS_{8-9} = T_c - D_{8-9} = 22 - 5 = 17$$

中间工作:

只有一道紧后工作的中间工作的最迟开始时间等于紧后工作的最迟开始时间减去本工作的持续时间,即

$$LS_{i-j} = LS_{j-k} - D_{i-j} \tag{4-9}$$

例如,在图 4-53 中,工作④→⑧只有一道紧后工作⑧→⑨:

$$LS_{4-8} = LS_{8-9} - D_{4-8} = 17 - 5 = 12$$

工作⑥→⑧为只有一道紧后工作⑧→⑨:

$$LS_{6-8} = LS_{8-9} - D_{6-8} = 17 - 6 = 11$$

工作⑦→⑧为只有一道紧后工作⑧→⑨:

$$LS_{7-8} = LS_{8-9} - D_{7-8} = 17 - 4 = 13$$

工作⑥→⑦只有一道紧后工作⑦→⑧:

$$LS_{6-7} = LS_{7-8} - D_{6-7} = 13 - 5 = 8$$

工作⑤→⑦只有一道紧后工作⑦→⑧:

$$LS_{5-7} = LS_{7-8} - D_{5-7} = 13 - 2 = 11$$

工作②→⑤只有一道紧后工作⑤→⑦:

$$LS_{2-5} = LS_{5-7} - D_{2-5} = 11 - 3 = 8$$

有两个或两个以上紧后工作的中间工作。

有两个或两个以上紧后工作的中间工作的最迟开始时间,等于紧后工作的最迟开始时间与本工作的持续时间之差的最小值,即

$$LS_{i-j} = \min\{LS_{j-k} - D_{i-j}\} \tag{4-10}$$

例如,在图 4-53 中,工作③→⑥有两道紧后工作⑥→⑧和⑥→⑦:

$$LS_{3-6} = \min\{LS_{6-8} - D_{3-6}, LS_{6-7} - D_{3-6}\}$$
$$= \min\{11 - 3, 8 - 3\} = 5$$

工作④→⑥有两道紧后工作⑥→⑧和⑥→⑦:

$$LS_{4-6} = \min\{LS_{6-8} - D_{4-6}, LS_{6-7} - D_{4-6}\}$$
$$= \min\{11 - 0, 8 - 0\} = 8$$

工作③→④有两道紧后工作④→⑥和④→⑧:

$$LS_{3-4} = \min\{LS_{4-6} - D_{3-4}, LS_{4-8} - D_{3-4}\}$$
$$= \min\{8 - 3, 12 - 3\} = \min\{5, 9\} = 5$$

工作①→③有两道紧后工作③→④和③→⑥:

$$LS_{1-3} = \min\{LS_{3-4} - D_{1-3}, LS_{3-6} - D_{1-3}\}$$
$$= \min\{5 - 2, 5 - 2\} = 3$$

工作②→③有两道紧后工作③→④和③→⑥:

$$LS_{1-3} = \min\{LS_{3-4} - D_{2-3}, LS_{3-6} - D_{2-3}\}$$
$$= \min\{5-4, 5-4\} = 1$$

工作①→②有两道紧后工作②→③和②→⑤：
$$LS_{1-2} = \min\{LS_{2-3} - D_{1-2}, LS_{2-5} - D_{1-2}\}$$
$$= \min\{1-1, 8-1\} = 0$$

计算结果见图 4-57。

图 4-57

这是一种比较常用的方法，简便易行，计算速度快，但也可通过下面第二种方法计算。

某工作的最迟开始时间，等于计算工期减该线路上紧后的各道工作持续时间之和再减去本工作持续时间，如果紧后有几道线路时，取其最小值，即

$$LS_{i-j} = \min\{T_c - \sum D - D_{i-j}\} \qquad (4-11)$$

式中：$\sum D$——紧后的各道工作持续时间之和。

例如，在图 4-53 中，工作③→④，其紧后有 3 条线路：
- ④→⑧→⑨：各道工作持续时间之和为 5+5=10；
- ④→⑥→⑧→⑨：各道工作持续时间之和为 0+6+5=11；
- ④→⑥→⑦→⑧→⑨：各道工作持续时间之和为 0+5+4+5=14。

$$LS_{3-4} = \min\{T_c - \sum D - D_{2-3}\}$$
$$= \min\{22-10-3, 22-11-3, 22-14-3\}$$
$$= \min\{9, 8, 5\} = 5$$

则工作③→④的最迟开始时间为 5，与上面计算结果相符（图 4-57）。

d. 计算工作的最迟完成时间

工作的最迟完成时间又叫工作的最迟必须完成时间或最迟结束时间，最迟完成时间是指

在不影响整个任务按期完成的前提下,工作必须完成的最迟时刻。用符号 LF_{i-j} 表示。

工作的最迟完成时间等于该工作的最迟开始时间与持续时间之和,即

$$LF_{i-j} = LS_{i-j} + D_{i-j} \qquad (4-12)$$

例如,在图 4-53 中:

工作①→③:

$$LF_{1-3} = LS_{1-3} + D_{1-3} = 3 + 2 = 5$$

工作②→③:

$$LF_{2-3} = LS_{2-3} + D_{2-3} = 1 + 4 = 5$$

工作③→④:

$$LF_{3-4} = LS_{3-4} + D_{3-4} = 5 + 3 = 8$$

工作④→⑥:

$$LF_{4-6} = LS_{4-6} + D_{4-6} = 8 + 0 = 8$$

计算结果见图 4-58。

图 4-58

由图 4-58 可以看出,以网络图的终点节点(n)为箭头节点的工作的最迟完成时间等于网络图的计算工期,即

$$LF_{i-n} = T_c \qquad (4-13)$$

工作的最迟完成时间等于各紧后工作的最迟开始时间 LS_{j-k} 的最小值,即

$$LF_{i-j} = \min\{LS_{j-k}\} \qquad (4-14)$$

以网络图的终点为完成节点的工作的最早完成时间的最大值为计算工期。当网络图终点节点的编号为 n 时:

$$T_c = \max\{EF_{i-j}\} \qquad (4-15)$$

e. 关键线路

关键线路是指诸线路中持续时间最长的线路，它决定总工期，在此线路上，若某工序落后一天或两天，则总工期推迟 1～2 天。如欲缩短工期，亦应以此线路为考虑对象。此线路为控制工期之关键，故称此线路为关键线路，任何网络图中，至少存在一条关键线路。

网络图中只要最早开始时间 ES_{i-j} 和最迟开始时间 LS_{i-j} 确定后，即可确定关键线路。在网络图中，只要该工作的最早开始时间与最迟开始时间相等的即为关键工作，把关键工作连接起来即为关键线路。图 4-58 中有 2 条关键线路：

①→②→③→④→⑥→⑦→⑧→⑨；
①→②→③→⑥→⑦→⑧→⑨。

$T_c=22$ 天，在图中 4-58 用双线条标出，如图 4-58 所示。

f. 总时差

总时差是指在不影响总工期的前提下，本工作可以利用的机动时间。一个工作的活动范围要受其紧前、紧后工作的约束，它的极限活动范围是从最早开始时间到最迟完成时间扣除其作业时间，这个活动范围即为工作总时差。上述这段话用公式表达出来即为总时差的计算公式：

$$TF_{i-j} = LF_{i-j} - ES_{i-j} - D_{i-j} \qquad (4-16)$$

图 4-58 中，工作的①→③的总时差：

$$TF_{1-3} = LF_{1-3} - ES_{1-3} - D_{1-3} = 5 - 0 - 2 = 3$$

工作①→②的总时差：

$$TF_{1-2} = LF_{1-2} - ES_{1-2} - D_{1-2} = 1 - 0 - 1 = 0$$

工作的②→③的总时差：

$$TF_{2-3} = LF_{2-3} - ES_{2-3} - D_{2-3} = 5 - 1 - 4 = 0$$

工作的②→⑤的总时差：

$$TF_{2-5} = LF_{2-5} - ES_{2-5} - D_{2-5} = 11 - 1 - 3 = 7$$

工作的③→④的总时差：

$$TF_{3-4} = LF_{3-4} - ES_{3-4} - D_{3-4} = 8 - 5 - 3 = 0$$

工作的③→⑥的总时差：

$$TF_{3-6} = LF_{3-6} - ES_{3-6} - D_{3-6} = 8 - 5 - 3 = 0$$

工作的④→⑧的总时差：

$$TF_{4-8} = LF_{4-8} - ES_{4-8} - D_{4-8} = 17 - 8 - 5 = 4$$

工作的④→⑥的总时差：

$$TF_{4-6} = LF_{4-6} - ES_{4-6} - D_{4-6} = 8 - 8 - 0 = 0$$

工作的⑤→⑦的总时差：

$$TF_{5-7} = LF_{5-7} - ES_{5-7} - D_{5-7} = 13 - 4 - 2 = 7$$

工作的⑥→⑦的总时差：

$$TF_{6-7} = LF_{6-7} - ES_{6-7} - D_{6-7} = 13 - 8 - 5 = 0$$

工作的⑥→⑧的总时差：

$$TF_{6-8} = LF_{6-8} - ES_{6-8} - D_{6-8} = 17 - 8 - 6 = 3$$

工作的⑦→⑧的总时差：

$$TF_{7-8} = LF_{7-8} - ES_{7-8} - D_{7-8} = 17 - 13 - 4 = 0$$

工作的⑧→⑨的总时差：

$$TF_{8-9} = LF_{8-9} - ES_{8-9} - D_{8-9} = 22 - 17 - 5 = 0$$

计算结果见图 4-59。

图 4-59

在公式 $TF_{i-j} = LF_{i-j} - ES_{i-j} - D_{i-j}$ 中，由于最迟完成时间

$$LF_{i-j} = LS_{i-j} + D_{i-j}$$

所以

$$\begin{aligned} TF_{i-j} &= LF_{i-j} - ES_{i-j} - D_{i-j} \\ &= LS_{i-j} + D_{i-j} - ES_{i-j} - D_{i-j} \\ &= LS_{i-j} - ES_{i-j} \end{aligned} \quad (4-17)$$

工作的①→②的总时差：
$$TF_{1-2} = 0 - 0 = 0$$

工作的①→③的总时差：
$$TF_{1-3} = 3 - 0 = 3$$

工作的②→③的总时差：
$$TF_{2-3} = 1 - 1 = 0$$

工作的②→⑤的总时差：
$$TF_{2-5} = 8 - 1 = 7$$

工作的③→④的总时差：
$$TF_{3-4} = 5 - 5 = 0$$

工作的③→⑥的总时差：
$$TF_{3-6} = 5 - 5 = 0$$

工作的④→⑧的总时差：
$$TF_{4-8} = 12 - 8 = 4$$

工作的④→⑥的总时差：

$$TF_{4-6} = 8 - 8 = 0$$

工作的⑤→⑦的总时差：

$$TF_{5-7} = 11 - 4 = 7$$

工作的⑥→⑦的总时差：

$$TF_{6-7} = 8 - 8 = 0$$

工作的⑥→⑧的总时差：

$$TF_{6-8} = 11 - 8 = 3$$

工作的⑦→⑧的总时差：

$$TF_{7-8} = 13 - 13 = 0$$

工作的⑧→⑨的总时差：

$$TF_{8-9} = 17 - 17 = 0$$

与以上计算结果相符。

由(图4-59)可以看出，关键工作的总时差全为0。非关键工作的总时差全不为0。

在同一线路上，工作的总时差是相互联系的，若动用某工作的总时差，则会引起通过该工作的线路上所有工作的总时差的重新分配。

如图4-59中，工作①→③的总时差为3，若由于某种原因(刮风、下雨、人力、物力、材料供应等因素)致使工作①→③推迟3天完工，即工作①→③的工作持续时间由原来的2天变为5天，则其他工作的各参数都跟着变动，见图4-60。工作①→③由非关键工作变为关键工作。

图4-60

此时关键线路有4条：

①→③→④→⑥→⑦→⑧→⑨。
①→③→⑥→⑦→⑧→⑨。
①→②→③→④→⑥→⑦→⑧→⑨。

①→②→③→⑥→⑦→⑧→⑨。
$T_c=22$

图 4-59 中工作②→⑤的总时差为 7,工作⑤→⑦的总时差为 7,由某种原因致使工作②→⑤、⑤→⑦均推迟 7 天完工,即工作②→⑤的工作持续时间由原来的 3 天变为 10 天,工作⑤→⑦的工作持续时间由原来的 2 天变为 9 天,则,其他工作的各参数都跟着变动。计算结果见图 4-61,总工期 $T=29$ 天。由以上计算结果可以看出,若同时动用位于同一线路上工作的总时差,则可能影响总工期。

图 4-61

所以,总时差仅表示了一个工作在不影响总工期的前提下,可动用的最大机动时间。在一条线路上,仅动用一个工作的总时差,对总工期不会造成影响,若同时动用两个以上,则可能影响总工期。

为了使同时动用所有工作的时差,而不影响总工期,从而提出了自由时差的概念。

g. 自由时差。

自由时差是指在不影响其紧后工作最早开始时间的前提下,本工作可以利用的机动时间。工作 $i\to j$ 的自由时差用 FF_{i-j} 表示。

如图 4-62 所示,在不影响其紧后工作最早开始时间的前提下,一项工作可以利用的时间

图 4-62

范围是从该工作最早开始时间至其紧后工作最早开始时间扣除工作实际需要的持续时间 D_{i-j},尚有的一段时间就是自由时差,即

$$FF_{i-j} = ES_{j-k} - ES_{i-j} - D_{i-j} \tag{4-18}$$

或
$$FF_{i\text{-}j} = ES_{j\text{-}k} - EF_{i\text{-}j} \tag{4-19}$$

由于最后一道工作没有紧后工作,则 $ES_{j\text{-}k}$ 取计算工期 T_c,即
$$FF_{i\text{-}n} = T_p - ES_{i\text{-}n} \tag{4-20}$$

例如图 4-59 中,工作①→②的自由时差:
$$FF_{1\text{-}2} = ES_{2\text{-}3} - ES_{1\text{-}2} - D_{1\text{-}2} = 1 - 0 - 1 = 0$$

工作①→③的自由时差:
$$FF_{1\text{-}3} = ES_{3\text{-}4} - ES_{1\text{-}3} - D_{1\text{-}3} = 5 - 0 - 2 = 3$$

工作②→③的自由时差:
$$FF_{2\text{-}3} = ES_{3\text{-}4} - ES_{2\text{-}3} - D_{2\text{-}3} = 5 - 1 - 4 = 0$$

工作②→⑤的自由时差:
$$FF_{2\text{-}5} = ES_{5\text{-}7} - ES_{2\text{-}5} - D_{2\text{-}5} = 4 - 1 - 3 = 0$$

工作③→④的自由时差:
$$FF_{3\text{-}4} = ES_{4\text{-}6} - ES_{3\text{-}4} - D_{3\text{-}4} = 8 - 5 - 3 = 0$$

工作③→⑥的自由时差:
$$FF_{3\text{-}6} = ES_{6\text{-}8} - ES_{3\text{-}6} - D_{3\text{-}6} = 8 - 5 - 3 = 0$$

工作④→⑥的自由时差:
$$FF_{4\text{-}6} = ES_{6\text{-}8} - ES_{4\text{-}6} - D_{4\text{-}6} = 8 - 8 - 0 = 0$$

工作⑤→⑦的自由时差:
$$FF_{5\text{-}7} = ES_{7\text{-}8} - ES_{5\text{-}7} - D_{5\text{-}7} = 13 - 4 - 2 = 7$$

工作④→⑧的自由时差:
$$FF_{4\text{-}8} = ES_{8\text{-}9} - ES_{4\text{-}8} - D_{4\text{-}8} = 17 - 8 - 5 = 4$$

工作⑥→⑧的自由时差:
$$FF_{6\text{-}8} = ES_{8\text{-}9} - ES_{6\text{-}8} - D_{6\text{-}8} = 17 - 8 - 6 = 3$$

工作⑦→⑧的自由时差:
$$FF_{7\text{-}8} = ES_{8\text{-}9} - ES_{7\text{-}8} - D_{7\text{-}8} = 17 - 13 - 4 = 0$$

工作⑧→⑨的自由时差:
$$FF_{8\text{-}9} = T_c - ES_{8\text{-}9} - D_{8\text{-}9} = 22 - 17 - 5 = 0$$

计算结果见图 4-63。

由以上计算结果可知:

在关键线路上,各工作的自由时差全为 0;在非关键线路上,各工作的自由时差有的为 0,有的不为 0;工作的自由时差≤工作的总时差。自由时差是总时差的构成部分,总时差为 0 的工作,其自由时差一定为 0。

② 按节点计算法计算时间参数

a. 节点最早时间 ET_i

节点最早时间的计算应遵循以下规定:

● 节点 i 最早时间 ET_i,应从网络图的起点节点开始,顺箭线方向依次逐项计算。

● 起点节点 i 最早时间 ET_i,其值等于 0,即
$$ET_1 = 0 \tag{4-21}$$

● 中间节点:

当节点 j 只有一条内向箭线时,最早时间 ET_j 应为:
$$ET_j = ET_i + D_{i-j} \qquad (4-22)$$
式中:ET_j——紧前节点的最早开始时间;
D_{i-j}——工作 $i-j$ 的持续时间。

图 4-63

当节点 j 有多条内向箭线时,最早时间 ET_j 应为:
$$ET_j = \max\{ET_i + D_{i-j}\} \qquad (4-23)$$

● 网络计划的计算工期 T_c 应按下式计算:
$$T_c = ET_n \qquad (4-24)$$

式中:ET_n——终点节点 n 的最早时间。

以网络图 4-53 为例,计算网络图中各节点最早时间,计算结果见图 4-64。

b. 节点最迟时间 LT_i

节点最迟时间的计算应遵循以下规定:

● 节点 i 最迟时间 LT_i,应从网络计划的终点节点开始,逆着箭线方向依次逐项计算。

● 终点节点 n 最迟时间 LT_n,其值等于网络计划的计算工期 T_c,即
$$LT_n = T_c \qquad (4-25)$$

● 中间节点:

当节点 i 只有一条外向箭线时,最迟时间 LT_i 应为:
$$LT_i = LT_j - D_{i-j} \qquad (4-26)$$

式中:D_{i-j}——工作 $i-j$ 的持续时间;
LT_j——紧后节点的最迟时间。

当节点 i 有多条外向箭线时,最迟时间 LT_i 应为:
$$LT_i = \min\{LT_j - D_{i-j}\} \qquad (4-27)$$

以网络图 4-53 为例,计算网络图中各节点最迟时间。

节点⑨为终点节点：
$$LT_9 = T_c = 22$$
节点⑧为只有一条外向箭线的节点：
$$LT_8 = LT_9 - D_{8-9} = 22 - 5 = 17$$
节点⑦为只有一条外向箭线的节点：
$$LT_7 = LT_8 - D_{7-8} = 17 - 4 = 13$$
节点⑤为只有一条外向箭线的节点：
$$LT_5 = LT_7 - D_{5-7} = 13 - 2 = 11$$
节点⑥为有 2 条外向箭线的节点：
$$LT_6 = \min\{LT_8 - D_{6-8}, LT_7 - D_{6-7}\}$$
$$= \min\{17 - 6, 13 - 5\} = 8$$
节点④为有 2 条外向箭线的节点：
$$LT_4 = \min\{LT_8 - D_{4-8}, LT_6 - D_{4-6}\}$$
$$= \min\{17 - 5, 8 - 0\} = 8$$
节点③为有 2 条外向箭线的节点：
$$LT_3 = \min\{LT_6 - D_{3-6}, LT_4 - D_{3-4}\}$$
$$= \min\{8 - 3, 8 - 3\} = 5$$
节点②为有 2 条外向箭线的节点：
$$LT_2 = \min\{LT_3 - D_{2-3}, LT_5 - D_{2-5}\}$$
$$= \min\{5 - 4, 11 - 4\} = 1$$
节点①为有 2 条外向箭线的节点：
$$LT_1 = \min\{LT_3 - D_{1-3}, LT_2 - D_{1-2}\}$$
$$= \min\{5 - 2, 1 - 1\} = 0$$

计算结果见图 4-64。

图 4-64

③ 工作时间参数与节点时间参数的关系

- 工作 $i-j$ 的最早开始时间：
$$ES_{i-j} = ET_i \qquad (4-28)$$
- 工作 $i-j$ 的最早完成时间：
$$EF_{i-j} = ET_i + D_{i-j} \qquad (4-29)$$
- 工作 $i-j$ 的最迟开始时间：
$$LS_{i-j} = LT_j - D_{i-j} \qquad (4-30)$$
- 工作 $i-j$ 的最迟完成时间：
$$LF_{i-j} = LT_j \qquad (4-31)$$
- 工作 $i-j$ 的总时差：
$$TF_{i-j} = LT_j - ET_i - D_{i-j} \qquad (4-32)$$
- 工作 $i-j$ 的自由时差：
$$FF_{i-j} = ET_j - ET_i - D_{i-j} \qquad (4-33)$$

(2) 表上计算法

在网络计划中寻求关键线路可以列表进行计算，在表上计算时间参数，寻求关键线路的方法，称为表上计算法。

表上计算法的道理同图上计算法完全一样，懂得了图上计算法，就不难掌握表上计算法，它们的区别只是形式不同而已。

表上计算法的表格形式的选用，根据需要按项目多少，分为两种形式，一种表格列有工作编号、工作时间、最早开始时间、最迟开始时间及总时差等项(表 4-7)。

另一种表格除上述内容外，还包括最早、最迟结束时间，自由时差等(表 4-8)。

表 4-7 工作时间参数计算表

工作编号	工作时间 D_{i-j}	最早开始时间 ES_{i-j}	最迟开始时间 LS_{i-j}	总时差 TF_{i-j}	关键线路 C_P	日期
1	2	3	4	5	6	7

表 4-8 工作时间参数计算表

工作编号	工作时间 D_{i-j}	最早开始时间 ES_{i-j}	最早结束时间 EF_{i-j}	最迟开始时间 LS_{i-j}	最迟结束时间 LF_{i-j}	总时差 TF_{i-j}	自由时差 FF_{i-j}	关键线路 C_P	日期
1	2	3	4	5	6	7	8	9	10

表上计算法的计算步骤如下：

a. 计算工作的最早开始时间 ES_{i-j}

计算顺序：自上而下（图上计算法从左到右）。

计算方法：
- 凡是箭尾节点为起始节点的工作，其最早开始时间为 0。
- 只有一个紧前工作的中间工作，该工作的最早开始时间，等于其紧前工作的最早开始时间加上紧前工作的持续时间，即[3]=紧前([3]+[2])
- 有两个或两个以上的紧前工作的中间工作，该工作的最早开始时间，等于其紧前工作的最早开始时间加上紧前工作的持续时间之和的最大值。即[3]=max{紧前[3]+紧前[2]}。

以网络图 4-53 为例，利用表上计算法计算工作的最早开始时间 ES_{i-j}，计算结果见表 4-9。

表 4-9　某工程工作时间参数计算表

工作编号	工作时间 D_{i-j}	最早开始时间 ES_{i-j}	最早结束时间 EF_{i-j}	最迟开始时间 LS_{i-j}	最迟结束时间 LF_{i-j}	总时差 TF_{i-j}	自由时差 FF_{i-j}	关键线路 C_P	日期
①	2	3	4	5	6	7	8	9	10
①→②	1	0	1	0	1	0	0	√	
①→③	2	0	2	3	5	3	3		
②→③	4	1	5	1	5	0	0	√	
②→⑤	3	1	4	8	11	7	0		
③→④	3	5	8	5	8	0	0	√	
③→⑥	3	5	8	5	8	0	0	√	
④→⑥	0	8	8	8	8	0	0	√	
④→⑧	5	8	13	12	17	4	4		
⑤→⑦	2	4	6	11	13	7	7		
⑥→⑦	5	8	13	8	13	0	0	√	
⑥→⑧	6	8	14	11	17	3	3		
⑦→⑧	4	13	17	13	17	0	0	√	
⑧→⑨	5	17	22	17	22	0	0	√	
			$T_c=22$						

计算时应注意，在确定本工作的紧前工作时，一定要弄清楚，若某道工作的箭头编号与本工作的箭尾编号相同，则这个工作为本工作的紧前工作。

如工作②→⑤是工作⑤→⑦的紧前工作；工作②→③是工作③→④、③→⑥的紧前工作。

b. 计算工作的最早完成时间 ES_{i-j}

计算顺序：自上而下（图上从左到右）。

计算方法：工作的最早完成时间等于该工作的最早开始时间加上工作的持续时间。

$$EF_{i-j} = ES_{i-j} + D_{i-j}$$
$$[4] = [3] + [2]$$

计算法计算结果见表 4-9。

c. 计算工作的最迟开始时间 LS_{i-j}

计算顺序：自下而上（图上计算法从右到左）。

计算方法：

最后一道工作，其最迟开始时间等于计划工期减其持续时间，即
$$LS_{i-j} = T_c - D_{i-j}$$
表 4-9 中⑧→⑨都是最后一道工作，则
$$LS_{8-9} = T_c - D_{8-9} = 22 - 5 = 17$$
只有一个紧后工作的中间工作，该工作的最迟开始时间，等于其紧后工作的最迟开始时间减去本工作的持续时间，即
$$[5] = \{紧后[5] - [2]\}$$
表 4-9 中工作②→⑤有一道紧后工作⑤→⑦，则
$$LS_{2-5} = LS_{5-7} - D_{2-5} = 11 - 3 = 8$$
工作⑤→⑦有一道紧后工作⑦→⑧，则
$$LS_{5-7} = LS_{7-8} - D_{5-7} = 13 - 2 = 11$$
有两个或两个以上的紧后工作的中间工作，该工作的最迟开始时间，等于其紧后工作的最迟开始时间的最小值减去该工作的持续时间，即
$$[5] = \min\{紧后[5] - [2]\}$$
注意：某工作的箭尾号与该工作箭头号相同，则某工作为该工作的紧后工作。

计算结果见表 4-9。

d. 计算工作的最迟完成时间 LF_{i-j}

计算顺序：自上而下（图上计算法从左到右）。

计算方法：工作的最迟完成时间等于该工作的最迟开始时间加上工作的持续时间，即
$$LF_{i-j} = LS_{i-j} + D_{i-j}$$
$$[6] = [5] + [2]$$

计算结果见表 4-9。

e. 工作总时差 TF_{i-j}

计算顺序：自上而下。

计算方法：工作的总时差等于该工作最迟开始时间减去最早开始时间或最迟完成时间减去最早完成时间，即
$$TF_{i-j} = LS_{i-j} - ES_{i-j} = [5] - [3]$$
或
$$TF_{i-j} = LF_{i-j} - EF_{i-j} = [6] - [4]$$

计算结果见表 4-9。

f. 工作自由时差 FF_{i-j}

计算顺序：自上而下。

计算方法：工作的自由时差等于紧后工作最迟开始时间减去本工作的最早完成时间或等于紧后工作的最早开始时间减去本工作的最早开始时间，再减本工作的持续时间，即
$$FF_{i-j} = ES_{j-k} - EF_{i-j} = 紧后[3] - [4]$$
或
$$FF_{i-j} = ES_{j-k} - ES_{i-j} - D_{i-j} = 紧后[3] - [3] - [2]$$

g. 确定关键线路

凡最早开始时间等于最迟开始时间的工作都是关键工作。4.9 凡符合[3]=[5]条件的，在表中第 9 栏打"√"。

表 4-9 中关键线路有 2 条：

①→②→③→④→⑥→⑦→⑧→⑨。
①→②→③→⑥→⑦→⑧→⑨。

$$T_c = 22$$

h. 确定工程的开工日期及完工日期

表 4-9 中工期是实际工作天，还要将实际工作天换算成日历天，确定工程的开工日期和竣工日期。若该工程是从 2008 年 9 月 1 日开工，中间有两个休息日，竣工日期是 9 月 24 日。

4.2.3.6 破圈法

前述图上计算法，表上计算法，这是寻求关键线路的主要方法。

有的网络图，不需进行各项时间参数计算，只要找出关键线路就行了，现介绍一种求关键线路的简捷方法，即破圈法。

1. 破圈法的原理

对于只有一个起点和一个终点的网络图，我们从原始节点开始，按编号从小到大的顺序逐个考察节点，找出第一个有两根或两根以上箭头流进的节点，设为 i，按下述原则比较其中两根流进 i 的箭头：从 i 逆着这两根箭头往回走回去，一定可以走到相同的节点，设为 a，由 a 到 i，有两条可行路线（顺箭头方向），比较二者的长度，即线路上的工作所需时间之和，把较短线路流进 i 的一根箭头去掉（注意只去掉一根），便可把较短线路断开。即破掉这两根线路构成的圈，如图 4-65 所示。

图 4-65 中流进节点 i 的线路有两条，$a \to b \to d \to i$ 线路长度 8 天，$a \to e \to f \to i$ 线路长度 9 天，断掉短的（图 4-66）。

图 4-65

图 4-66

如果两条线路时间相同,则保留不动。继续比较 i 以后的节点,一直到终点为止。

2. 步骤

① 从编号小的到大的逐个考察;
② 找出有两个以上箭头流进的节点;
③ 逆箭头方向找到起点节点,比较时间长短,断开短的;
④ 若两条线路时间相等,则保留不动;
⑤ 能从起点至终点的为关键线路。

3. 实例

【案例 4-5】 某工程网络图如图 4-67 所示。

图 4-67

问题:

用破圈法找出关键线路。

分析与解答:

按上述原理从起点节点①开始,逐个破圈。

第一个圈:(图 4-68)破掉短的①→③。
第二个圈:(图 4-69)破掉短的②→⑤。
第三个圈:(图 4-70)破掉短的①→⑥。

以此类推,直到终点节点为止。

图 4-68　　　　图 4-69　　　　图 4-70

关键线路共有 3 条:

①→②→③→④→⑥→⑦→⑨→⑩→⑪→⑫;
①→②→③→④→⑦→⑨→⑩→⑪→⑫;
①→②→③→④→⑤→⑨→⑩→⑪→⑫。

总工期 $T=37$ 天(图 4-71)。

图 4-71

4.2.4 双代号时标网络计划

4.2.4.1 双代号时标网络计划的概念

双代号时标网络计划是时间坐标为尺度编制的网络计划。

双代号时标网络计划是一般网络计划与横道计划的有机结合,是一种带时间坐标的网络计划,它采用在横道图的基础上引进网络计划中各施工过程之间逻辑关系的表达方法。在无时标网络图中,箭线长短并不表明工序工作时间长短,而在时标网络图中,箭线长表示该工序工作时间长,箭线短表明该工序工作时间短。

时标网络计划的形式同横道计划,它表达清晰醒目,在编制过程中,就能看出前后各工序的逻辑关系,这样既解决了横道计划中各施工过程关系表达不明确,又解决了网络计划时间表达不直观的问题。图 4-72 所示的是一个无时标网络计划,图 4-73 所示的是它的时标网络计划形式。

图 4-72

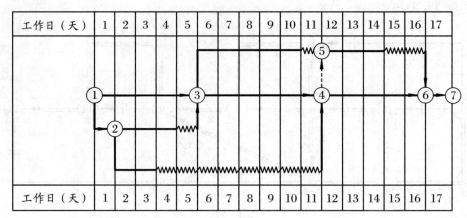

图 4-73

4.2.4.2 时标网络计划的特点

① 时标网络计划既是一个网络计划,又是一个水平进度计划,时标网络计划中,工作箭线的长度与工作的工作延续时间长短一致。

因此,这种网络计划表达施工过程比较直观,容易理解。

② 时标网络计划可以直接显示各工作的时间参数并能在图上调整时差,进行网络计划的时间和资源的优化。

③ 时标网络计划在绘制中受到坐标的限制,容易发现"网络回路"之类的逻辑错误。

④ 时标网络计划便于在图上计算劳动力、材料、机具等资源需要量,便于绘制资源消耗动态曲线。

⑤ 由于箭线的长短受到时间坐标的限制,因此绘图比较麻烦,时标网络计划的修改和调整,不如一般网络计划方便(对一般网络计划,若改变某一工作的工作时间,只要更动箭线上标注的时间数字就行了,十分简便。但时标网络计划是用箭线的长短来表示某工作的工作时间,若改变工作持续时间就需改变箭线的长度和位置,这样就会引起整个网络图的变动)。

4.2.4.3 时标网络计划的适用范围

① 编制工作项目较少,工艺过程较简单的建筑施工计划,能迅速地边绘边计算、边调整;

② 对于大型复杂工程,可采用常用的非时标网络计划,也可先用时标网络计划绘制各分部、分项工程的网络计划,然后再综合起来绘制出较简明的总网络计划。

也可先编制一个总的施工网络计划,根据工程性质、所需详细程度和工程的复杂性,再绘制分部分项工程的时标网络计划。在执行过程中,如果时间有变化,则不必改动整个网络计划,而只对这一阶段的时标网络计划进行修改。

4.2.4.4 时标网络计划的绘制方法

时标网络计划一般按工作的最早开始时间编制。其绘制方法和步骤如下:

① 先绘制无时标双代号网络图,计算时间参数,确定关键工作及关键线路。

② 根据需要确定时间单位并绘制时标横轴。

③ 根据工作最早开始时间确定各节点的位置。

从起点节点开始,逐个画出各节点。

④ 依次在各节点间绘出箭线及时差。

箭线最好画成水平方向,以直接表示其工作延续时间。如箭线画成斜线、折线等,则以水平投影长度为工作延续时间。如箭线的长度不能与后面节点相连,则用水平波形线从箭杆端部画至后面节点处,水平波形线的水平投影长度,即为该工作的自由时差。

绘制时宜先画关键工作、关键线路,再画非关键工作。

⑤ 用虚箭线连接各有关节点,虚工作一般以垂直虚箭线表示,在时标网络图中,有时会出现虚箭线有时间长度情况,其水平投影长度为该虚工作的自由时差。

⑥ 把时差为 0 的箭线,从起点节点到终点节点连接起来并加粗,即为该网络计划的关键线路。

【案例 4-6】 某工程网络图如图 4-72 所示。

问题:

试绘制其时标网络图。

分析与解答:

① 绘制无时标双代号网络图,计算时间参数,确定关键工作及关键线路,如图 4-42 所示。

② 根据需要确定时间单位并绘制时标横轴(图 4-74)。

③ 根据工作最早开始时间确定各节点的位置。

首先确定关键线路上的各节点,工作①→③最早开始时间为 0,工作③→④最早开始时间为 5,工作④→⑥最早开始时间为 11,工作⑥→⑦最早开始时间为 16(图 4-74)。

然后确定非关键线路的各节点,工作②→③最早开始时间为 1,工作②→⑥最早开始时间为 11(图 4-74)。

劳动力需要量曲线

图 4-74

④ 依次在各节点间绘出箭线及时差。

各节点间箭线的水平长度等于工作持续时间,如箭线的长度不能与后面节点相连,则用水平波形线从箭杆端部画至后面节点处,水平波形线的水平投影长度,即为该工作的自由时差(图 4-74)。

⑤ 用虚箭线连接各有关节点,虚工作一般以垂直虚箭线表示(图 4-74)。

⑥ 把时差为 0 的箭线,从起点节点到终点节点连接起来并加粗,即为该网络计划的关键线路,图 4-74 中①→③→④→⑥→⑦为关键线路。

4.2.4.5 时间参数的判读

1. 最早时间参数

按最早时间绘制的时标网络计划,每条箭线箭尾和箭头所对应的时标值应为该工作的最早开始时间和最早完成时间。

图 4-74 中,工作①→③的最早开始时间为 0,最早完成时间为 5;工作①→②的最早开始时间为 0,最早完成时间为 1;工作②→③的最早开始时间为 1,最早完成时间为 4;工作②→④的最早开始时间为 1,最早完成时间为 3;工作③→④的最早开始时间为 5,最早完成时间为 11;工作③→⑤的最早开始时间为 5,最早完成时间为 10;工作④→⑥的最早开始时间为 11,最早完成时间为 16;工作⑤→⑥的最早开始时间为 11,最早完成时间为 14,工作⑥→⑦最早开始时间为 16,最早完成时间为 17。

2. 自由时差

波形线的水平投影长度即为该工作的自由时差。

图 4-74 中,工作②→③的自由时差为 1;工作②→④的自由时差为 8,工作③→⑤的自由时差为 1,工作⑤→⑥的自由时差为 2。

3. 总时差

自右向左进行,其值等于诸紧后工作的自由时差之和的最小值与本工作的自由时差之和,即

$$TF_{i-j} = \min\{\sum FF_{j-k}\} + FF_{i-j}$$

图 4-74 中,工作⑤→⑥只有 1 个紧后工作⑥→⑦:

$$TF_{5-6} = FF_{6-7} + FF_{5-6} = 0 + 2 = 2$$

工作③→⑤有 2 个紧后工作⑤→⑥、⑥→⑦:

$$TF_{3-5} = FF_{5-6} + FF_{3-5} = 2 + 0 + 1 = 3$$

工作②→③有 6 个紧后工作③→④、③→⑤、④→⑤、④→⑥、⑤→⑥、⑥→⑦,为 3 条线路。

线路③→⑤→⑥→⑦:

$$\sum FF_{j-k} = FF_{3-5} + FF_{5-6} + FF_{6-7} = 1 + 2 + 0 = 3$$

线路③→④→⑤→⑥→⑦:

$$\sum FF_{j-k} = FF_{3-4} + FF_{4-5} + FF_{5-6} + FF_{6-7} = 0 + 0 + 2 + 0 = 2$$

线路③→④→⑥→⑦:

$$\sum FF_{j-k} = FF_{3-4} + FF_{4-6} + FF_{6-7} = 0 + 0 + 0 = 0$$

$$TF_{2-3} = \min\{3, 2, 0\} + 1 = 1$$

工作②→④有 4 个紧后工作④→⑤、④→⑥、⑤→⑥、⑥→⑦,为 2 条线路。

线路④→⑤→⑥→⑦:

$$\sum FF_{j-k} = FF_{4-5} + FF_{5-6} + FF_{6-7} = 0 + 2 + 0 = 2$$

线路④→⑥→⑦:

$$\sum FF_{j-k} = FF_{4-6} + FF_{6-7} = 0 + 0 = 0$$

$$TF_{2-4} = \min\{2, 0\} + 8 = 8$$

4. 最迟时间参数

最迟开始时间 LS_{i-j} 和最迟完成时间 LF_{i-j} 应按下式计算：

$$LS_{i-j} = ES_{i-j} + TF_{i-j}$$
$$LF_{i-j} = EF_{i-j} + TF_{i-j}$$

式中：ES_{i-j}——最早开始时间；

EF_{i-j}——最早完成时间；

TF_{i-j}——总时差。

如图 4-74 所示的关键线路及各时间参数的判读结果见图中标注。

工作③→④：
$$LS_{3-4} = ES_{3-4} + TF_{3-4} = 5 + 0 = 5$$
$$LF_{3-4} = EF_{3-4} + TF_{3-4} = 11 + 0 = 11$$

工作②→③：
$$LS_{2-3} = ES_{2-3} + TF_{2-3} = 1 + 1 = 2$$
$$LF_{2-3} = EF_{2-3} + TF_{2-3} = 4 + 1 = 5$$

工作②→④：
$$LS_{2-4} = ES_{2-4} + TF_{2-4} = 1 + 8 = 9$$
$$LF_{2-4} = EF_{2-4} + TF_{2-4} = 3 + 8 = 11$$

工作③→⑤：
$$LS_{3-5} = ES_{3-5} + TF_{3-5} = 5 + 3 = 8$$
$$LF_{3-5} = EF_{3-5} + TF_{3-5} = 10 + 3 = 13$$

工作⑤→⑥：
$$LS_{5-6} = ES_{5-6} + TF_{5-6} = 11 + 2 = 13$$
$$LF_{2-4} = EF_{5-6} + TF_{5-6} = 14 + 2 = 16$$

4.2.5 单代号网络图

4.2.5.1 单代号网络图的基本概念

1. 节点

在单代号网络图中，用节点表示工作。节点可以采用圆圈，也可以采用方框。工作名称或内容、工作编号、工作持续时间以及工作时间参数都可以写在圆圈上或方框上。常用的几种节点表示形式如图 4-75 所示。

2. 箭杆

单代号网络图中的箭杆仅表示工作时间的逻辑关系，它既不占用时间也不消耗资源，这点与双代号网络图中的箭杆完全不同。箭杆的箭头表示工作的前进方向，箭尾节点工作为箭头节点工作的紧前工作。在单代号网络图中表达逻辑关系时并不需要虚箭杆，但可能会引进虚工作，这是由于单代号网络图也必须只有一个原始节点和一个结束节点，当几个工作同时开始或同时结束时，就必须引入虚工作（节点），其中 St 和 Fin 为虚拟工作，如图 4-75 所示。

4.2.5.2 单代号网络图的绘制

单代号网络图的绘制原则：

① 因为每个节点只能表示一项工作,所以各节点的代号不能重复;
② 用数字代表工作的名种时,宜由小到大按活动先后顺序编写;
③ 不允许出现循环的路线;
④ 不允许出现双向的箭杆或无箭头的箭杆;
⑤ 除原始节点和结束节点外,其他所有节点都应有指向箭杆和背向箭杆;
⑥ 在一幅网络图中,单代号网络图只应有一个起点节点和一个终点节点,当网络图中有多项起点节点或多项终点节点时,应在网络图的两端分别设置一项虚工作,作为该网络图的起点节点和终点节点。

单代号网络图的绘图规则大部分与双代号网络图的绘图规则相同,绘制容易,不易出错,关键是要处理好箭杆交叉,使图形规则,容易读图。

【案例 4-7】 已知某工程由 9 项工作组成,各工作之间的逻辑关系如表 4-10 所示。

表 4-10

工作代号	A	B	C	D	E	F	G	H	I
紧后工作	CDEF	EF	G	H	H	I	—	—	—

问题:
试绘制单代号网络计划图。
分析与解答:
绘制结果如图 4-75 所示。

图 4-75

在单代号网络计划图中,若有几个工作同时开始,应引入一个"始"节点;若有几个工作同时结束,应引入一个"终"节点。引入的"始"节点与"终"节点都是虚拟的节点,它们不消耗时间和资源。

4.2.5.3 单代号网络图的计算

在单代号网络图中的计算中常用下列符号来表示工作的各种时间参数:

D_i——工作 i 的持续时间;

ES_i——工作 i 的最早开始时间,又叫工作的最早可能开始时间;

EF_i——工作 i 的最早结束时间,又叫工作最早可能结束时间或最早完成时间;

LS_i——工作 i 的最迟开始时间;

LF_i——工作 i 的最迟结束时间;

TF_i——工作 i 的总时差;

FF_i——工作 i 的自由时差。

1. 工作的最早开始时间

工作的最早开始时间表示该工作的所有紧前工作都已完成,本工作可以开工。

计算方法:从开始节点起,沿箭线方向,依次计算每一个节点时,只看内向箭线,直到终点节点为止。整个计算过程是一个加法过程。

开始节点最早开始时间为零,即

$$ES_i = 0 \tag{4-34}$$

(1) 只有一个紧前节点的中间节点

当只有一个紧前节点的中间节点时,该节点的最早开始时间等于紧前节点的最早开始时间,加上该紧前节点的持续时间。

如图 4-76 所示:

$$ES_j = ES_i + D_i \tag{4-35}$$

式中:D_i——工作 i 工作持续时间;

D_j——工作 j 工作持续时间。

图 4-76

(2) 有两个或两个以上紧前节点的中间节点

当有两个或两个以上紧前节点的中间节点时,该节点的最早开始时间等于紧前节点最早开始时间,加上该紧前工作的持续时间之和的最大值。

如图 4-77 所示:

$$ES_n = \max\{ES_j + D_j, ES_m + D_m\} \tag{4-36}$$

2. 最早完成时间 EF_i

工作的最早完成时间等于该工作的最早开始时间加上其持续时间。

$$EF_i = ES_i + D_i \tag{4-37}$$

3. 网络计划的计算工期

T_c 等于网络计划的终点节点 n 的最早完成时间 EF,即

$$T_c = EF_n \tag{4-38}$$

4. 计算相邻两项工作之间的时间间隔 $LAG_{i,j}$

相邻两项工作 i 和 j 之间的时间间隔 $LAG_{i,j}$ 等于紧后工作 j 的最早开始时间 ES_j 和本工作的最早完成时间 EF_i 之差,即

$$LAG_{i,j} = ES_j - EF_i \tag{4-39}$$

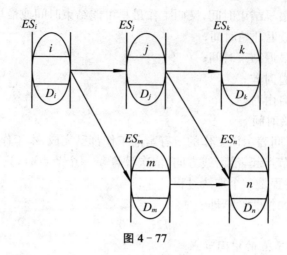

图 4-77

5. 计算工作自由时差 FF_i

① 若工作 i 为结束工作,没有紧后工作,其自由时差 FF_i 等于计划工期 T_p 减该工作的最早完成时间 EF_n,即

$$FF_n = T_p - EF_n \tag{4-40}$$

② 当工作 i 有紧后工作 j 时,其自由时差 FF_i,等于该工作与其紧后工作 j 之间的时间间隔 $LAG_{i,j}$ 最小值,即

$$FF_i = \min\{LAG_{i,j}\} \tag{4-41}$$

6. 计算工作总时差 TF

工作 i 的总时差 TF_i 应从网络计划的终点节点开始,逆着箭线方向依次逐项计算。

① 网络计划终点节点的总时差 TF_n,如计划工期等于计算工期,其值为零,即

$$TF_n = 0 \tag{4-42}$$

② 其他工作 i 的总时差 TF_i 等于该工作的各个紧后工作 j 的总时差 TF_j 加该工作与其紧后工作之间的时间间隔 $LAG_{i,j}$ 之和的最小值。即

$$TF_i = \min\{TF_j + LAG_{i,j}\} \tag{4-43}$$

7. 计算工作的最迟开始时间和最迟完成时间

① 工作 i 的最迟开始时间 LS_i 等于该工作的最早开始时间 ES_i 加上其总时差 TF_i 之和,即

$$LS_i = ES_i + TF_i \tag{4-44}$$

② 工作 i 的最迟完成时间 LF_i,等于该工作的最早完成时间 EF_i 加上其总时差 TF_i 之和,即

$$LF_i = EF_i + TF_i \tag{4-45}$$

8. 关键工作和关键线路的确定

① 关键工作:总时差最小的工作是关键工作;

② 关键线路的确定按以下规定:从起点节点开始到终点节点均为关键工作,且所有工作的时间间隔为零的线路为关键线路。

【案例 4-8】 某工程单代号网络图如图 4-78 所示。

问题:

计算单代号网络图的各种时间参数,并确定关键线路。

分析与解答:

图 4-78

① 计算工作的最早开始时间

$$ES_1 = 0$$
$$ES_2 = 0 + 5 = 5$$
$$ES_3 = 0 + 5 = 5$$
$$ES_4 = 5 + 10 = 15$$
$$ES_5 = 5 + 5 = 10$$
$$ES_6 = \max\{15 + 10, 10 + 10\} = 25$$

计算结果见图 4-79。

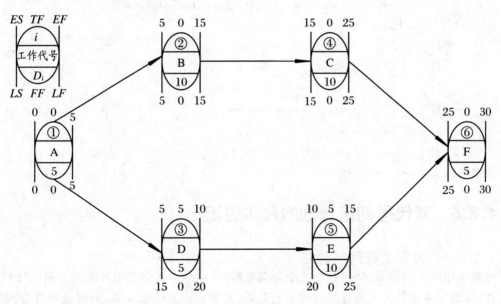

图 4-79

② 计算工作的最早完成时间

$$EF_1 = 0 + 5 = 5$$
$$EF_2 = 5 + 10 = 15$$

$$EF_3 = 5 + 5 = 10$$
$$EF_4 = 15 + 10 = 25$$
$$EF_5 = 10 + 10 = 20$$
$$EF_6 = 25 + 5 = 30$$

计算结果见图 4-79。

③ 网络计划的计算工期
$$T_c = 30$$

④ 计算相邻两项工作之间的时间间隔 $LAG_{i,j}$
$$LAG_{1,2} = 5 - 5 = 0$$
$$LAG_{1,3} = 5 - 5 = 0$$
$$LAG_{2,4} = 15 - 15 = 0$$
$$LAG_{3,5} = 10 - 10 = 0$$
$$LAG_{4,6} = 25 - 25 = 0$$
$$LAG_{5,6} = 25 - 15 = 10$$

计算结果见图 4-79。

⑤ 计算工作自由时差 FF_i
$$FF_6 = 30 - 30 = 0$$
$$FF_5 = LAG_{5,6} = 5$$
$$FF_3 = LAG_{3,5} = 0$$
$$FF_4 = LAG_{4,6} = 0$$
$$FF_2 = LAG_{2,4} = 0$$
$$FF_1 = \min\{LAG_{1,5}, LAG_{1,3}\} = \min\{0,0\} = 0$$

⑥ 计算工作总时差 TF_i
$$TF_n = TF_6 = 0$$
$$TF_4 = TF_6 + LAG_{4,6} = 0 + 0 = 0$$
$$TF_2 = TF_4 + LAG_{2,4} = 0 + 0 = 0$$
$$TF_5 = TF_6 + LAG_{5,6} = 0 + 5 = 5$$
$$TF_3 = TF_5 + LAG_{3,5} = 5 + 0 = 5$$
$$TF_1 = \min\{TF_2 + LAG_{1,2}, TF_3 + LAG_{1,3}\} = \{0+0, 5+0\} = 0$$

关键线路为①→②→④→⑥。

4.2.6 双代号网络计划的具体应用

4.2.6.1 分部工程网络计划

按照房屋的部位不同,将其分为几个分部工程,分别绘制各分部工程的施工网络计划。绘制过程中,既要考虑各施工过程之间的工艺关系,又要考虑其组织关系,同时还应注意网络图的构图。

1. 基础工程施工网络计划

(1) 砖基础

若将砖基础划分为挖土、垫层、砖基、回填土等 4 个施工过程,划分两个施工段组织流水施工,按施工过程排列的网络计划如图4-80所示。

图4-80 砖基础分部工程施工网络计划(2个施工段)

若将砖基础划分为4个施工过程,划分3个施工段组织流水施工,按施工段排列的网络计划如图4-81所示。

图4-81 砖基础分部工程施工网络计划(3个施工段)

(2) 钢筋混凝土条形基础

若该基础分为挖土、垫层、模板与钢筋、浇混凝土、砌砖基、浇防水带、回填土等施工过程,划分两个施工段组织流水施工,按施工段排列的网络计划如图4-82所示。

图4-82 钢筋混凝土条形基础分部工程施工网络计划

2. 主体工程网络计划

(1) 砖混结构

当主体工程划分为砌砖墙、楼盖2个施工过程时,每层楼分2个施工段组织施工,其施工网络计划如图4-83所示。

图 4-83 2个施工段的网络计划图

当主体工程划分砌砖墙、现浇圈梁、安装楼板3个施工过程时,每层楼分3个施工段组织施工,其标准层流水施工网络图如图4-84所示。

图 4-84 3个施工段的网络计划图

(2) 框架结构

现浇框架结构划分为支模板、扎钢筋、浇混凝土3个施工过程,每层3个施工段组织流水施工,其标准层施工网络计划如图4-85所示。

图 4-85 框架结构主体分部工程施工网络计划

3. 屋面工程施工网络计划

没有高低层,且没有设置变形缝的屋面工程,一般不分段施工,即只能采用依次施工方式组织施工。某刚性防水屋面工程,划分屋面细石混凝土、屋面嵌缝与分仓缝两个施工过程,其施工网络计划如图 4-86 所示。

图 4-86 刚性防水屋面分部工程施工网络计划

4. 装饰工程施工网络计划

图 4-87 所示为某 5 层房屋,划分 5 个施工过程、5 个施工段组织流水施工,按施工过程排列的内装饰施工网络计划。

图 4-87 装饰分部工程施工网络计划

4.2.6.2 单位工程施工网络计划

1. 混合结构房屋施工网络计划

① 某宿舍工程,砖混结构,6 层,面积 2060 m^2,现浇钢筋混凝土楼板,施工网络如图 4-88 所示;

② 5 层 4 单元混合结构住宅标准网络计划

图 4-89 为某 5 层 4 单元混合结构住宅标准网络计划,主体结构分 4 个流水段,装修工程自上而下,同时插入水、暖、电、油的工作。

由图 4-89 可以看出,一至四层结构及五层砌墙处于关键线路上,装修阶段五层地面,五层至一层抹灰等工序在关键线路上。

2. 单层工业厂房工程施工网络计划

图 4-90 是某纺织厂新建主厂房工程施工网络计划。厂房面积 18 000 m^2,呈锯齿形,共 13 跨,柱网 9 m×13.8 m,厂房全长 123 m,宽 109 m,高 9 m。预制 T 形梁长 13.8 m,空心风

图 4-88 宿舍工程网络计划

图 4-89 5层4单元混合结构住宅标准网络计划

图 4-90 某纺织厂单层工业厂房工程施工网路计划

道梁和∧形三角架,预应力空心屋面板,上铺沥青矿渣棉保温,轻钢檩条,石棉瓦屋面,天窗为双层钢窗,地下设有风道,地面在混凝土或钢筋混凝土垫层上做水磨石或抹水泥或菱苦土,天棚、墙面、梁、柱一律刮腻子,并有大量油漆墙裙。

4.2.7 网络计划的优化

网络计划经绘制计算后,可得出最初方案,这个方案只是一种可行方案,但不是最佳的方案,也不是最好的方案,还必须进行网络计划优化。

网络计划的优化,是利用时差来实现的。时差是调整优化的基础,调整与优化只能在时差范围内进行,通过调整与优化,最初的时差逐渐减少,甚至全部消失,每次优化后又要重新计算各时间参数,并重新确定关键线路。随着逐步优化,关键工作逐渐增加,非关键工作的时差逐渐减少,直至达到需要的目标。

网络计划优化的内容:
① 保证工期,暂不考虑资源:工期优化;
② 工期较短,费用最小,工期——费用优化;
③ 资源有限,工期最短;工期规定,资源最少,工期资源优化。

4.2.7.1 工期优化

工期优化的目的,是使网络计划满足规定工期的要求,保证按期完成工程任务,网络计划最初方案的总工期,即计算总工期 T_c,也即关键线路的延续时间。可能小于或等于要求工期 T_r,也可能大于要求工期 T_r。

1. 计算工期小于或等于要求工期

$$T_c \leqslant T_r$$

如果计算工期小于要求工期不多或两者相等,一般不必优化。

如果计算工期小于要求工期较多,则宜优化。优化方法是:延长关键工作中资源占用量大或直接费用高的工作持续时间(相应减少其资源需用量),重新计算各工作时间参数,反复多次进行,直至满足要求工期为止。

【案例 4-9】 已知网络计划如图 4-91 所示,规定工期 $T_r = 58$ 天。

图 4-91

问题：

试进行调整。

分析与解答：

① 按极限时间计算工作的最早开始时间 ES_{i-j} 和最迟开始时间 LS_{i-j}，确定关键线路。该网络计划的关键线路为：①→②→③→④→⑤，计算工期 $T_c=53$ 天。

② 对网络计划进行调整：

由于规定工期 $T_r=58$ 天，所以需延长计算工期 $T_r-T_c=58-53=5$（天），为此增加关键工作的工作持续时间。本例关键线路上有 3 项工作，①→②、③→④、④→⑤，工作③→④费用率最高，延长 2 天，则持续时间为 20 天；工作④→⑤费用率次之，延长 3 天，则持续时间为 16 天。延长后的网络计划见图 4-92。

③ 重新计算网络计划各参数（图 4-92），满足要求。

图 4-92

2. 计算工期大于要求工期

当计算工期大于要求工期时，可通过压缩关键工作的持续时间来达到优化目标。由于关键线路的缩短，次关键线路可能转化为关键线路。当优化过程中出现多条关键线路时，必须同时压缩各条关键线路的持续时间，才能有效地将工期缩短。

（1）优化步骤

工期优化计算，应按下述步骤进行：

① 计算并找出初始网络计划的计算工期、关键线路及关键工作；

② 按要求工期计算应缩短的时间 ΔT：

$$\Delta T = T_c - T_r$$

③ 确定各关键工作能缩短的时间；

④ 选择关键工作、压缩其持续时间，并重新计算网络计划的工期；

⑤ 若计算工期仍超过要求工期，则重复以上步骤，直到满足工期要求或工期已不能再缩短为止；

⑥ 当所有关键工作或部分关键工作已达到最短持续时间而寻求不到持续压缩工期的方案，但工期仍不满足要求工期时，应对计划的原技术、组织方案进行调整，或对要求工期重新审定。

(2) 选择应缩短持续时间的关键工作考虑因素

① 缩短持续时间对质量和安全影响不大;

② 备用资源充足;

③ 缩短持续时间所需增加的费用最少。

【案例 4-10】 已知双代号网络计划如图 4-93 所示,假定要求工期为 40 天。

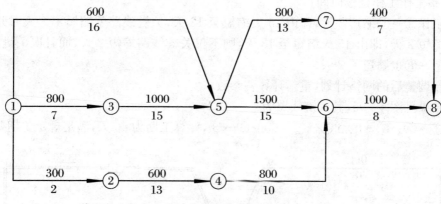

图 4-93

问题:

试进行工期优化。

分析与解答:

① 计算网络计划的时间参数,确定关键线路。

如图 4-94 所示,关键线路为:①→③→⑤→⑥→⑧,计算工期为 45 天;

图 4-94

② 分析线路长度:

①→⑤→⑦→⑧,36 天;

①→③→⑤→⑦→⑧,42 天;

①→③→⑤→⑥→⑧,45 天;

①→⑤→⑥→⑧,39 天;

①→②→④→⑥→⑧,33 天。

关键线路 45 天,次关键线路 42 天。如果只缩短关键线路 5 天,则次关键线路 42 天成为关键线路,仍不能满足要求,所以还须同时将次关键线路缩短 2 天。

该网络计划应缩短的时间:

$$\Delta T = 45 - 40 = 5(\text{天})$$

③ 调整工作工作延续时间:

如将工作⑤→⑥缩短 3 天,即由 15 天缩短至 12 天,关键线路就缩短了 3 天时间;再将工作③→⑤缩短 2 天,即由 15 天缩短至 13 天,则不仅关键线路缩短 2 天,而且次关键线路①→③→⑤→⑦→⑧也缩短了 2 天。

④ 绘制调整后的网络计划,重新计算各参数:

计算结果见图 4-95,其关键线路为:

①→③→⑤→⑦→⑧和①→③→⑤→⑥→⑧,计算工期为 40 天,满足规定工期要求。

图 4-95

4.2.7.2 工期——费用优化

在网络计划中,时间与费用的均衡是一个重要的课题。怎样使计划以最短的时间和最少的费用完成,这就必须研究时间与费用问题,寻求最优工期。

最优工期,是指完成计划的时间较短而费用最小的工期。寻求最优工期是从完成任务的最短时间和费用与正常时间和费用出发,找出时间较短,费用最少的合理方案。

工期与费用有着密切的关系,一般来说为缩短工期要增加费用,延长工期可节省费用。工程的成本由直接费用和间接费用两部分组成。

直接费——是建筑工程所需的人工费、材料费和施工机械使用费等;间接费——由施工管理费等项目组成。

由于工程所采用的施工方案不同,对直接费影响较大,对间接费也有影响,与施工工期、施工方案及工程成本更有密切的关系。

一般说来,工程的直接费是随着工期缩短而增加,如工程采取缩短工期的措施,往往会增加工程成本。例如增加工人数、增加工作班次、增加施工机械和设备数量及更换大功率的施工机械、混凝土采用早强剂、混凝土的加热养护,以上这些措施,都会增加工程成本。

工程的间接费包括管理人员、后勤人员工资,全工地性设施的租赁费,现场一切临时设施,公用福利事业费及利息等。一般说来,缩短工期会引起直接费用的增加和间接费用的减少,延长工期会引起直接费用的减少和间接费用的增加。我们要求的是直接费用和间接费用总和最小,即费用最小的工期为最优工期,如图 4-96 所示。从工期—费用曲线中可以看出:任何一个工程都有一个最优工期,即费用总和的最低点 B。

一般来说,直接费随着工作时间的改变而变化,其变化情况如图 4-97 所示的虚线曲线。欲缩短时间,即加快速度,通常要增加工人、机械设备,增加材料等,直接费用则跟着增加。然而工作时间缩短至某一限度,即无论增加多少直接费用,再也不能缩短工期。此限界称为临界点,此时的时间为最短时间(极限时间),称为临界时间。此时的费用叫做最短时间费用(极限费用)或临界费用。

反之,若延长时间,则可减少直接费用,然而时间延长至某一界限,即无论将工期延长至多长,再也不能减少直接费用。此限界称为正常点。此限界的最小直接费用称为正常费用。此相对应之时间称为正常时间,如图 4-97 所示。

T_C 为极限工期;T_N 为正常工期;T_0 为最优工期;

图 4-96 工期——费用曲线

图 4-97 直接费用与时间的关系

连接正常点与临界点之曲线,称为费用曲线,事实上此曲线并非光滑的曲线,而为一折线,为计算方便,假定 A 点与 B 点为直接连接的直线,如图 4-97 所示。

由于假定 A 点与 B 点是直线连接,这样单位时间内费用的变化是固定的,我们把单位时间内费用的变化称为费用率,用 ΔC_{i-j} 表示。

$$\Delta C_{i-j} = \frac{CC_{i-j} - CN_{i-j}}{DN_{i-j} - DC_{i-j}} \quad (4-46)$$

式中:CC_{i-j}——将工作 $i-j$ 持续时间缩短为最短持续时间后,完成该工作所需的直接费用,又叫极限费用;

CN_{i-j}——在正常条件下完成工作 $i-j$ 所需的直接费用,又叫正常费用;

DN_{i-j}——工作 $i-j$ 的正常持续时间,又叫正常时间;

DC_{i-j}——工作 $i-j$ 的最短持续时间,又叫极限时间。

如图 4-98 所示,当根据工程量和有关定额,工作面的大小,合理劳动组织等条件确定的正常时间为 35 天,相应的正常费用为 150 元。倘若考虑增加劳动人数、机械台数及工作班数等措施后可能采用的极限时间(最短时间)为 10 天,相应的极限费用为 450 元,所以单位时间费用率(ΔC_{i-j}):

$$\Delta C_{i-j} = \frac{CC_{i-j} - CN_{i-j}}{DN_{i-j} - DC_{i-j}}$$

$$= \frac{450 - 150}{35 - 10} = 12(元/天)$$

时间缩短一天,费用增加 12 元;反之,时间增加一天,费用降低 12 元。

图 4-98

不同工作（或工作）的费用率是不同的，费用率愈大，表示施工的时间减少一天，所增加的费用愈大；反之，时间增加一天，所减少的费用愈大。由此，要缩短时间，首先要缩短位于关键线路的 ΔC_{i-j} 值最小的某一工作的持续时间，这样，直接费用增加最少。

工期—费用的优化，是以工作时差为基础，费用率为依据，通过计算，寻求最优工期。

现举例说明，工期—费用优化的方法和步骤。

【案例 4-11】 某生产任务的网络计划，如图 4-99 所示。

问题：

试研究并求出工期较短而费用最少的最优方案。

分析与解答：

① 计算各工作的费用率。

图 4-99

工作①→②：

$$\Delta C_{1-2} = \frac{(5-4)}{(6-3)} = 0.333(万元)$$

工作①→③：

$$\Delta C_{1-3} = \frac{(5-3)}{(5-1)} = 0.5(万元)$$

工作③→④：

$$\Delta C_{3-4} = \frac{(7-4)}{(6-2)} = 0.75(万元)$$

工作②→④：

$$\Delta C_{2-4} = \frac{(10-4)}{(7-5)} = 3(万元)$$

同理算出其他各工作的费用率,计算结果填入表 4-11 内第三栏。

② 求得正常时间、正常费用计划表。

计算工作的最早开始时间 ES_{i-j}、最迟开始时间 LS_{i-j} 及工作总时差 TF_{i-j},计算结果填入表 4-11 内第一栏。由计算结果可知,计划工期 $T=26$ 周,正常总费用 31 万元,关键线路为 ①→②→④→⑥→⑦,非关键工作总时差:

①→③——③→④:总时差为 2;

④→⑤——⑤→⑦:总时差为 5;

②→⑥:总时差为 11。

③ 求得极限时间、极限费用计划表。

计算工作的最早开始时间 ES_{i-j}、最迟开始时间 LS_{i-j} 及工作总时差 TF_{i-j},计算结果填入表 4-11 内第二栏。由计算结果可知,计划工期 $T=14$ 周,极限总费用 59 万元,关键线路为 ①→②→④→⑥→⑦,非关键工作总时差:

①→③——③→④:总时差为 5;

④→⑤——⑤→⑦:总时差为 1;

②→⑥:总时差为 8。

由表 4-11 可以看出:极限时间(费用)与正常(费用)比较,时间相差 $26-14=12(周)$,费用增加 $59-31=28(万元)$。如果所有工作时间,都按极限时间进行,则工程费用很大,如果将非关键线路上的工作时间延长,并不影响整个计划的完工时间,但费用可显著降低。

④ 延长非关键线路上的工作时间。

如延长表 4-11 第二栏中总时差为 1 的工作④→⑤和⑤→⑦,它们的费用率分别是 1.5 万元/周、2 万元/周,故延长⑤→⑦1 周,可节约费用 2 000 元;总时差为 5 的工作①→③、③→④,它们的费用率分别是 0.5 万元/周、0.75 万元/周,故延长 ③→④4 周(延长到正常时间),可节约费用 $0.75×4=3(万元)$;延长①→③1 周,节约费用 0.5 万元;延长②→⑥3 周,节约费用 $1×3=3(万元)$。

根据以上调整,列出极限时间——最小费用计划表,见表 4-11 第五栏。

由表 4-11 第五栏可知,总时间 14 周,总费用 50.5 万元,在总工期不变的情况下,可节约费用 $59-50.5=8.5(万元)$,非关键工作②→⑥(总时差为 5),其余都是关键工作(虽然工作②→⑥有时差 $TF_{2-6}=5$,但②→⑥工作时间,已达正常时间,无法再延长)。

⑤ 中间时间和费用计划。

在极限时间最小费用计划表(表 4-11 第五栏)的基础上,将时间适当延长,使费用能相应地下降。

从表 4-11 第三栏可以看出,②→④的费用率最高(3 万元/周),正常时间为 7 周,而极限时间为 5 周,将②→④延长 2 周,可减少费用 $2×3=6(万元)$,再将②→④同一线路上费用率最高的工作④→⑤延长 1 周,可节约 1.5 万元。

此时,总时间已延长到 17 周,费用节约 $6+1.5=7.5(万元)$,调整后的计划表见表 4-11 第六栏。由表 4-11 第六栏可知,总工期 17 周,总费用 4 万元。

关键线路:①→②→④→⑤→⑦,$T=17$ 周。

非关键工作:④→⑥,⑥→⑦,总时差为 1;

①→③,③→④,总时差为2;

②→⑥,总时差为8。

⑥ 中间时间—最小费用计划表。

表4-11第六栏的基础上延长非关键线路上工作的时间,可使工程费用减少,

工作④→⑥延长1周,可节约费用1.25万元;

工作①→③延长2周,可节约费用$2\times0.5=1$(万元);

工作②→⑥不能延长,已达正常时间。

此时,总工期17周,总费用40.75万元。

⑦ 绘制时间费用曲线

如图4-100所示,正常时间,费用$a(26,31)$,极限时间;费用$d(14,59)$,极限时间,最小费用$c(14,50.5)$,a、c之间确定b点,即中间时间最小费用$b(17,40.75)$,将a、b、c三点连一平滑曲线,即可近似地决定直接费用曲线。对于间接费用,大致与时间成正比,故可绘一直线,设每周的间接费为1万元,故14周的间接费为14万元,26周的间接费为26万元。

把直接费用曲线与间接费用曲线合成为总费用曲线(图4-100)。

图4-100

由曲线最低点,即可决定最小费用的时间—费用计划,该点所对应的工期为最优工期,其费用是最少费用。

4.2.7.3 资源优化

资源是指为完成工程任务所需的人力、材料、机械设备和资金等的统称。一项工程任务的完成,所需资源量基本是不变的,不可能通过资源优化将其减少。但是,一般情况下,资源供应受各种条件限制,这些资源也是有一定限量的。资源优化是通过改变工作的开始时间,保证资源需要量在其限量之内,使资源按时间的分布符合优化目标。

资源优化中常用术语:

表 4-11 工期-费用优化示例

工序	(一) 正常情况下 DN$_{i-j}$	CN$_{i-j}$	ES$_{i-j}$	LS$_{i-j}$	TF$_{i-j}$	(二) 极限情况下 DC$_{i-j}$	CC$_{i-j}$	ES$_{i-j}$	LS$_{i-j}$	TF$_{i-j}$	(三) 费用率(万元/周)	(四) DN$_{i-j}$-DC$_{i-j}$	(五) 时间不变调整后计划表 调整数	t	费用(万元)	ES$_{i-j}$	LS$_{i-j}$	TF$_{i-j}$	(六) 中间时间费用计划表 调整数	t	费用(万元)	ES$_{i-j}$	LS$_{i-j}$	TF$_{i-j}$	(七) 中间时间费用计划表 调整数	t	费用(万元)	ES$_{i-j}$	LS$_{i-j}$	TF$_{i-j}$
①→②	6	4	0	0	0	3	5	0	0	0	0.333	3		3	5	0	0	0		3	5	0	0	0		3	5	0	0	0
①→③	5	3	0	2	2	1	5	0	5	5	0.5	4	1	2	4.5	0	2	2		2	4.5	0	2	2	2	2	3.5	0	0	0
②→④	7	4	3	6	0	5	10	3	11	8	3	2		5	10	3	3	0	2	7	4	3	3	0		7	4	3	3	0
②→⑥	5	4	5	17	11	3	6	3	11	8	1	3	3	5	3	3	8	5		5	3	3	11	8		4	3	4	11	8
③→④	6	4	5	13	2	4	7	1	6	2	0.75	4	4	6	4	2	2	0		6	4	2	4	2		4	4	4	4	0
④→⑤	6	3	13	18	5	2	11	8	9	0	1.25	4	5	5	6	8	8	0	1	5	4.5	10	11	1	1	6	4.5	10	10	0
④→⑥	9	6	13	13	0	5	11	8	13	0	1.25	4	5	5	11	8	8	0	2	5	11	10	10	0		6	9.75	10	15	0
⑤→⑦	2	2	19	24	5	1	4	12	13	1	2	1	2	2	2	12	12	0	1	2	2	15	15	0		2	2	15	15	0
⑥→⑦	4	2	22	22	0	3	5	13	13	0	1	3	1	1	5	13	13	0		1	5	16	16	0		1	5	16	16	0
合计	31					59									50.5						43						40.75			

注：CC_{i-j} ——将工作 $i-j$ 持续时间缩短为最短持续时间后，完成该工作所需的直接费用；
CN_{i-j} ——在正常条件下完成工作 $i-j$ 所需的直接费用，又叫正常费用；
DN_{i-j} ——工作 $i-j$ 的正常持续时间，又叫正常时间；
DC_{i-j} ——工作 $i-j$ 的最短持续时间，又叫极限时间；
ES_{i-j} ——最早开始时间；
LS_{i-j} ——最迟开始时间；
TF_{i-j} ——工序时差。

资源强度:一项工作在单位时间内所需的某种资源数量。工作 $i-j$ 的资源强度用 $r_{(i-j)}^k$ 表示。

资源需用量:网络计划中各项工作在某一单位时间内所需某种资源数量之和。第 t 天资源需用量用 R_t 表示。

资源限量:单位时间内可供使用的某种资源的最大数量,用 R_a 表示。

资源优化通常有两种不同的情况:一是在资源供应有限制的条件下,寻求计划的最短工期,即资源有限、工期最短问题。二是在工期规定的条件下,力求资源消耗的均衡,即规定工期的资源均衡问题;

优化的前提条件:

① 优化过程中,原网络计划的逻辑关系不改变;

② 优化过程中,网络计划的各工作持续时间不改变;

③ 除规定可中断的工作外,一般不允许中断工作,应保持其连续性;

④ 各工作每天的资源需要量是均衡、合理的,在优化过程中不予变更。

1. 资源有限—工期最短的优化

资源有限——工期最短的优化是调整计划安排,以满足资源限制条件,并使工期拖延最少的过程。

(1) 基本原理

资源限制条件下的资源安排,就是针对项目可得的资源是有限的且不能超过该约束的情况下,调整和优化原施工进度计划,使其产生的施工工期延长时间为最短。

资源优化模型的基本假定:设某工程项目需要 s 种不同的资源,已知每天可能供应的资源数量分别为 $R_{a1}(t), R_{a2}(t), R_{a3}(t), \cdots, R_{as}(t)$。完成每项工作只需要其中一种资源,设为第 k 种资源,单位时间资源需要量(即强度)以 r_{i-j}^k 表示,并假定 r_{i-j}^k 为常数。在资源供应满足 r_{i-j}^k 的条件下,完成工作$(i \to j)$所需持续的时间为 D_{i-j}。网络计划资源动态曲线中任何资源时段 $[t_a, t_b]$ 内每天的资源消耗量总和 R_k 均应小于或等于该计划每天的资源限定量 R_a,即满足:

$$R_k \leqslant R_a \tag{4-47}$$

其中:

$$R_k = \sum r_{i-j}^k \quad (i-j \in [t_a, t_b]; k=1,2,3,\cdots,s)$$

整个网络计划第 k 种资源的总需要量为 $\sum R_k$:

$$\sum R_k = \sum (r_{i-j}^k \times D_{i-j}) \tag{4-48}$$

那么在满足物资供应限制的条件下,施工计划的最短工期的下界为:

$$\min(T_k) = \max\left(\frac{1}{R_a} \sum r_{i-j}^k \times D_{i-j}\right)$$

如果不考虑物资资源供应的限制条件,算得网络计划关键路线的长度为 L_{cp},那么施工进度计划工期必然满足下式:

$$T \geqslant \max\{L_{cp}, \min(T_k)\} = \max\left\{L_{cp}, \max\left(\frac{1}{R_a} \sum r_{i-j}^k \times D_{i-j}\right)\right\}$$

为了把问题简化起见,假定所有工作都需同样的一种资源,即 $S=1$。在实际工程中,一个网络计划往往涉及多种资源,但在多数场合下只需考虑一种主要资源。

(2) "资源有限——工期最短"的优化方法

某四层混合结构房屋,该房屋建筑面积为 $2\,600\ m^2$。装饰工程劳动量 $P=1\,200$ 工日,拟安排 30 人施工，一班制，每层施工持续时间为：

$$t = \frac{1\,200}{4 \times 30 \times 1} = 10(天)$$

如果只有 20 名工人，则施工时间：

$$t = \frac{1\,200}{4 \times 20 \times 1} = 15(天)$$

延长了 5 天。

工程工期延长后劳动力需要量曲线见图 4-101。

图 4-101 资源压缩、工期延长示意图

由于砌墙工作时间延长，可能会影响整个项目的施工工期，为了使资源压缩对工期影响最小，就必须利用施工网络计划的工作总时差，对工作的优先分配顺序作统一安排，按优先原则依次将资源分配到各项工作中去。

一般利用的优先准则有：

① 将资源分配给具有较小时差的工作；

② 将资源分配给最早开工时间值较小的工作；

③ 将资源分配给每单位时间资源需要量较大的工作；

④ 将资源分配给工作代号 $(i-j)$ 较小的工作，即顺序较前的工作；

⑤ 如果工作 $(i-j)$ 的结束节点 j 距离网络图的终点节点较远，则该项工作提前或推迟完工对总工期会产生的影响较大，因而应给予足够的重视；

⑥ 工作 $(i-j)$ 的紧后工作愈多，则网络构成就愈复杂，该工作对总工期的制约就更不可低估。

目前通常采用的方法有备用库法、资源调配法（RSM）。

(3) **备用库法**

① 备用库法基本原理：

备用库法分配有限资源的基本原理是：设可供分配的资源储存在备用库中，任务开始后，从库中取出资源，按工作的"优先安排准则"给即将开始的工作分配资源，并考虑到尽可能的最优组合，分配不到资源的工作就推迟开始。备用库法资源分配的优先安排准则为：

a. 优先安排机动时间小的工作；

b. 当数项工作的机动时间相同时，优先安排资源需要量较大的工作，以提高资源的利用率。

随着时间的推移和工作的结束，资源陆续返回到备用库中。当备用库中的资源达到能满

足即将开始的一项或数项工作的资源需求时,再从备用库中取出资源,按这些工作优先安排准则进行分配,这样循环反复,一直到所有工作都分配到资源为止。

② 备用库法优化步骤

a. 根据工作的最早开始时间绘制时标网络图,并计算各单位时间的资源需要量,绘制资源需要量动态曲线。

b. 从网络图的起点节点开始,依次自左向右调整。若在某一时间段内资源需要量没有超过限定额,则所有的工作均可按原计划进行;若资源需要量超过限定额,就需要对原计划进行调整。

c. 对调整时段内的各项工作,按照优先安排准则进行编号。方法是:

● 对位于关键线路上的工作进行编号,其编号为 $1, 2, \cdots, N_1$;

● 对位于非关键线路上的工作按其总时差递增的顺序进行编号,其编号为 $N_{1+1}, N_{1+2}, \cdots$ 如果总时差相等,则按工作每单位时间资源需要量递减的顺序进行编号。

d. 将位于本时段内的工作,按编号由小到大的顺序,以不超过资源限定额为准,依次分配所需的资源,余下的工作推迟到下一个时段重新参加排队。

在这一安排过程中,若安排了 N 项工作后,剩下的资源不够安排第 $N+1$ 项工作,还需判断能否安排 $N+1$ 后的工作。即某项工作编号虽小,但剩余资源量不能满足该工作需求时,应考虑安排该时段内编号虽大,但资源需求量小的工作,这样做有利于缩短工程工期。

e. 假定计算至 $[t_k, t_{k+1}]$ 时段,其资源总需要量超过了限定额,则对 $[t_k, t_{k+1}]$ 时段内的工作(即在 t_k 之前或就在 t_k 开始,而在 t_{k+1} 之后或就在 t_{k+1} 结束的工作)根据以下原则进行安排。

对于内部不允许中断的工作:先对 t_k 之前开始而在 t_k 之后结束的工作,根据新的总时差与其开始时间至 t_{k+1} 的距离之差 $[TF_{i-j} - (t_{k+1} - ES_{i-j})]$ 的递增顺序编号,其编号为 $1, 2, \cdots, N_1$;对上述差值相等的工作,按其每单位时间资源需要量递减的顺序编号。然后对 $[t_k, t_{k+1}]$ 时段内余下的工作,按步骤 c 的原则进行编号,其编号为 $N+1, N+2, \cdots$

对于内部允许中断的工作:在 t_k 之前开始而在 t_k 之后结束的工作,把其在 t_k 之前和之后部分当做两个独立的工作处理。t_k 之后部分按步骤 c 的原则进行编号。

最后按编号顺序依次对各工作分配每单位时间所需资源,分配不到资源的工作右移至 t_{k+1} 开始。

f. 按照上述步骤和原则从左至右顺次进行调整,直至全部工作满足要求为止。

【案例 4-12】 某工程项目网络计划如图 4-102 所示,图中箭线下方数字为工作持续时

图 4-102

间,箭线上方括号内数字为工作资源需要量。各工作所需资源可相互通用,每项工作开始后不得中断。

问题:

试用备用库法在资源限量不超过 8 的条件下,对原计划进行资源有限、工期最短优化。

分析与解答:

① 计算节点时间参数,结果如图 4-102 所示。

② 按节点最早时间绘制时标网络图,如图 4-103 所示。图中箭线上数字为该工作的资源需要量,并在时标网络图的下方绘制出资源需要量动态曲线。

图 4-103 优化前时标网络图

③ 从图 4-103 可知,第一个超过资源供应限额的时段为 [4,7] 时段,需进行调整。该时段内有工作 ③→④、③→⑦ 和 ⑤→⑥。根据资源分配规则进行排序并分配资源,结果见表 4-12。

表 4-12 [4,7] 时段工作排序及资源分配表

排序编号	工作名称	排序依据	资源分配	
			R_{i-j}	$R_a - R_k$
1	③→④	$TF_{3-4}=0$	4	8-4=4
2	③→⑦	$TF_{3-7}=1$	3	8-(4+3)=1
3	⑤→⑥	$TF_{5-6}=3$	4	右移 3 天

④ 绘制工作 5→6 右移 3 天后的时标网络图和资源需要量动态曲线,如图 4-104 所示。

⑤ 从图 4-104 可知,此时第一个超过资源供应的时段为 [7,8],需进行调整。该时段内有工作 ⑤→⑥、④→⑥ 和 ③→⑦,根据资源分配规则进行排序并分配资源,结果见表 4-13。

图 4-104 时段[7,8]调整后的时标网络图

表 4-13 [7,8]时段工作排序及资源分配表

排序编号	工作名称	排序依据	资源分配	
			R_{i-j}	$R_a - R_k$
1	③→⑦	$TF_{3-7}=1$(本时段前开始,优先)	3	$8-3=5$
2	④→⑥	$TF_{4-6}=0$	3	$8-(3+3)=2$
3	⑤→⑥	$TF_{5-6}=0$	4	右移1天

⑥ 绘制工作⑤→⑥再右移1天后的时标网络图和资源需要量动态曲线,如图4-105所示。

⑦ 从图4-105可知,此时第一个超过资源供应限额的时段为[8,10],需进行调整。该时段内有工作⑤→⑥、④→⑥和⑦→⑧,根据资源分配规则进行排序并分配资源,结果见表4-14。

表 4-14 [8,10]时段工作排序及资源分配表

排序编号	工作名称	排序依据	资源分配	
			R_{i-j}	$R_a - R_k$
1	⑤→⑥	$TF_{5-6}=0$(本时段前开始,优先)	4	$8-4=4$
2	④→⑥	$TF_{4-6}=1$	3	$8-(4+3)=1$
3	⑦→⑧	$TF_{7-8}=2$	4	右移2天

图 4-105 时段[7,8]调整后的时标网络图

⑧ 绘制工作⑦→⑧右移 2 天后的时标网络图和资源需要量动态曲线,如图 4-106 所示。

⑨ 从图 4-106 可看出,整个计划的资源日需要量均已满足资源供应量 8 的要求。但由于工作⑤→⑥和工作④→⑥的右移超出了其总机动时间,导致总工期延长了 1 天。

图 4-106 优化后的时标网络图

(4) 资源调配法(RSM)

RSM(Resource Scheduling Method)方法是研究当两个工作发生资源冲突时,如何解除资源冲突,能使总工期最短的最优决策方法。RSM 法只适用于解决一种资源问题。它可以用手工计算,但更宜于编写程序用计算机计算。

① RSM 方法的基本模式。

RSM方法的基本模式可用下列示例说明。假定③→④、③→⑦、⑤→⑥三项工作都需要一台起重机,它们的最早开始时间、最迟开始时间、最早完成时间、最迟完成时间如表4-15所示。将其绘制成横道图,如图4-107所示。

表4-15 网络图部分时间参数计算

工作名称	持续时间	网络图部分时间参数计算结果			
		ES	EF	LS	LF
③→④	3	4	7	4	7
③→⑦	4	4	8	6	10
⑤→⑥	3	4	7	7	10

图4-107绘出了各工作按最早时间安排的进度线,并列出 ES、EF、LS、LF。工作③→④的总时差为零,因此它是关键工作。现只有两台挖土机可供使用,因此当三项工作均按最早开始时间开工时,在第5天到第7天就发生了资源冲突。

图4-107

从图4-107中显然可以看到,任何两项工作顺序的调整都能解除这一冲突。问题在于选择哪两项工作,又如何安排。

为了确定最优安排法则,现假定把工作③→⑦移接在工作③→④之后进行,则其工期增加值 $\Delta T_{(3-4,3-7)}$ 为:

$$\Delta T_{(3-4,3-7)} = EF_{3-4} + D_{3-7} - LF_{3-7}$$

由于

$$LF_{3-7} = LS_{3-7} + D_{3-7}$$

所以

$$\Delta T_{(3-4,3-7)} = EF_{3-4} + D_{3-7} - (LS_{3-7} + D_{3-7})$$
$$= EF_{3-4} - LS_{3-7} = 7 - 6 = 1(天)$$

工作③→⑦移动后的进度线见图4-108,由图4-101可知,工期延长了1天。

根据以上推导结果可以得出,发生资源冲突的任意两项工作 $i→j$ 和 $m→n$,当将工作 $i→j$ 安排在工作 $m→n$ 后面进行时,工期延长时间最短的计算公式如下。

对双代号网络计划:

$$\Delta T_{m-n',i-j'} = \min\{\Delta D_{m-n,i-j}\} \qquad (4-49)$$

$$\Delta D_{m-n,i-j} = EF_{m-n} - LS_{i-j} \qquad (4-50)$$

式中：$\Delta T_{m'-n',i'-j'}$——在各种顺序安排中，最佳顺序安排所对应的工期延长时间的最小值；

				施工进度（天）						
1	2	3	4	5	6	7	8	9	10	11
				ES_{5-6}	⑤→⑥		EF_{5-6}			LF_{5-6}
						LS_{5-6}				
			$ES_{3-4}=LS_{3-4}$	③→④			$EF_{3-4}=LF_{3-4}$ ③→⑦			
				ES_{3-7}	③→⑦		EF_{3-7}			
					LS_{3-7}				LF_{3-7}	

图 4 - 108

$\Delta D_{m-n,i-j}$——在资源冲突的诸工作中，工作 $i\to j$ 安排在工作 $m\to n$ 之后进行工期所延长的时间。

分析式(4-49)和式(4-50)，可以得出一个重要的一般结论：当两工作由原来的平行施工改变为顺序衔接施工时，只有把最迟开始时间最迟（LS 值最大）的工作接在最早完成时间最早（EF 值最小）的工作之后，才能使工期增加值最小。如果工期增加值为负数，那就表明利用后面工作的时差就可以解除冲突，工期可不延长。

从表 4-15 查到 EF 的最小值为 7，属于工作③→④、⑤→⑥；LS 的最大值为 7，属于工作⑤→⑥。因此将工作⑤→⑥安排在③→④后面进行时，工期增加值为最小，即

$$\Delta T_{(3-4,5-6)} = EF_{3-4} - LS_{5-6} = 7 - 7 = 0$$

由此可知：把工作⑤→⑥安排在③→④后面进行，工期并不增加，且解除了资源冲突。

在多项工作发生资源冲突时，虽然按上法将某工作移接到另一工作之后，但冲突可能仍未获得解决，这时就要在剩余的(不包括已移开的)工作中继续选择增加工期最短的工作移到其他工作之后进行，如此继续进行，直至全部解决资源冲突为止。

② RSM 方法解题步骤。

a. 绘制无时标网络图，计算各项时间参数；

b. 绘制时标网络图，计算每"时间单位"的资源需要量；

c. 从计划开始日期起，逐个检查每个"时间单位"的资源需要量是否超过资源限量，如果在整个工期内每个"时间单位"均能满足资源限量的要求，可行优化方案就编制完成，否则必须进行计划调整；

d. 分析超过资源限量的时段，按式(4-49)计算 $\Delta T_{m'-n',i'-j'}$，依据它确定新的安排顺序；

e. 当最早完成时间 EF_{m-n} 最小值和最迟开始时间 LS_{i-j} 最大值同属一个工作时，应找出最早完成时间 EF_{m-n} 值为次小，最迟开始时间 LS_{i-j} 为次大的工作，分别组成两个顺序方案，再从中选取较小者进行调整；

f. 绘制调整后的网络计划,重复步骤 a～d,直到满足要求。

③ RSM 法优化示例。

【案例 4-13】 在案例 4-4 中(图 4-53)加入资源需要量,见图 4-109 箭杆上括号内数字,资源限量为 15。

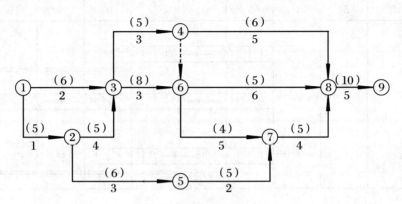

图 4-109 初始网络图

问题:

现进行资源有限、工期最短优化。

分析与解答:

① 计算时间参数,计算结果见表 4-16。

表 4-16 时间参数计算表

工作编号	工作时间 D_{i-j}	资源需要量 R_{i-j}	最早开始时间 ES_{i-j}	最早结束时间 EF_{i-j}	最迟开始时间 LS_{i-j}	最迟结束时间 LF_{i-j}	总时差 TF_{i-j}	关键线路 C_p
①→②	1	5	0	1	0	1	0	√
①→③	2	6	0	2	3	5	3	
②→③	4	5	1	5	1	5	0	√
②→⑤	3	6	1	4	8	11	7	
③→④	3	5	5	8	5	8	0	√
③→⑥	3	8	5	8	5	8	0	√
④→⑥	0	0	8	8	8	8	0	√
④→⑧	5	6	8	13	12	17	4	
⑤→⑦	2	5	4	6	11	13	7	
⑥→⑦	5	4	8	13	8	13	0	√
⑥→⑧	6	5	8	14	11	17	3	
⑦→⑧	4	5	13	17	13	17	0	√
⑧→⑨	5	10	17	22	17	22	0	√
				$T_c=22$				

② 绘制时标网络图及资源需要量曲线，如图4-110所示。

图4-110 初始时标网络图及资源需要量曲线

③ 由前往后逐日检查。

a. 第一天未超过限量，故不需调整。

b. 第二天超过了限量，17＞15，需要调整。在这一天共有3项工作①→③、②→③和②→⑤同时施工。查时间参数计算表4-16，工作②→⑤的最迟开始时间最晚，$LS_{2-5}=8$；工作①→③的最早完成时间最早，$EF_{1-3}=2$。因此，将工作②→⑤移至工作①→③后进行。修正后的时标网络图和资源需要量曲线如图4-111所示。

图4-111 工作②→⑤右移1天后时标网络图

c. 在图 4-111 中,第 6 天资源需要量超过了限量,18>15,需要调整。在这一天共有 3 项工作③→④、③→⑥和⑤→⑦同时施工。各工作最早完成及最迟开始时间见表 4-17。

这里最早的 EF 和最晚的 LS 都是工作⑤→⑦,又由于工作③→④、③→⑥的 EF 相等、LS 相等,所以根据 RSM 方法的解题步骤,可以选 4 组数字,然后取较小的一组。

$$\Delta T = \min \begin{cases} EF_{3-4} - LS_{5-7} = 8 - 11 = -3 \\ EF_{3-6} - LS_{5-7} = 8 - 11 = -3 \\ EF_{5-7} - LS_{3-4} = 7 - 5 = 2 \\ EF_{5-7} - LS_{3-6} = 7 - 5 = 2 \end{cases} = -3$$

所以选工作⑤→⑦接在工作③→④之后,或接在③→⑥之后进行。修正后的资源需要量曲线见图 4-112。

在图 4-112 中,第 9 天、第 10 天的资源需要量超过了限量,20>15,需要调整。在这 2 天共有 4 项工作④→⑧、⑥→⑧、⑥→⑦和⑤→⑦同时施工。各工作最早完成及最迟开始时间见表 4-18。

表 4-17

工作	EF	LS
③→④	8	5
③→⑥	8	5
⑤→⑦	7	11

表 4-18

工作	EF	LS
④→⑧	13	12
⑥→⑧	14	11
⑥→⑦	13	8
⑤→⑦	10	11

图 4-112 工作⑤→⑦右移 3 天后时标网络图

这里最早的 EF 是工作⑤→⑦和最晚的 LS 工作④→⑧。因此,将工作④→⑧移至工作⑤→⑦后进行。修正后的时标网络图和资源需要量曲线如图 4-113 所示。

在图4-113中,第14天资源需要量超过了限量,16>15,需要调整。在这1天共有3项工作④→⑧、⑥→⑧、⑦→⑧同时施工。各工作最早完成及最迟开始时间见表4-19。

图4-113 工作④→⑧右移2天后时标网络图

表4-19

工作	EF	LS
④→⑧	15	12
⑥→⑧	14	11
⑦→⑧	17	13

这里最早的 EF 是工作⑥→⑧和最晚的 LS 工作⑦→⑧。因此,将工作⑦→⑧移至工作⑥→⑧后进行。修正后的时标网络图和资源需要量曲线如图4-114所示。

到此为止,资源已满足供应要求,总工期延长1天。

2. 工期固定—资源均衡的优化

施工项目对某种资源的需要量是随着工程的不同阶段而不同的,有时需要量会很多,形成某种资源的需求高峰;有时几乎不需要该种资源,形成对该种资源的需求低谷。这种对资源需要量的不均衡往往是管理者不希望看到的。对劳动力来说,施工过程中每日需求量忽高忽低,会造成劳动力成本增加,也给工作安排带来困难;对于材料供应来说,使用量的波动意味着短缺需求的增加,也会增加材料计划制定与控制的难度;对于机械设备来说,高峰时的需求量会造成实际供应的不足,低谷时则会造成闲置。

因此,为了使各项工作的资源需求的波动最小,以比较稳定的资源使用率保持比较低的资源成本,有必要对施工进度计划中的各项工作,主要是非关键工作的总时差和自由时差进行再次分配,即在不影响施工工期的条件下利用非关键工作的时差,将其从资源需求高峰期调出,安排在资源需求较低的时间段。这样,既不影响工程按期完工,又降低了资源需求的高峰值,使资源需求相对均衡。

图 4-114　工作 ⑦→⑧ 右移 1 天后时标网络图

(1) 衡量施工资源消耗均衡性的指标

常用的衡量施工资源消耗均衡性的指标有 3 种,可以根据资源需要量曲线来计算。

① 资源消耗不均衡系数(K)

资源消耗不均衡系数用资源最高峰时的需要量与平均需要量的比值表示,其计算公式为:

$$K = \frac{R_{\max}}{R_{\mathrm{m}}} \tag{4-51}$$

式中:K——资源消耗不均衡系数;

　　　$R_{\max}$——最高峰时的资源需要量;

　　　R_{m}——资源平均需要量。

$$R_{\mathrm{m}} = \frac{1}{T}\sum_{t=1}^{T}R_t \tag{4-52}$$

式中:T——进度计划的总工期;

　　　R_t——某种资源在 t 时间单位的需要量。

在进行不同施工进度计划方案比较时,资源不均衡系数越小,说明施工资源安排的均衡性越好。不均衡系数一般不宜超过 1.5～2.0。

【案例 4-14】　在案例 4-13 中,图 4-110 为调整前的时标网络图,图 4-114 为调整后的时标网络图。

问题:

计算调整前后资源消耗不均衡系数(K)。

分析与解答:

计算调整前图(4-110)资源消耗不均衡系数:

$$R_m = \frac{1}{T}\sum_{t=1}^{T} R_t = \frac{1}{22}(11+17+11+11+10+18+13+13+15+15+15$$
$$+15+15+10+5+5+5+10+10+10+10+10)$$
$$= \frac{1}{22}(11\times 1+17\times 1+11\times 2+10\times 1+18\times 1+13\times 2$$
$$+15\times 5+10\times 1+5\times 3+10\times 5)$$
$$=11.55$$
$$K = \frac{R_{max}}{R_m} = \frac{18}{11.55} = 1.56$$

计算调整后图 4-114 资源消耗不均衡系数：
$$R_m = \frac{1}{T}\sum_{t=1}^{T} R_t$$
$$= \frac{1}{23}(11\times 5+13\times 3+14\times 2+15\times 3+11\times 1$$
$$+10\times 1+5\times 3+10\times 5) = 11.00$$
$$K = \frac{R_{max}}{R_m} = \frac{15}{11.00} = 1.36$$

② 资源需要量极差(ΔR)

资源需要量极差是指资源动态曲线上，高峰值与低谷值之差，反映资源分布的高低落差。其计算公式为：
$$\Delta R = R_{max} - R_{min} \tag{4-53}$$

式中：ΔR——资源需要量极差；

R_{max}——高峰时资源需要量；

R_{min}——低谷时资源需要量。

ΔR 越小，资源均衡越好。

③ 资源需要量均方差(σ^2)

资源需要量均方差是指在资源需要量曲线上，各时段内需要量与平均需要量之差的平方和的平均值。其计算公式为：
$$\sigma^2 = \frac{1}{T}\sum_{i=1}^{T}(R_t - R_m)^2 \tag{4-54}$$

式中：T——施工工期；

R_m——资源平均需要量；

R_t——某种资源在 t 时间单位的需要量。

方差 σ^2 值越小，资源的均衡性就越好。

(2) 缩方差法

① 优化原理如下：

如果所有工作都需要同样一种资源，即单位时间资源需要量(即强度)$r_{(i-j)}$ 为常数，则资源动态曲线的方差表达式可展开为：
$$\sigma^2 = \frac{1}{T}\sum_{i=1}^{T}(R_t - R_m)^2 = \frac{1}{T}\Big(\sum_{i=1}^{T}R_t^2 - \sum_{i=1}^{T}2R_t R_m + \sum_{i=1}^{T}R_m^2\Big)$$

因为

$$R_{\mathrm{m}} = \frac{1}{T}\sum_{t=1}^{T} R_t$$

则

$$\sigma^2 = \frac{1}{T}\sum_{i=1}^{T} R_t^2 - R_{\mathrm{m}}^2 \tag{4-55}$$

在式(4-55)中，总工期 T 和资源的单位平均需要量 R_{m} 在给定的计划中是不变的常数，所以要缩小方差 σ^2，就必须让 $\sum_{i=1}^{T} R_t^2$ 达到最小，故将这个变量作为均衡性指标来加以评价。设 $W = \sum_{i=1}^{T} R_t^2$，则 W 为不同时段中各工作使用同一种资源的平方和，并且 W 为一种网络计划中各工作在某种开工条件下的结果。当改变这种网络计划中某项工作的开工、完工时间时，同样得出一个新的 W_1。这种网络计划中工作状态的改变就是将某些工作(特别是非关键工作)的开工时间向后移动，从而改变资源需要量的分布，求解目标就是使各种资源均衡分布。怎样达到均衡目标，由 W 越小越均衡推出：

$$W_1 > W \quad (趋向更不均衡)$$
$$W_1 < W \quad (趋向更均衡)$$

令

$$\Delta W = W_1 - W$$

则

$$\Delta W < 0 (趋向均衡)$$

② 资源均衡优化的前提条件如下：

为了使目标函数 σ^2 减少，可以利用网络图中有时差的各项工作进行计划调整。调整应当满足以下条件：

a. 为了不改变总工期，每项工作的调整只能在工作持续时间许可的范围内进行；

b. 调整的结果应使 σ^2 减少，资源计划较为均衡。

③ 优化方法如下：

资源越均衡，均衡性指标 W 就越小。在资源均衡优化过程中，如果调整某些非关键工作，促使 W 单调下降，就能保证资源需要量逐渐趋于平衡。

如图 4-115 所示，假设被调整的非关键工作为 $(i \rightarrow j)$，它的自由时差为 EF_{i-j}，每日需要某一资源的数量为 R_{i-j}，最早开始时间为 a，最早结束时间为 b，将该工作推迟 1 个时间单位(例如:天)开工，即向后(向右)移动 1 个时间单位，则对整个计划而言：

第 $(a+1)$ 天资源需要量减少为：$R_{a+1} - R_{i-j}$；

第 $(b+1)$ 天资源需要量增加为：$R_{b+1} + R_{i-j}$。

则工作 $(i-j)$ 右移 1 个时间单位，资源需要量平方和 $\sum_{i=1}^{T} R_t^2$ 值的变化量 ΔW 为：

$$\begin{aligned}\Delta W &= [(R_{b+1} + R_{i-j})^2 + (R_{a+1} - R_{i-j})^2] - (R_{b+1}^2 + R_{a+1}^2) \\ &= 2R_{i-j}(R_{b+1} - R_{a+1} + R_{i-j})\end{aligned} \tag{4-56}$$

若 $\Delta W < 0$，则均衡性指标 W 下降，可调整该工作，直至时差用完为止；

若 $\Delta W = 0$，则均衡性指标 W 无变化，这时若移动该工作，不会使原来的均衡状态改变，但能为其紧前工作的后移创造条件，所以也是有利的，可调整该工作，直至时差用完为止；

若 $\Delta W>0$,则均衡性指标 W 增加,不可调整该工作。

进度	……	a	$a+1$	……	b	$b+1$	……
		i	R_{i-j}			j	
		i		R_{i-j}		j	
资源需要量动态数列	……	R_a	R_{a+1}	……	R_b	R_{b+1}	……

图 4-115 资源均衡优化条件分析图

所以,要使工作右移一个时间单位,缩小 W 值,则必须使 $\Delta W<0$,即
$$\Delta W = 2R_{i-j}(R_{b+1} - R_{a+1} + R_{i-j}) \leqslant 0$$
因为 $R_{i-j}>0$,所以求出单资源优化的收敛条件为:
$$\Delta W = R_{b+1} - R_{a+1} + R_{i-j} \leqslant 0 \tag{4-57}$$
调整工作时,若能满足式(4-57),则可将该工作右移 1 个时间单位,否则,不右移。

式(4-57)是工作推迟 1 个时间单位时,均衡性指标 W 的变动公式,当移动 1 个时间单位不符合式(4-57)的要求时,并不一定表明该工作不能移动 2 个单位、3 个单位……T_1 个单位,所以必须逐一试算 T_1 个时间单位(当然在时差范围内)的资源变化。从而可由式(4-56)推出,一次右移了 T_1 个时间单位时,优化收敛条件为:
$$\Delta W = 2R_{i-j}\left[\sum_{P=1}^{T_1}(R_{b+p} - R_{a+p} + R_{i-j})\right] \tag{4-58}$$
$$\Delta = \sum_{P=1}^{T_1}(R_{b+p} - R_{a+p} + R_{i-j}) \leqslant 0 \tag{4-59}$$
式中:P——一次移动的时间单位数。

即当工作开始时间右移了 T_1 个时间单位时,如果满足式(4-59)要求,则是可以的,否则,不右移。

调整的顺序是从右向左(逆箭线方向)进行,遇到有时差的工作,按式(4-57)进行检查,符合该式要求则将工作右移 1 个时间单位;不符合式(4-57)要求时,再用式(4-59)检查是否能一次移动 2 个单位、3 个单位……符合式(4-59)要求则将工作右移;然后继续移动该工作,直到时差用完或不符合判别式(4-57)或式(4-59)为止。

需要强调的是,进行优化时,必须是先试算能否右移 1 个时间单位,若不能,再考虑一次右移 2 个单位、3 个单位……即每次只能增加 1 个时间单位。否则,得到的就不是最优的资源均衡计划。

④ 优先推迟规则如下:

在工期固定的条件下对资源计划进行调整优化,是在按最早开始时间绘制的时标网络图的基础上,通过非关键工作在其时差范围内的向后移动(推迟)来实现的。因为在按最早开始时间绘制的时标网络图中,时差总是存在于非关键线路最后面的工作中,因此利用时差进行调

整,必须按工作的逻辑关系自右向左逆序进行,即按节点编号由大到小的顺序调整。

当以某一节点为结束节点的工作有多个时差时,各工作向后移动的次序即推迟规则是:

a. 按 △ 的绝对值由大到小的顺序调整;

b. 按总时差由大到小的顺序调整;

c. 按单位时间资源需要量由小到大的顺序调整;

d. 按工作持续时间由小到大的顺序调整。

⑤ 工期规定、资源均衡优化的步骤为:

a. 根据施工进度计划,绘制时标双代号网络图及资源需要量曲线,确定关键工作、非关键工作及各工作的总时差,计算初始资源需要量的均方差。

b. 从双代号时标网络图的最后一个节点开始,按节点从右向左顺序依次调整以该节点为结束节点的所有非关键工作的开始时间和结束时间,并使均方差逐步减小。

对于具有相同结束节点的非关键工作,按其开始时间从迟到早的顺序进行调整。

c. 经过一轮的调整后,能使施工计划的资源需要量均方差有所减小。但是,由于该工期规定、资源均衡的优化方法仍属一种近似方法,每一步调整只考虑了计划局部最优,而没有考虑计划整体最优,经过一轮的调整后,并不一定能保证得到最优方案。因此,还有必要经过几轮的调整,直到所有工作都不能再移动为止。

【案例 4-15】 已知某工程施工进度计划,如图 4-116 所示。图中箭杆上方△内的数字表示工作每天资源需要量,箭杆下方为工作的持续时间。

问题:

试进行工期固定—资源均衡的优化。

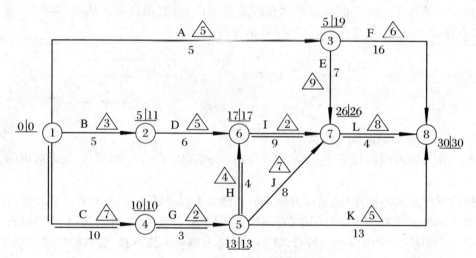

图 4-116 工期规定、资源均衡优化示例

分析与解答:

① 根据图 4-116 所示资料,计算节点最早开始时间,最迟开始时间,找出关键线路,计算结果见图 4-116。

② 绘制双代号时标网络图及资源需要量曲线,如图 4-117 所示。

关键线路为 C→G→H→I→L,资源需要量曲线中高峰值 $R_{max}=27$,低谷值 $R_{min}=7$。

③ 计算资源平均需要量和均方差:

工期 $T=30$ 天,资源平均需要量:

$$R_m = \frac{1}{T}\sum_{i=1}^{T} R_t$$
$$= \frac{1}{30}(15\times 5 + 27\times 5 + 22\times 1 + 17\times 1 + 8\times 1$$
$$+ 22\times 4 + 20\times 4 + 7\times 5 + 8\times 4)$$
$$= 16.4$$

$$\sum_{i=1}^{T} R_t^2 = 15^2\times 5 + 27^2\times 5 + 22^2\times 1 + 17^2\times 1 + 8^2\times 1 + 22^2\times 4 + 20^2\times 4$$
$$+ 7^2\times 5 + 8^2\times 4 = 9\,644$$

图 4-117　双代号时标网络图及资源需要量曲线

均方差:

$$\sigma^2 = \frac{1}{T}\sum_{i=1}^{T} R_t^2 - R_m^2$$
$$= \frac{1}{30}\times 9\,644 - 16.4^2 = 52.51$$

④ 优化的目标是在工期不变的情况下,调整非关键工作的时间安排,从而减少资源需要量的均方差。

a. 第一次调整:

终点节点⑧。以节点⑧为结束节点的非关键工作有③→⑧和⑤→⑧。

根据式(4-57),判断差值。

工作⑤→⑧, $a=13, b=26, TF_{5-8}=4, R_{5-8}=5$:

$$\Delta_{5-8} = R_{b+1} - R_{a+1} + R_{i-j} = R_{26+1} - R_{13+1} + R_{5-8}$$

$$= R_{27} - R_{14} + R_{5-8} = 8 - 22 + 5 = -9$$

工作③→⑧，$a=5, b=21, TF_{3-8}=9, R_{3-8}=6$：

$$\Delta_{3-8} = R_{b+1} - R_{a+1} + R_{i-j} = R_{21+1} - R_{5+1} + R_{3-8}$$
$$= R_{22} - R_6 + R_{3-8} = 7 - 27 + 6 = -14$$

$|\Delta_{3-8}| > |\Delta_{5-8}|$，根据优先推迟规则，先考虑工作③→⑧。

对于工作③→⑧，以图 4-117 为基础，应用式(4-52)：

$$\Delta_{3-8} = R_{b+1} - R_{a+1} + R_{i-j} = R_{21+1} - R_{5+1} + R_{3-8}$$
$$= R_{22} - R_6 + R_{3-8} = 7 - 27 + 6 = -14 < 0$$

可右移 1 天。

工作③→⑧右移 1 天的时标网络图及资源需要量动态数列见图 4-118。

图 4-118　工作 3→8 右移 1 天时的时标网络图及资源需要量动态数列

若工作③→⑧再右移 1 天，根据式(4-57)有：

$$R_{21+2} - R_{5+2} + R_{3-8} = R_{23} - R_7 + R_{3-8} = 7 - 27 + 6 = -14 < 0$$

可右移 1 天；

$$R_{21+3} - R_{5+3} + R_{3-8} = R_{24} - R_8 + R_{3-8} = 7 - 27 + 6 = -14 < 0$$

可右移 1 天；

$$R_{21+4} - R_{5+4} + R_{3-8} = R_{25} - R_9 + R_{3-8} = 7 - 27 + 6 = -14 < 0$$

可右移 1 天；

$$R_{21+5} - R_{5+5} + R_{3-8} = R_{26} - R_{10} + R_{3-8} = 7 - 27 + 6 = -14 < 0$$

可右移 1 天；

$$R_{21+6} - R_{5+6} + R_{3-8} = R_{27} - R_{11} + R_{3-8} = 8 - 22 + 6 = -8 < 0$$

可右移 1 天；

$$R_{21+7} - R_{5+7} + R_{3-8} = R_{28} - R_{12} + R_{3-8} = 8 - 17 + 6 = -3 < 0$$

可右移 1 天；

$$R_{21+8} - R_{5+8} + R_{3-8} = R_{29} - R_{13} + R_{3-8} = 8 - 8 + 6 = +6 > 0$$

不能右移。

工作③→⑧右移 7 天时标网络图及资源需要量曲线见图 4-119。

图 4-119 工作③→⑧右移 7 天时的时标网络图及资源需要量曲线

计算工作③→⑧右移 7 天后资源平均需要量和均方差。

$T=30$ 天，资源平均需要量：

$$R_m = \frac{1}{T} \sum_{i=1}^{T} R_t$$

$$= \frac{1}{30}(15 \times 5 + 21 \times 5 + 16 \times 1 + 11 \times 1 + 8 \times 1 + 22 \times 4 + 20 \times 4$$

$$+ 13 \times 5 + 14 \times 2 + 8 \times 2) = 16.4$$

$$\sum_{i=1}^{T} R_t^2 = 15^2 \times 5 + 21^2 \times 5 + 16^2 \times 1 + 11^2 \times 1 + 8^2 \times 1 + 22^2 \times 4 + 20^2 \times 4$$

$$+ 13^2 \times 5 + 14^2 \times 2 + 8^2 \times 2 = 8\,672$$

均方差：

$$\sigma^2 = \frac{1}{30} \times 8\,672 - 16.4^2 = 289.06 - 268.96 = 20.1$$

对于工作⑤→⑧，以图 4-119 为基础，应用式(4-57)：

$$\Delta_{5-8} = R_{b+1} - R_{a+1} + R_{i-j} = R_{26+1} - R_{13+1} + R_{5-8} = 14 - 22 + 5 = -3 < 0$$

可右移1天。

工作⑤→⑧右移1天的时标网络图及资源需要量动态数列见图4-120。

若工作⑤→⑧再右移1天，根据式(4-57)有：
$$R_{26+2} - R_{13+2} + R_{5-8} = 14 - 22 + 5 = -3 < 0$$
可右移1天；
$$R_{26+3} - R_{13+3} + R_{5-8} = 8 - 22 + 5 = -9 < 0$$
可右移1天；
$$R_{26+4} - R_{13+4} + R_{5-8} = 8 - 22 + 5 = -9 < 0$$
可右移1天。

图4-120 工作⑤→⑧右移1天的时标网络图及资源需要量动态数列

由图4-119可知，工作⑤→⑧总时差只有4天，至此总时差已用完，故工作⑤→⑧不能再右移。工作⑤→⑧右移4天时标网络图及资源需要量曲线见图4-121。

计算工作⑤→⑧右移4天后资源平均需要量和均方差。

$T=30$天，资源平均需要量：

$$R_m = \frac{1}{T}\sum_{i=1}^{T}R_t$$
$$= \frac{1}{30}(15 \times 5 + 21 \times 5 + 16 \times 1 + 11 \times 1 + 8 \times 1 + 17 \times 4 + 20 \times 4 + 13 \times 5 + 19 \times 2 + 13 \times 2) = 16.4$$

均方差：

项目4 网络计划技术

$$\sigma^2 = \frac{1}{T}\sum_{i=1}^{T} R(t)^2 - R_m^2$$

$$\sum_{i=1}^{T} R(t)^2 = 15^2 \times 5 + 21^2 \times 5 + 16^2 \times 1 + 11^2 \times 1 + 8^2 \times 1 + 17^2 \times 4 + 20^2 \times 4$$
$$+ 13^2 \times 5 + 19^2 \times 2 + 13^2 \times 2$$
$$= 1\,125 + 2\,205 + 256 + 121 + 64 + 1\,156 + 1\,600 + 845 + 722 + 338 = 8432$$

$$\sigma^2 = \frac{1}{30} \times 8432 - 16.4^2 = 281.07 - 268.96 = 12.11$$

图 4-121 工作⑤→⑧右移 4 天时的时标网络图及资源需要量曲线

② 第二次调整。

以节点⑦为结束节点的非关键工作有③→⑦和⑤→⑦。

根据式(4-57),判断 Δ。

工作⑤→⑦:$a=13, b=21, TF_{5-7}=5, R_{5-7}=7$:

$$\Delta_{5-7} = R_{b+1} - R_{a+1} + R_{i-j} = R_{21+1} - R_{13+1} + R_{5-7} = 13 - 17 + 7 = 3 > 0$$

不能右移 1 天。

根据式(4-59)有：
$$R_{21+1} - R_{13+1} + R_{5-7} + R_{21+2} - R_{13+2} + R_{5-7}$$
$$= 13 - 17 + 7 + 13 - 17 + 7 = 6 > 0$$

不能右移 2 天；
$$R_{21+1} - R_{13+1} + R_{5-7} + R_{21+2} - R_{13+2} + R_{5-7} + R_{21+3} - R_{13+3} + R_{5-7}$$
$$= 13 - 17 + 7 + 13 - 17 + 7 + 13 - 17 + 7 = 9 > 0$$

不能右移 3 天；

$$R_{21+1} - R_{13+1} + R_{5-7} + R_{21+2} - R_{13+2} + R_{5-7} + R_{21+3} - R_{13+3} + R_{5-7} + R_{21+4} - R_{13+4} + R_{5-7}$$

$$= 13-17+7+13-17+7+13-17+7+13-17+7 = 12 > 0$$

不能右移 4 天;

$$R_{21+1} - R_{13+1} + R_{5-7} + R_{21+2} - R_{13+2} + R_{5-7} + R_{21+3} - R_{13+3} + R_{5-7}$$
$$+ R_{21+4} - R_{13+4} + R_{5-7} + R_{21+5} - R_{13+5} + R_{5-7}$$

$$= 13-17+7+13-17+7+13-17+7+13-17+7+13-20+7 = 12 > 0$$

不能右移 5 天。

由于工作⑤→⑦的总时差=5,所以工作⑤→⑦不能右移。

工作③→⑦根据公式(4-57)判断 Δ:

$a=5, b=12, TF_{3-7}=14, R_{3-7}=9$

$$\Delta_{3-7} = R_{b+1} - R_{a+1} + R_{i-j} = R_{12+1} - R_{5+1} + R_{3-7} = 8 - 21 + 9 = -4 < 0$$

可右移 1 天。

工作③→⑦右移 1 天的时标网络图及资源需要量动态数列见图 4-122。

图 4-122

若工作③→⑦再右移 1 天,根据式(4-57)有:

$$R_{12+2} - R_{5+2} + R_{3-7} = 17 - 21 + 9 = 5 > 0$$

不能右移 2 天。

根据式(4-59)有:

$$R_{12+2} - R_{5+2} + R_{3-7} + R_{12+3} - R_{5+3} + R_{3-7}$$
$$= 17 - 21 + 9 + 17 - 21 + 9 = 10 > 0$$

不能右移 3 天;

$$R_{12+2} - R_{5+2} + R_{3-7} + R_{12+3} - R_{5+3} + R_{3-7} + R_{12+4} - R_{5+4} + R_{3-7}$$
$$= 17 - 21 + 9 + 17 - 21 + 9 + 17 - 21 + 9 = 15 > 0$$

不能右移 4 天;

$$R_{12+2} - R_{5+2} + R_{3-7} + R_{12+3} - R_{5+3} + R_{3-7} + R_{12+4} - R_{5+4} + R_{3-7} + R_{12+5} - R_{5+5} + R_{3-7}$$
$$= 17 - 21 + 9 + 17 - 21 + 9 + 17 - 21 + 9 + 17 - 21 + 9 = 20 > 0$$

不能右移 5 天；

$$R_{12+2} - R_{5+2} + R_{3-7} + R_{12+3} - R_{5+3} + R_{3-7} + R_{12+4} - R_{5+4} + R_{3-7} + R_{12+5}$$
$$- R_{5+5} + R_{3-7} + R_{12+6} - R_{5+6} + R_{3-7}$$
$$= 17 - 21 + 9 + 17 - 21 + 9 + 17 - 21 + 9 + 17 - 21 + 9 + 20 - 16 + 9 = 33 > 0$$

不能右移 6 天。

以此类推，结果是工作③→⑦右移 1 天后，再不能右移。

计算工作③→⑦右移 1 天后资源平均需要量和均方差，$T=30$ 天；资源平均需要量：

$$R_m = \frac{1}{T}\sum_{i=1}^{T} R_t$$
$$= \frac{1}{30}(15 \times 5 + 12 \times 1 + 21 \times 4 + 16 \times 1 + 11 \times 1 + 17 \times 5$$
$$+ 20 \times 4 + 13 \times 5 + 19 \times 2 + 13 \times 2) = 16.4$$

$$\sum_{i=1}^{T} R_t^2 = 15^2 \times 5 + 12^2 \times 1 + 21^2 \times 4 + 16^2 \times 1 + 11^2 \times 1 + 17^2 \times 5$$
$$+ 20^2 \times 4 + 13^2 \times 5 + 19^2 \times 2 + 13^2 \times 2$$
$$= 1\,125 + 144 + 1\,764 + 256 + 121 + 1\,445 + 1\,600 + 845 + 722 + 338 = 8\,360$$

均方差：

$$\sigma^2 = \frac{1}{30} \times 8\,360 - 16.4^2 = 278.67 - 268.96 = 9.71$$

③ 第三次调整。

以节点⑥为结束节点的非关键工作只有②→⑥。

根据式(4-57)，判断 Δ。

工作②→⑥，$a=5, b=11, TF_{5-7}=6, R_{2-6}=5$：

$$\Delta_{2-6} = R_{b+1} - R_{a+1} + R_{i-j} = R_{11+1} - R_{5+1} + R_{2-6} = 11 - 12 + 5 = 4 > 0$$

不能右移 1 天。

根据式(4-59)有：

$$R_{11+1} - R_{5+1} + R_{2-6} + R_{11+2} - R_{5+2} + R_{2-6}$$
$$= 11 - 12 + 5 + 17 - 21 + 5 = 5 > 0$$

不能右移 2 天；

$$R_{11+1} - R_{5+1} + R_{2-6} + R_{11+2} - R_{5+2} + R_{2-6} + R_{11+3} - R_{5+3} + R_{2-6}$$
$$= 11 - 12 + 5 + 17 - 21 + 5 + 17 - 21 + 5 = 6 > 0$$

不能右移 3 天；

$$R_{11+1} - R_{5+1} + R_{2-6} + R_{11+2} - R_{5+2} + R_{2-6} + R_{11+3} - R_{5+3} + R_{2-6} + R_{11+4} - R_{5+4} + R_{2-6}$$
$$= 11 - 12 + 5 + 17 - 21 + 5 + 17 - 21 + 5 + 17 - 21 + 5 = 7 > 0$$

不能右移 4 天；

$$R_{11+1} - R_{5+1} + R_{2-6} + R_{11+2} - R_{5+2} + R_{2-6} + R_{11+3} - R_{5+3} + R_{2-6} + R_{11+4} - R_{5+4}$$
$$+ R_{2-6} + R_{11+5} - R_{5+5} + R_{2-6}$$
$$= 11 - 12 + 5 + 17 - 21 + 5 + 17 - 21 + 5 + 17 - 21 + 5 + 17 - 21 + 5 = 8 > 0$$

不能右移 5 天;

$$R_{11+1} - R_{5+1} + R_{2-6} + R_{11+2} - R_{5+2} + R_{2-6} + R_{11+3} - R_{5+3} + R_{2-6} + R_{11+4} - R_{5+4}$$
$$+ R_{2-6} + R_{11+5} - R_{5+5} + R_{2-6} + R_{11+6} - R_{5+6} + R_{2-6}$$
$$= 11 - 12 + 5 + 17 - 21 + 5 + 17 - 21 + 5 + 17 - 21 + 5$$
$$+ 17 - 21 + 5 + 17 - 16 + 5 = 14 > 0$$

不能右移 6 天。

由于工作②→⑥的总时差=6,所以工作②→⑥不能右移。

④ 第四次调整。

以节点③为结束节点的非关键工作只有①→③。

根据式(4-57),判断 Δ。

工作①→③,$a=0, b=5, TF_{5-7}=0, R_{1-3}=5$:

$$\Delta_{1-3} = R_{b+1} - R_{a+1} + R_{i-j} = R_{5+1} - R_{0+1} + R_{1-3}$$
$$= 12 - 15 + 5 = 2 > 0$$

不能右移 1 天。

经过调整后资源平均需要量和均方差分别为:

$$R_m = 16.4, \sigma^2 = 9.71$$

思考与实训

1. 思考题

(1) 什么叫双代号网络图?

(2) 什么叫虚工作?

(3) 至少指出下面网络图(图 4-123)中的 5 种错误。

图 4-123

(4) 用破圈法找出图 4-124 中关键线路,确定总工期。

2. 实训题

实训 4-1

背景资料:

某工程资料见表 4-20。

表 4-20 某工程工序代号、工作时间表

工序代号	持续时间(天)	工序代号	持续时间(天)
①→②	3	④→⑤	6
②→③	7	④→⑥	8
②→④	5	⑤→⑥	0
③→④	0	⑤→⑦	11
③→⑤	9	⑥→⑦	10

图 4-124

问题：

绘制双代号网络图。

实训 4-2

背景资料：

某工程资料见表 4-21。

表 4-21 某工程工序代号、工作时间表

工序代号	紧前工序	持续时间(天)	工序代号	紧前工序	持续时间(天)
A	/	3	K	J	0
B	A	11	L	B	17
C	B	23	M	L	4
D	C、L	11	N	M	21
E	D、N	21	O	N	21
F	E、S	4	P	O	11
G	F	5	Q	F、P	4
H	G、P	3	R	M	6
I	H、Q	2	S	CR	38
J	I	5			

问题：

绘制双代号网络图。

实训 4-3

背景资料:

某工程网络计划见图 4-125。

问题:

用图上计算法计算工作的最早开始时间 ES_{i-j} 和最迟开始时间 LS_{i-j},并确定关键线路及总工期。

图 4-125

实训 4-4

背景资料:

要建一无线电发射实验基地,工程的主要活动及其所需时间如下:

① 清理场地 1 天;

② 基础工程 8 天;

③ 建造房屋 6 天;

④ 建发射塔 10 天;

⑤ 安电缆 5 天;

⑥ 安装发射设备 3 天;

⑦ 调试 1 天;

⑧ 验收 1 天。

施工顺序如下:清理现场后,基础工程与安装电缆同时开始,基础完工后,建房与建发射塔同时进行,安装设备应在建房与装电缆完成之后开始,最后进行调试,验收。

问题:

① 简述网络计划的应用程序。

② 试问整个建塔工程需要多少天?哪些活动处在关键线路上?

实训 4-5

背景资料:

某工程资料见表 4-22。

表 4-22 某工程工序代号、工作时间表

工序代号	A	B	C	D	E	F	G	H
紧前工序	/	A	B	B	B	C,D	C,E	F,G
持续时间(天)	3	5	3	8	4	6	4	6

问题:

根据表 4-22 中资料绘制双代号网络图,计算网络计划各工序的最早开始时间、最早完成时间、最迟开始时间、最迟完成时间、工序总时差及自由时差,并确定关键线路及总工期。

实训 4-6
背景资料：
某工程工序代号、工作时间见表 4-23。
问题：
用表上计算法计算各工序的最早开始时间、最早完成时间、最迟开始时间、最迟完成时间，并确定关键线路及总工期。

表 4-23 某工程工序代号、工作时间表

工序代号	持续时间（天）	工序代号	持续时间（天）
①→②	6	⑤→⑦	18
①→③	11	⑤→⑨	10
①→④	13	⑥→⑦	0
②→④	0	⑥→⑧	9
②→⑤	15	⑦→⑧	6
③→④	7	⑦→⑨	14
③→⑥	14	⑦→⑩	9
④→⑤	8	⑧→⑩	15
④→⑦	12	⑨→⑩	6

实训 4-7
背景资料：
某工程工序代号、工作时间见表 4-24。
问题：
用表上计算法计算各工序的最早开始时间、最早完成时间、最迟开始时间、最迟完成时间、工序总时差及自由时差，并确定关键线路及总工期。

表 4-24 某工程工序代号、工作时间表

工序代号	持续时间（天）	工序代号	持续时间（天）
①→②	11	⑥→⑧	25
②→③	21	⑦→⑨	0
②→④	41	⑧→⑨	13
②→⑦	29	⑨→⑩	0
③→⑤	9	⑨→⑪	11
④→⑥	0	⑨→⑫	7
④→⑦	11	⑩→⑪	7
⑤→⑥	31	⑪→⑫	5
⑥→⑦	0	⑫→⑬	5

实训 4-8

背景资料：

实训 4-4 中各工序的施工人数如表 4-25 所示。

表 4-25　某工程工序代号、逻辑关系、工作时间表

工序名称	工序代号	紧前工序	工序时间（天）	施工人数
清理场地	A	/	1	15
基础工程	B	A	8	20
建造房屋	C	B	6	20
建发射塔	D	B	10	25
装电缆	E	A	5	15
安装发射设备	F	C、E	3	15
调试	G	F、D	1	5
验收	H	G	1	10

问题：

试绘制双代号时标网络计划和劳动力需要量曲线。

实训 4-9

背景资料：

某 3 层全现浇钢筋混凝土结构主体工程，分 4 个施工段，各施工过程在各施工段上的持续时间为：支模板 4 天、扎钢筋 2 天、浇混凝土 2 天、层间技术间歇 2 天（即浇筑混凝土后在其上支模的技术要求）。

问题：

① 绘制双代号网络图。

② 用图上计算法计算各工序的最早开始时间，最迟开始时间。

③ 用图上计算法计算各节点的最早开始时间，最迟开始时间。

④ 简述双代号网络图关键线路的确定方法，并确定该网络计划的关键线路及工期用双线在图上标出。

⑤ 用破圈法核对找出的关键线路和工期是否正确。

实训 4-10

背景资料：

某工程资料如表 4-26 所示。

问题：

① 绘制双代号网络图，计算 6 个时间参数，确定关键线路，并标在图上。

② 绘制单代号网络图，计算 6 个时间参数，确定关键线路，并标在图上。

③ 绘制双代号时标网络图。

表 4-26

工作	紧前工作	紧后工作	持续时间
A1	—	A2、B1	2
A2	A1	A3、B2	2
A3	A2	B3	2
B1	A1	B2、C1	3
B2	A2、B1	B3、C2	3
B3	A3、B2	D、C3	3
C1	B1	C2	2
C2	B2、C1	C3	4
C3	B3、C2	E、F	2
D	B3	G	2
E	C3	G	1
F	C3	I	2
G	D、E	H、I	4
H	G	—	3
I	F、G	—	3

实训 4-11

背景资料：

某工程双代号网络图如图 4-126 所示，箭线下方为工作的正常时间和极限时间（天），箭线上方为工作的正常费用和极限费用（元）。已知间接费为 200 元/天。

问题：

试研究并求出工期较短而费用最少的最优方案。

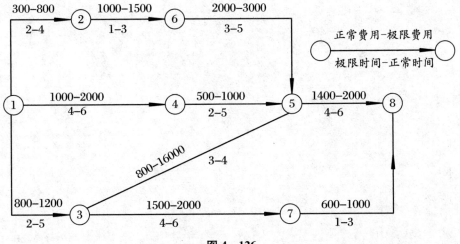

图 4-126

实训 4-12

背景资料：

某工程双代号网络图如图 4-127 所示，箭线下方为工作时间（天），箭线上方为工作的资源用量，现每天可能供应的资源数量为 10 个单位。

图 4-127

问题：

如何进行资源有限—工期最短的优化，以满足资源限制条件。

施工组织总设计

 内容要点

① 施工组织总设计编制的程序及依据;
② 施工部署的主要内容;
③ 施工总进度计划编制的原则、步骤和方法;
④ 暂设工程的组织;
⑤ 施工总平面图设计的原则步骤和方法;
⑥ 施工组织总设计的评价方法。

 学习要求

① 了解施工组织总设计编制的程序;
② 掌握施工组织总设计编制的步骤和方法;
③ 能进行项目工程施工部署及设计正确的施工方案;
④ 会编制施工总进度计划;
⑤ 能进行施工总平面图设计。

5.1 编制原则、依据及内容

施工组织总设计是以整个建设项目或群体工程(一个住宅建筑小区、配套的公共设施工程、一个配套的工业生产系统等)为对象编制的,用以指导建设全过程各项活动的全局性、控制性的技术经济文件。一般由建设总承包单位负责编制。其主要作用如下:
① 为建设单位编制建设计划提供依据;
② 确定设计方案施工的可能性和经济合理性;

③ 保证全场性施工准备工作顺利进行；
④ 为施工单位编制总体施工计划提供依据；
⑤ 为组织物资、技术供应提供依据；
⑥ 编制单位工程施工组织的依据。

5.1.1 施工组织总设计的编制原则

编制施工组织总设计应遵照以下基本原则：
① 严格遵守工期定额和合同规定的工程竣工及交付使用期限。
总工期较长的大型建设项目，应根据生产的需要，安排分期分批建设，配套投产或交付使用，从实质上缩短工期，尽早地发挥建设投资的经济效益。
在确定分期分批施工的项目时，必须注意使每期交工的一套项目可以独立地发挥效用，使主要的项目同有关的附属辅助项目同时完工，以便完工后可以立即交付使用。
② 合理安排施工顺序。
建筑施工有其本身的客观规律，按照反映这种规律的程序组织施工，能够保证各项施工活动相互促进、紧密衔接，避免不必要的重复工作，加快施工速度，缩短工期。
③ 贯彻多层次技术结构的技术政策，因时因地制宜地促进建筑工业化的发展。
④ 从实际出发，做好人力、物力的综合平衡，组织均衡施工。
⑤ 尽量利用正式工程、原有或就近的已有设施，以减少各种暂设工程。
尽量利用当地资源，合理安排运输、装卸与储存作业，减少物资运输量，避免二次搬运。
精心进行场地规划布置，节约施工用地，不占或少占农田，防止施工事故，做到文明施工。
⑥ 实施目标管理。
编制施工组织总设计的过程，也就是提出施工项目目标及实现办法的规划过程。因此，必须遵循目标管理的原则，应使目标分解得当，决策科学，实施有法。
⑦ 与施工项目管理相结合。
进行施工项目管理，必须事先进行规划，使管理工作按规划有序地进行。
施工项目管理规划的内容应在施工组织总设计的基础上进行扩展，使施工组织总设计不仅服务于施工和施工准备，而且服务于经营管理和施工管理。

5.1.2 施工组织总设计的编制依据

为了保证施工组织总设计的编制工作顺利进行和提高其编制水平及质量，使施工组织总设计更能结合实际、切实可行，并能更好地发挥其指导施工安排、控制施工进度的作用，应以如下资料作为编制依据：

1. 计划文件及有关合同的规定
① 如国家（包括国家发改委及省、市发改委）或有关部门批准的基本建设或技术改造项目的计划、可行性研究报告、工程项目一览表、分批分期施工的项目和投资计划；
② 建设地点所在地区主管部门有关批件；

③ 施工单位上级主管部门下达的施工任务计划；
④ 招投标文件及签订的工程承包合同中的有关施工要求的规定；
⑤ 工程所需材料、设备的订货合同等。

2. 设计文件及有关规定

如批准的初步设计或扩大初步设计、设计说明书、总概算或修正总概算和已批准的计划任务书等。

3. 建设地区的工程勘察和技术经济调查资料

① 勘察资料主要有：

地形、地貌、水文、地质、气象等自然条件。

② 调查资料主要有：

可能为建设项目服务的建筑安装企业、预制加工企业的人力、设备、技术与管理水平等情况；

工程材料的来源与供应情况；

交通运输情况以及水电供应情况等建设地区的技术经济条件资料；

当地政治、经济、文化、科技、宗教等社会调查资料。

4. 国家现行规范、规程和有关技术标准

主要有施工及验收规范、质量标准、工艺操作规程、HSE强制标准、概算指标、概预算定额、技术规定和技术经济指标等。

5. 类似建设工程项目的经验资料

如类似、相似或近似建设项目的施工组织总设计实例、施工经验的总结资料及有关的参考数据等。

5.1.3 施工组织总设计的编制程序

施工组织总设计是在工程的初步设计阶段，由工程建筑总承包单位负责编制，通常应该遵循如图 5-1 所示的编制程序。

5.1.4 施工组织总设计的内容

《建筑施工组织设计规范》GB/T 50502—2009 规定，施工组织总设计的内容主要包括：

① 工程概况；
② 总体施工部署；
③ 施工总进度计划；
④ 总体施工准备与主要资源配置计划；
⑤ 主要施工方法；
⑥ 施工总平面布置。

图 5-1 施工组织总设计编制程序框图

5.2 工程概况

施工组织设计中的工程概况,实际上是一个关于工程各个方面的总的说明,是对拟建项目或建筑群体工程所作的一个简明扼要、重点突出的文字介绍。工程概况应包括项目主要情况和项目主要施工条件等(表 5-1)。

表 5-1 工程概况表

工程概况表		编 号	
一般情况	工程名称	建设单位	
	建设用途	设计单位	
	建设地点	监理单位	
	总建筑面积	施工单位	
	开工日期	竣工日期	
	结构类型	基础类型	
	层 数	建筑檐高	
	地上面积	地下室面积	
	人防等级	抗震等级	
构造特征	地基与基础		
	柱、内外墙		
	梁、板、楼盖		
	外墙装饰		
	内墙装饰		
	楼地面装饰		
	屋面构造		
	防火设备		
机电系统名称			
其他			

5.2.1 项目主要情况

项目主要情况应包括下列内容：
① 项目名称、性质、地理位置和建设规模；
② 项目的建设、勘察、设计和监理等相关单位的情况；
③ 项目设计概况；
④ 项目承包范围及主要分包工程范围；
⑤ 施工合同或招标文件对项目施工的重点要求；
⑥ 其他应说明的情况。生产流程及工艺特点；建筑结构类型、特征及复杂程度。

5.2.2 项目主要施工条件

项目主要施工条件应包括下列内容：
① 项目建设地区气象状况；

② 项目施工区域地形和工程水文地质状况；

③ 项目施工区域地上、地下管线及相邻的地上、地下建（构）筑物情况；

④ 与项目施工有关的道路、河流等状况；

⑤ 当地建筑材料、设备供应和交通运输等服务能力状况；

⑥ 当地供电、供水、供热和通信能力状况；

⑦ 其他与施工有关的主要因素。（有关建设项目的决议和协议，土地的征用范围、数量和居民的拆迁时间安排等。）

5.3 总体施工部署

施工部署是在充分了解工程情况、施工条件和建设要求的基础上，用文字来阐述如何完成整个建设项目的施工任务的总设想，对整个建设项目实施过程做出的统筹规划和全面安排。它主要解决影响建设项目全局的重大战略问题。施工部署的内容和侧重点根据建设项目的性质、规模和客观条件不同而有所不同。一般包括项目施工主要目标、施工顺序及空间组织、施工组织安排等。施工部署是施工组织总设计的核心，它在时间上体现为施工总进度计划，在空间上体现为施工总平面图。

5.3.1 施工组织总设计应对项目总体施工做出下列宏观部署

① 确定项目施工总目标，包括进度、质量、安全、环境和成本等目标；

② 根据项目施工总目标的要求，确定项目分阶段（期）交付的计划；

③ 明确项目分阶段（期）施工的合理顺序及空间组织。

5.3.2 对于项目施工的重点和难点应进行简要分析

工程施工重点、难点分析，包括组织管理和施工技术两个方面。

1. 现浇多层框架施工重点、难点

现浇多层框架中的复杂结构、复杂造型以及精度较高的结构形式和构件，这些关键部位，是控制质量、工期、成本的主要问题，合理解决这些问题是工程顺利进展的关键。

现浇多层框架中施工工序复杂，工种较多，施工操作中涉及钢筋、模板、混凝土、瓦工、电气、水暖、装饰等工种，其各工种之间，内、外之间，各结构构件之间，都要通盘考虑施工操作中的配合、衔接问题，任何一个工种，任何一道工序出现问题，都将影响分项、分部甚至全局的工程质量及进度、成本。

2. 高层建筑施工重点、难点

① 工程测量和建筑物沉降监测（对竖向测量控制精度要求高）；

② 混凝土核心筒的施工；

③ 高性能混凝土的配制、浇筑、养护及质量管理；

④ 高层施工安全。

3. 大体积混凝土施工中重点难点

混凝土内外温差较大时,会使混凝土产生温度裂缝。

4. 地下室施工重点、难点

地下室的抗渗、裂、漏及后浇带施工时间、施工质量。

5. 砌筑工程施工中重点难点

① 砌体的平整度、垂直度控制;

② 砌块与拉结筋连接;

③ 砌体整体强度。

6. 钢结构施工重点、难点

① 钢构件加工质量监控;

② 预埋件埋设;

③ 大型构件的安装就位及测量控制;

④ 厚钢板焊接。

施工企业应围绕重点难点工程开展学习培训,使大家充分了解重点难点工程,掌握解决重点难点工程的施工方案。科学组织,优化资源配置。在保证全面施工的同时,对重点工程重点对待,物资、机械设备、模板、劳动力等资源向重点难点工程方面倾斜,确保重点难点工程施工。加强组织协调。

5.3.3 总承包单位应明确项目管理组织机构形式,并宜采用框图的形式表示

施工单位在实施工程项目管理过程中,可能采用的组织形式主要有以下几种:

1. 直线式组织形式

直线制是一种最简单的组织机构形式。在这种组织机构中,各种职位均按直线垂直排列,任何一个下级只接受唯一上级的指令。直线式组织形式的组织机构简单、隶属关系明确、权力集中、命令统一、职责分明、决策迅速。但由于未设职能部门,项目经理没有参谋和助手,对项目经理的综合素质要求较高,要求其通晓各种业务,成为"全能式"人才,因此比较适合于中小型项目。其组织形式如图5-2所示。

图5-2 直线制组织机构示意图

2. 职能式组织形式

职能制组织机构是在各管理层次之间设置职能部门,各职能部门分别从职能角度对下级执行者进行业务管理。在职能制组织机构中,各级领导不直接指挥下级,而是指挥职能部门。各职能部门可以在上级领导的授权范围内,就其所辖业务范围向下级执行者发布命令和指示。职能制组织机构如图 5-3 所示。

职能制组织机构的主要优点是强调管理业务的专门化,注意发挥各类专家在项目管理中的作用。由于管理人员工作单一,易于提高工作质量,同时可以减轻领导者的负担。但是,由于这种机构没有处理好管理层次和管理部门的关系,形成多头领导,使下级执行者接受多方指令,容易造成职责不清。

图 5-3 职能制组织机构示意图

3. 直线职能式组织形式

直线职能制组织结构既保持了直线制统一指挥的特点,又满足了职能制对管理工作专业化分工的要求。其主要优点是集中领导、职责清楚,有利于提高管理效率。但这种组织机构中各职能部门之间的横向联系差,信息传递路线长,职能部门与指挥部门之间容易产生矛盾。主要适用于中小型项目。直线职能制组织机构如图 5-4 所示,图中的实线为领导关系;虚线为指导关系。

图 5-4 直线职能制组织机构示意图

4. 矩阵式组织形式

矩阵制组织机构是将按职能划分的部门与按工程项目(或产品)设立的管理机构,依照矩阵方式有机地结合起来的一种组织机构形式。这种组织机构以工程项目为对象设置,各项目管理机构内的管理人员从各职能部门临时抽调,归项目经理统一管理,待工程完工交付后又回到原职能部门或到另外工程项目的组织机构中工作。矩阵制组织机构如图 5-5 所示。

矩阵制组织机构的优点是能根据工程任务的实际情况灵活地组建与之相适应的管理机构,具有较大的机动性和灵活性。它实现了集权与分权的最优结合,有利于调动各类人员的工作积极性,使工程项目管理工作顺利地进行。但是,矩阵制组织机构经常变动,稳定性差,尤其是业务人员的工作岗位频繁调动。此外,矩阵中的每一个成员都受项目经理和职能部门经理的双重领导,如果处理不当,会造成矛盾,产生扯皮现象。对于管理人员的素质要求较高。因此,主要适用于大型复杂项目或多个同时进行的项目。

图 5-5 矩阵制组织机构示意图

5. 事业部式组织形式

事业部式组织结构,又称分权式组织结构或 M 形结构,其组织形式如图 5-6 所示。它是适应现代社会组织规模日趋庞大、活动内容日益复杂、变化迅速,基层单位自主经营日益重要的形式而产生的。这种组织结构的最大特征在于分权化。它按照产品、地区、市场或顾客将组织划分为若干个相对独立的单位,称之为事业部。各事业部根据最高管理层次制定的方针、政策和下达的任务、指标,全权指挥所管辖单位和部门的生产经营活动,并对最高管理层次全面负责,各事业部在人事、财务、组织机构设置方面有较大的自主权。这种组织结构的优点是:

图 5-6 事业部式组织机构示意图

① 最高管理部门和管理者可以把主要精力放在研究制定组织发展的战略方面,而不拘泥于对具体事务的管理;

② 由于权力下放,各事业部能独立自主根据环境变化处理日常工作,从而使整个管理富于弹性,使组织工作更加具有灵活性和适应性,可以做到因地制宜、因时制宜;

③ 由于权力下放,各事业部门独立性较强,可以摆脱请示汇报、公文旅行、浪费时间的陋习,提高工作效率;

④ 由于事业部是相对独立的经营单位,便于将组织的经营状况同组织成员的物质利益挂起钩来,从而调动大家的积极性。

各事业部之间有比较,有竞争,这种比较和竞争有利于企业的发展。但是,事业部制本身又具有缺陷,主要表现在:过分强调分权,削弱了组织的统一;强调各部门的独立,缺乏整体观念和各部门之间的协作;各事业部都存在自己的职能部门,有可能导致机构重叠,管理人员增多,人浮于事,管理费用增大等问题。

事业部必须具有三个基本要素:即相对独立的市场;相对独立的利益;相对独立的自主权。主要适用于大型施工企业在一个地区有长期的市场或拥有多种专业施工能力。

5.3.4 对于项目施工中开发和使用的新技术、新工艺应做出部署

为了确保工期,质量和降低成本,有效的促进生产力的提高,提高工人的操作水平,减轻工人的操作强度,满足房屋的结构功能和使用功能,优质、高速、经济地完成工程的施工任务。在工程施工中,应采用先进的施工工艺和施工方法,大力推广新材料、新工艺、新技术。在施工组织总设计中就应对项目施工中开发和使用的新技术、新工艺应做出部署。

5.3.5 对主要分包项目施工单位的资质和能力应提出明确要求

总承包方要尽量选择有资质的、有经验的、经评定合格的或有良好信誉的分包单位。

1. 专业承包企业资质等级标准的种类

① 地基与基础工程专业承包企业资质等级标准;
② 土石方工程专业承包企业资质等级标准;
③ 建筑装修装饰工程专业承包企业资质等级标准;
④ 建筑幕墙工程专业承包企业资质等级标准;
⑤ 预拌商品混凝土专业企业资质等级标准;
⑥ 混凝土预制构件专业企业资质等级标准;
⑦ 园林古建筑工程专业承包企业资质等级标准;
⑧ 钢结构工程专业承包企业资质等级标准;
⑨ 高耸构筑物工程专业承包企业资质等级标准;
⑩ 电梯安装工程专业承包企业资质等级标准;
⑪ 消防设施工程专业承包企业资质等级标准;
⑫ 建筑防水工程专业承包企业资质等级标准;
⑬ 防腐保温工程专业承包企业资质等级标准;
⑭ 附着升降脚手架专业承包企业资质等级标准;

⑮ 金属门窗工程专业承包企业资质等级标准；
⑯ 预应力工程专业承包企业资质等级标准；
⑰ 起重设备安装工程专业承包企业资质等级标准；
⑱ 机电设备安装工程专业承包企业资质等级标准；
⑲ 爆破与拆除工程专业承包企业资质等级标准；
⑳ 建筑智能化工程专业承包企业资质等级标准；
㉑ 环保工程专业承包企业资质等级标准；
㉒ 电信工程专业承包企业资质等级标准；
㉓ 电子工程专业承包企业资质等级标准；
㉔ 桥梁工程专业承包企业资质等级标准；
㉕ 隧道工程专业承包企业资质等级标准；
㉖ 公路路面工程专业承包企业资质等级标准；
㉗ 公路路基工程专业承包企业资质等级标准；
㉘ 公路交通工程专业承包企业资质等级标准；
㉙ 铁路电务工程专业承包企业资质等级标准；
㉚ 铁路铺轨架梁工程专业承包企业资质等级标准；
㉛ 铁路电气化工程专业承包企业资质等级标准；
㉜ 机场场道工程专业承包企业资质等级标准；
㉝ 机场空管工程及航站楼弱电系统工程专业承包企业资质等级标准；
㉞ 机场目视助航工程专业承包企业资质等级标准；
㉟ 港口与海岸工程专业承包企业资质等级标准；
㊱ 港口装卸设备安装工程专业承包企业资质等级标准；
㊲ 航道工程专业承包企业资质等级标准；
㊳ 通航建筑工程专业承包企业资质等级标准；
㊴ 通航设备安装工程专业承包企业资质等级标准；
㊵ 水上交通管制工程专业承包企业资质等级标准；
㊶ 水工建筑物基础处理工程专业承包企业资质等级标准；
㊷ 水工金属结构制作与安装工程专业承包企业资质等级标准；
㊸ 水利水电机电设备安装工程专业承包企业资质等级标准；
㊹ 河湖整治工程专业承包企业资质等级标准；
㊺ 堤防工程专业承包企业资质等级标准；
㊻ 水工大坝工程专业承包企业资质等级标准；
㊼ 水工隧洞工程专业承包企业资质等级标准；
㊽ 火电设备安装工程专业承包企业资质等级标准；
㊾ 送变电工程专业承包企业资质等级标准；
㊿ 核工程专业承包企业资质等级标准；
51 炉窑工程专业承包企业资质等级标准；
52 冶炼机电设备安装工程专业承包企业资质等级标准；
53 化工石油设备管道安装工程专业承包企业资质等级标准；
54 管道工程专业承包企业资质等级标准；

�55 无损检测工程专业承包企业资质等级标准；
�Ⅰ56 海洋石油工程专业承包企业资质等级标准；
�57 城市轨道交通工程专业承包企业资质等级标准；
�58 城市及道路照明工程专业承包企业资质等级标准；
�59 体育场地设施工程专业承包企业资质等级标准；
�60 特种专业工程专业承包企业资质等级标准。

2. 总包单位对主要分包项目施工单位的资质审查

在选择分包单位时，总承包方可要求分包单位提交填写完整的"资格预审表"、相关资质证书、营业执照、税务登记证、近几年业绩、所做项目的合同原件等；比较特殊的专业还应提供电焊、气焊、特种作业等工种的操作证。

要核查分包单位所提供的资料的真实性，如：对分包单位正在施工或完工的项目进行实地考察，了解其项目的施工管理水平、施工质量如何，工人持证上岗程度如何；在条件允许的前提下，可以从该项目的业主、总承包方了解分包单位的施工管理等情况等等。

这样就可事先将那些不合格的分包单位排除，避免今后出现各种纠纷。

5.4 施工总进度计划

施工总进度计划是根据施工部署中所决定的各建筑物的开工顺序及施工方案，施工的力量（包括人力、物力），通过计算或参照类似建筑物的工期，定出各主要工程的施工期限和各工程之间的搭接时间，用进度表的形式表达出来的用来控制施工时间进度的指导文件。

施工总进度计划一般按下述步骤进行：

1. 计算工程项目及全工地性工程的工程量

施工总进度计划主要通过控制各主要工程工期以及各单位工程之间的搭接关系和时间，来确定各主要工种工程、准备工程和全工地性工程的开、竣工日期。因此在列工程项目一览表时，项目划分不宜过细。通常按分期分批投产顺序和工程开展顺序列出工程项目，并突出每个交工系统中的主要工程项目。一些附属项目及一些临时设施可以合并列出。

根据批准的总承建工程项目一览表，按工程开展程序和单位工程计算主要实物工程量。此时，计算工程量的目的是为了选择施工方案和主要的施工运输机械；初步规划主要施工过程和流水施工；估算各项目的完成时间；计算劳动力及技术物资的需要量。这些工程量只需粗略地计算即可。

计算工程量，可按初步（或扩大初步）设计图纸并根据各种定额手册进行计算。常用的定额资料有以下几种：

① 万元、十万元投资工程量，劳动力及材料消耗扩大指标。这种定额规定了某一种结构类型建筑每万元或十万元投资中劳动力消耗数量、主要材料消耗量。根据图纸中的结构类型，即可估算出拟建工程分项需要的劳动力和主要材料消耗量。

② 概算指标和扩大结构定额。这两种定额都是预算定额的进一步扩大（概算指标是以建筑物的每 100 m³ 体积为单位；扩大结构定额是以每 100 m² 建筑面积为单位）。查定额时，分别按建筑物的结构类型、跨度、高度分类，查出这种建筑物按拟订单位所需的劳动力和各项主

要材料消耗量,从而推出拟计算项目所需要的劳动力和材料的消耗量。

③ 标准设计或已建房屋、构筑物的资料。在缺少定额手册的情况下,可采用已建类似工程实际材料、劳动力消耗量,按比例估算。但是,由于和拟建工程完全相同的已建工程是比较少见的,因此在利用已建工程的资料时,一般都应进行必要的调整。

除建设项目本身外,还必须计算主要的全工地性工程的工程量,例如铁路及道路长度、地下管线长度、场地平整面积等,这些数据可以从建筑总平面图上求得。

按上述方法将算出的工程量填入统一的工程项目一览表,如表 5-2 所示。

表 5-2 工程项目一览表

工程分类	工程项目名称	结构类型	建筑面积	栋数	概算投资	主要实物工程量							
						场地平整	土方工程	铁路铺设	……	砖石工程	钢筋混凝土工程	…	装饰工程	…
			10^3 m²	个	万元	10^3 m²	10^3 m³	km		10^3 m³	10^3 m³		10^3 m²	
全工地性工程														
主体项目														
辅助项目														
永久住宅														
临时建筑														
合　计														

2. 确定各单位工程(或单个建筑物)的施工期限

建筑物的施工期限,由于各施工单位的施工技术与施工管理水平、机械化程度、劳动力和材料供应情况等不同,而且差别较大。因此应根据各施工单位的具体条件,并考虑建筑物的建筑结构类型、体积大小和现场地形地质、施工条件环境等因素加以确定。单位工程的工期亦可参阅工期定额(指标)予以确定。工期定额是根据我国各部门多年来的经验,经分析汇总而成。单位工程的施工期限与建筑类型、结构特征、施工方法、施工技术和管理水平以及现场的施工条件等因素有关,故确定工期时应予以综合考虑。

3. 确定单位工程的开工、竣工时间和相互搭接关系

在施工部署中已确定了总的施工程序和各系统的控制期限及搭接时间,但对每一建筑物何时开工、何时竣工尚未确定。在解决这一问题时,主要考虑下述诸因素:

① 在同一时期的开工项目不宜过多,以免人力、物力的分散;

② 尽量使劳动力和技术物资消耗量在全工程上均衡;

③ 做到土建施工、设备安装和试生产之间在时间的综合安排上以及每个项目和整个建设

④ 确定一些次要工程作为后备项目，用以调剂主要项目的施工进度。

4. 编制施工总进度计划

施工总进度计划可以用横道图表达，也可以用网络图表达。当用横道图表达时，施工总进度计划中施工项目的排列可按施工部署确定的工程展开顺序排列。用网络图表达时，应优先采用时标网络图。采用时标网络图比横道计划更加直观、易懂、一目了然、逻辑关系明确，并能利用电子计算机进行编制、调整、优化、统计资源消耗数量、绘制并输出各种图表，因此应广泛推广使用。

由于施工总进度计划只是起控制各单位工程或各分部工程的开工、竣工时间的作用，因此不必绘制得过细，以单位工程或分部工程作为施工项目名称即可，否则会给计划的编制和调整带来不便。

施工总进度计划的绘制步骤是：首先根据施工项目的工期和相互搭接时间，编制施工总进度计划的初步方案；然后在进度计划的下面绘制投资、工作量、劳动力等主要资源消耗动态曲线图，并对施工总进度计划进行综合平衡、调整，使之趋于均衡；最后绘制成正式的施工总进度计划，可参照表5-3。表5-4是某群体工程施工总进度计划。

表5-3 施工总进度计划

序号	施工项目	建筑指标		设备安装指标(t)	总劳动量（工日）	施工总进度							
						第一年				第二年			
		单位	数量			1	2	3	4	1	2	3	4

表5-4 某住宅工程一期施工总进度计划

项目名称	第一月			第二月			第三月			第四月			第五月			第六月			第七月			第八月			第九月			第十月			第十一月			第十二月			第十三月		
	上	中	下	上	中	下	上	中	下	上	中	下	上	中	下	上	中	下	上	中	下	上	中	下	上	中	下	上	中	下	上	中	下	上	中	下	上	中	下
准备工作	▬	▬	▬																																				
1～5栋				▬	▬	▬	▬	▬	▬	▬	▬	▬	▬	▬	▬	▬	▬	▬	▬	▬	▬	▬																	
6～10栋							▬	▬	▬	▬	▬	▬	▬	▬	▬	▬	▬	▬	▬	▬	▬	▬	▬	▬	▬														
11～15栋													▬	▬	▬	▬	▬	▬	▬	▬	▬	▬	▬	▬	▬	▬	▬	▬	▬	▬									
扫尾工作																																		▬	▬	▬	▬	▬	▬

5. 总进度计划的调整与修正

施工总进度计划表绘制完后,将同一时期各项工程的工作量加在一起,用一定的比例画在施工总进度计划的底部,即可得出建设项目工作量动态曲线。若曲线上存在较大的高峰或低谷,则表明在该时间里各种资源的需求量变化较大,需要调整一些单位工程的施工速度或开竣工时间,以便消除高峰或低谷,使各个时期的工作量尽可能达到均衡。

在编制了各个单位工程的施工进度以后,有时需对施工总进度计划进行必要的调整;在实施过程中,也应随着施工的进展及时作必要的调整;对于跨年度的建设项目,还应根据年度计划,对施工进度计划予以调整。

5.5 总体施工准备与主要资源配置计划

5.5.1 总体施工准备

总体施工准备应包括技术准备、现场准备和资金准备等。

技术准备、现场准备和资金准备应满足项目分阶段(期)施工的需要。

为确保工程按期开工和施工总进度计划的如期完成,应根据建设项目的施工部署、工程施工的展开程序和主要工程项目的施工方案,及时编制好全场性的施工准备工作计划,其形式如表5-5所示。

表5-5 主要施工准备工作计划表

序号	准备工作名称	准备工作内容	负责单位	涉及单位	完成日期	备注

施工准备工作计划主要包括以下内容:

① 按照建筑总平面图做好现场测量控制网,设置永久性测量标志,为放线定位做好准备;

② 土地征用、居民迁移和障碍物拆除,确定建筑材料、成品、半成品的货源和运输、储存方式等;

③ 了解和掌握施工图出图计划、设计意图和拟采用的新结构、新材料、新技术并组织进行试制和实验;

④ 编制施工组织设计和研究有关施工技术措施;

⑤ 有关大型临时设施工程、施工用水、用电和铁路、公路、码头及现场场地平整工作的安排、合理安排好场内外运输、施工用主干道、水、电来源及其引入方案;

⑥ 进行技术培训工作;

⑦ 冬、雨季施工所需要的特殊准备工作。

5.5.2 主要资源配置计划

主要资源配置计划应包括劳动力配置计划和物资配置计划等。

1. 劳动力配置计划应包括的内容

① 确定各施工阶段(期)的总用工量;

② 根据施工总进度计划确定各施工阶段(期)的劳动力配置计划。

根据施工总进度计划,套用概算定额或经验资料分别计算出一年四季(或各月)所需劳动力数量;然后按表汇总成劳动力需要量及使用计划,同时解决劳动力不足的相应措施。

劳动力配置计划其形式如表5-6所示。

表5-6 主要劳动力需要量计划表

施工阶段(期)	工程类别	单项工程		劳动量(工日)	专业工种		需要量计划								
							20××年(月)					20××年(季)			
		编码	名称		编码	名称	1	2	3	4	…	一季度	二季度	三季度	四季度
1		…													
		…													
		…													

2. 物资配置计划应包括的内容

① 根据施工总进度计划确定主要工程材料和设备的配置计划;

② 根据总体施工部署和施工总进度计划确定主要周转材料和施工机具的配置计划。

根据工种工程量汇总表和总进度计划的要求,查"万元定额"或"概算指标"即可得出各单位工程所需的物资需要量,从而编制出物资需要量计划,建设项目各种物资需要量计划其形式如表5-7所示。

表5-7 主要材料和预制品需要量计划表

施工阶段(期)	工程类别	单项工程		工程材料、预制品				需要量计划								
								20××年(月)					20××年(季)			
		编码	名称	编码	名称	种类	规格	1	2	3	4	…	一季度	二季度	三季度	四季度
1		…														
		…														
		…														

根据施工进度计划、主要建筑物施工方案和工程量,并套用机械产量定额,即可得到主要施工机械(如挖土机、起重机等)需要量;辅助机械可根据安装工程每10万元扩大概算指标求

得,运输机具的需要量根据运输量计算,从而编制出机械需要量计划。根据施工部署和主要建筑物的施工方案、技术措施以及总进度计划的要求,即可提出必需的主要施工机具的数量及进场日期。这样,可使所需机具按计划进场,另外可为计算施工用电、选择变压器容量等提供计算依据。主要施工及运输机械需要量汇总表其形式如表5-8所示。

表5-8 主要施工及运输机械需要量汇总表

施工阶段(期)	工程类别	单项工程		施工及运输机械				需要量计划								
								20××年(月)					20××年(季)			
		编码	名称	编码	名称	型号	电功率	1	2	3	4	…	一季度	二季度	三季度	四季度
1	…															
	…															
	…															

5.6 主要施工方法

各个施工过程都有若干可行的施工方法,应根据工程的具体情况选择最先进、最可行、最经济的施工方法。在选择时应注意以下方面:

① 施工组织总设计应对项目涉及的单位(子单位)工程和主要分部(分项)工程所采用的施工方法进行简要说明。

② 对脚手架工程、起重吊装工程、临时用水用电工程、季节性施工等专项工程所采用的施工方法进行简要说明。

例:主要工程项目的施工方法。

1. 钢筋工程

① 钢筋连接:基础底板,梁直径大于或等于20 mm的水平钢筋采用直螺连接方法;

② 钢筋的锚固:按设计详图;

③ 钢筋的加工:钢筋加工车间设在现场,采用现场制作安装。

2. 混凝土工程

① 优先采用混凝土现场搅拌,以振动棒与平板振动器相结合振捣方法;

② 施工层用水采用钢管沿外架搭设,每层布置水龙头,地面设置储水池、加压泵;

③ 挑出建筑物的线条,装饰板与楼板混凝土一次性浇筑。

3. 模板工程

结构施工可采用"胶合板+木枋+对拉螺杆"和工具式支撑组成的散装散拆施工工艺,即施工完一个楼层,混凝土到达一定设计强度等级后拆除大部分模板及支撑体系,保留部分支撑,周转使用,直至顶层。

为适应工期的要求,本工程拟投入二套标准层模板及支撑体系。模板在现场加工,模板采用18 mm厚防水胶合板,支撑采用简易拆体系。

4. 脚手架工程

中高层建筑工程可采用双排落地钢管脚手架,脚手架基础底部均用混凝土浇筑作为垫层。

5. 施工垂直运输机械

施工机械可用塔式起重机,配合龙门架、井架,负责材料垂直和水平运输。

6. 装饰

作业原则:先主体,后装饰;先楼上后楼下;先顶面后墙面、地面,确保后道工序不致损坏前道工序。

7. 轴线标高引测

基础采用外控法引测轴线,±0.00以上各层采用内控法引测轴线,标高以钢卷尺丈量,水平仪转点。

8. 其他

① 主动与相关单位建立业务联系,派专人对口及时互通信息,保证施工顺利进行;
② 引入CI标准,树立企业形象;
③ 门窗工程等委托专业公司制作和安装,项目部配合;
④ 工程进度控制采用周、月进度计划横道图,促使各个工序协作配合交叉流水作业;
⑤ 砂浆采用现场自拌,砂浆运输采用垂直和水平运输。

5.7 施工总平面布置

施工总平面图是对拟建工程和施工临时设置的位置,在施工现场平面图上,按一定比例进行合理布置的一项工作,是施工部署在空间上的体现。

5.7.1 施工总平面的布置原则

施工总平面布置应符合下列原则:
① 平面布置科学合理,保证施工顺利进行前提下,施工场地占用面积少;
② 合理组织运输,减少二次搬运;
③ 施工区域的划分和场地的临时占用应符合总体施工部署和施工流程的要求,尽量减少相互干扰;
④ 充分利用已有建(构)筑物和原有设施为项目施工服务,降低临时设施的建造费用;
⑤ 临时设施应方便生产和生活,办公区、生活区和生产区宜分离设置;
⑥ 符合节能、环保、安全和消防等要求;
⑦ 遵守当地主管部门和建设单位关于施工现场安全文明施工的相关规定。

5.7.2 施工总平面的布置要求

施工总平面布置应符合下列要求:
① 根据项目总体施工部署,绘制现场不同阶段(期)的总平面布置图;

② 施工总平面布置图的绘制应符合国家相关标准要求并附必要说明。

5.7.3 施工总平面的内容

施工总平面布置应包括下列内容：
① 项目施工用地范围内的地形状况；
② 全部拟建的建（构）筑物和其他设施的位置；
③ 项目施工用地范围内的加工设施、运输设施、存贮设施、供电设施、供水供热设施、排水排污设施、临时施工道路和办公、生活用房等；
④ 施工现场必备的安全、消防、保卫和环境保护等设施；
⑤ 相邻的地上、地下既有建（构）筑物及相关环境。

5.7.4 施工总平面图设计所依据的资料

① 设计资料。包括建筑总平面图、地形地貌图、区域规划图、建设项目范围内有关的一切已有的和拟建的各种地上、地下设施及位置图等。
② 建设地区资料。包括当地的自然条件和经济技术条件，当地的资源供应状况和运输条件等。
③ 建设项目的建设概况。包括施工方案、施工进度计划，以便了解各施工阶段情况，合理规划施工现场。
④ 物资需求资料。包括建筑材料、构件、加工品、施工机械、运输工具等物资的需要量表，以规划现场内部的运输线路和材料堆场等位置。
⑤ 各构件加工厂、仓库及其他临时性建筑的位置和尺寸。
⑥ 安全、防火规范。

5.7.5 施工总平面图的设计步骤

1. 运输路线的布置

设计全工地性的施工总平面图，首先应解决大宗材料进入工地的运输方式。比如说铁路运输需将铁轨引入工地，水路运输需考虑增设码头、仓储和转运问题，公路运输需考虑运输路线的布置问题等等。

(1) 铁路运输

一般大型工业企业都设有永久性铁路专用线，通常提前修建，以便为工程项目施工服务。由于铁路的引入，将严重影响场内施工的运输条件和安全。因此，一般先将铁路引入到工地两侧，当整个工程进展到一定程度，可分为若干个独立施工区域时，才可以把铁路引到工地中心区。此时铁路对每个独立的施工区都不应有干扰，位于各施工区的外侧。

(2) 水路运输

当大量物资由水路运输时，就应充分利用原有码头的吞吐能力。当原有码头吞吐能力不足时，应考虑增设码头。其码头的数量不应少于两个，且宽度应大于 2.5 m，一般用石或钢筋混凝土结构建造。

一般码头距工程项目施工现场有一定距离,故应考虑在码头修建仓储库房以及考虑从码头运往工地的运输问题。

(3) 公路运输

当大量物资由公路运进现场时,由于公路布置较为灵活,一般将仓库、加工厂等生产性临时设施布置在最方便、最经济合理的地方,而后再布置通向场外的公路线。

2. 仓库与材料堆场的布置

通常考虑设置在运输方便、位置适中、运距较短并且安全防火的地方,并应以区别不同材料、设备和运输方式来设置。

仓库和材料堆场的布置应考虑下列因素:

① 尽量利用永久性仓储库房,以便于节约成本;

② 仓库和堆场位置,距离使用地应尽量接近,以减少二次搬运的工作量;

③ 当有铁路时,尽量布置在铁路线旁边,并且留够装卸前线,而且应设在靠工地一侧,避免内部运输跨越铁路;

④ 根据材料用途设置仓库和材料堆场。

砂、石、水泥等应在搅拌站附近;钢筋、木材、金属结构等在相应加工厂附近;油库、氧气库等布置在相对僻静、安全的地方;设备尤其是笨重设备应尽量在车间附近;砖、瓦和预制构件等直接使用材料应布置在施工现场,吊车控制半径范围之内。

确定仓库和材料堆场的面积(按材料储备量计算):

$$F = \frac{P}{qK} \tag{5-1}$$

式中:F——仓库总面积(m^2);

P——仓库材料储备量(t、m^3 等);

q——每平方米仓库面积能存放的材料数量,见表5-9;

K——仓库面积有效利用系数(表5-9)。

表5-9 常用材料仓库或堆场面积计算中有关系数参考值

材料或半成品名称	单位	每平方米储存定额(q)	面积利用系数(K)	备注	库存或堆场
水泥	t	1.2~1.5	0.7	堆高12~15袋	封闭库存
生石灰	t	1.0~1.5	0.8	堆高1.2~1.7 m	棚
砂子(人工堆放)	m^3	1.0~1.2	0.8	堆高1.2~1.5 m	露天
砂子(机械堆放)	m^3	2.0~2.5	0.8	堆高2.4~2.8 m	露天
石子(人工堆放)	m^3	1.0~1.2	0.8	堆高1.2~1.5 m	露天
石子(机械堆放)	m^3	2.0~2.5	0.8	堆高2.4~2.8 m	露天
块石	m^3	0.8~1.0	0.7	堆高1.0~1.2 m	露天
卷材	卷	45~50	0.7	堆高2.0 m	库存
木模板	m^2	4~6	0.7		露天
红砖	千块	0.8~1.2	0.8	堆高1.2~1.8 m	露天
混凝土砌块	m^3	1.5~2.0	0.7	堆高1.5~2.0 m	露天

3. 加工厂布置

加工厂一般包括：混凝土搅拌站、构件预制厂、钢筋加工厂、木材加工厂、金属结构加工厂等。布置这些加工厂时主要考虑的问题是：来料加工和成品、半成品运往需要地点的总运输费用最小；加工厂的生产和工程项目的施工互不干扰。

① 混凝土搅拌站布置。根据工程的具体情况可采用集中、分散或集中与分散相结合三种方式布置。当现浇混凝土量大时，宜在工地设置现场混凝土搅拌站；当运输条件好时，采用集中搅拌最有利；当运输条件较差时，则宜采用分散搅拌。

② 预制构件加工厂布置。一般建在建筑工地的空闲区域，既能安全生产，又不影响现场施工。如材料堆场专用线转弯的扇形地带或场外邻近处。

③ 钢筋加工厂。根据不同情况，采用集中或分散布置。对于冷加工、对焊、点焊的钢筋网等宜集中布置；设置中心加工厂，其位置应靠近构件加工厂；对于小型加工件，利用简单机具即可加工的钢筋，可在靠近使用地分散设置加工棚。

④ 木材加工厂。根据木材加工的性质、加工的数量，选择集中或分散布置。一般原木加工、批量生产的产品等加工量大的应集中布置在铁路、公路附近，简单的小型加工件可分散布置在施工现场搭设几个临时加工棚。

⑤ 金属结构、焊接、机修等车间的布置，由于相互之间生产上联系密切，应尽量集中布置在一起。

⑥ 砂浆搅拌站。由于砂浆量小、分散，可以分散设置在使用地点附近。

4. 布置内部运输道路

根据各加工厂、仓库及各施工对象的相对位置，对货物周转运行图进行反复研究，区分主要道路和次要道路，进行道路的整体规划，以保证运输畅通，车辆行驶安全，节省造价。在内部运输道路布置时应考虑：

① 尽量利用拟建的永久性道路。将它们提前修建，或先修路基，铺设简易路面，项目完成后再铺路面。以达到节约投资的目的。

② 保证运输畅通。道路应设两个以上的进出口，道路末端应设置回车场地，避免与铁路交叉，一般厂内主干道应设成环形，其主干道应为双车道，宽度不小于 6 m，次要道路为单车道，宽度不小于 3 m。

③ 合理规划拟建道路与地下管网的施工顺序。在修建拟建永久性道路时，应考虑道路下的地下管网，避免将来重复开挖，尽量做到一次性到位，节约投资。

5. 消防要求

根据工程防火要求，应设立消防站，一般设置在易燃建筑物（木材、仓库等）附近，并须有通畅的出入口和消防车道，其宽度不宜小于 6 m，与拟建房屋的距离不得大于 25 m，也不得小于 5 m；沿道路布置消火栓时，其间距不得大于 10 m，消火栓到路边的距离不得大于 2 m。

6. 行政与生活临时设施设置

(1) 临时性房屋设置原则

临时性房屋一般有：办公室、汽车库、职工休息室、开水房、浴室、食堂、商店、俱乐部等。要根据工地施工人数计算这些临时设施和建筑面积。应尽量利用建设单位的生活基地或其他永久建筑，不足部分另行建造。

布置时应考虑：

① 全工地性管理用房（办公室、门卫等）应设在工地入口处；

② 工人生活福利设施(商店、俱乐部、浴室等)应设在工人较集中的地方;
③ 食堂可布置在工地内部或工地与生活区之间;
④ 职工住房应布置在工地以外的生活区,一般以距工地 500~1 000 m 为宜。

(2) 办公及福利设施的规划与实施

工程项目建设中,办公及福利设施的规划应根据工程项目建设中的用人情况来确定。

① 确定人员数量。

非生产人员参照国家规定的比例计算,可以参考表 5-10 的规定。

表 5-10 非生产人员比例表

序号	企业类别	非生产人员比例	其中		折算为占生产人员比例
			管理人员	服务人员	
1	中央省市自治区属	16%~18%	9~11	6~8	19%~22%
2	省辖市、地区属	8%~10%	8~10	5~7	16.3%~19%
3	县(市)企业	10%~14%	7~9	4~6	13.6%~16.3%

① 工程分散,职工数较大者取上限;
② 新辟地区、当地服务网点尚未建立时应增加服务人员 5%~10%;
③ 大城市、大工业区服务人员应减少 2%~4%。
家属视工地情况而定,工期短、距离近的家属少安排些,工期长、距离远的家属多安排些。

一般情况下,直接生产工人(基本工人)数用下式计算:

$$R = n\frac{T}{t} \times K_2 \quad (5-2)$$

式中: R —— 需要工人数;

n —— 直接生产的基本工人数;

T —— 工程项目年(季)度所需总工作日;

t —— 年(季)度有效工作日;

K_2 —— 年(季)度施工不均衡系数,取 1.1~1.2。

② 确定办公及福利设施的临时建筑面积。

当工地人员确定后,可按实际人数确定建筑面积。

$$S = N \times P \quad (5-3)$$

式中: S —— 建筑面积(m^2);

N —— 工地人员实际数;

P —— 建筑面积指标,可参照表 5-11 取定。

7. 工地临时供水系统的设置

设置临时性水电管网时,应尽量利用可用的水源、电源。一般排水干管和输电线沿主干道布置;水池、水塔等储水设施应设在地势较高处;临时总变电站应设在高压电引入处;不应放在工地中心;临时水池应放在地势较高处。过冬的管网要采取保温措施。当无法利用现有水电时,工地中心或工地中心附近设置临时发电设备,沿干道布置主线;利用地上水或地下水,并设置抽水设备和加压设备(简易水塔或加压泵),以便储水和提高水压。

工地用水主要有 3 种类型:生活用水、生产用水和消防用水。

工地供水确定的主要内容有:决定用水量、选择水源、设计配水管网。

表 5-11 临时建筑面积参考指标(m²/人)

序号	临时建筑名称	指标使用方法	参考指标	备注
1	办公室	按使用人数	3~4	
2	宿舍			
①	单层通铺	按高峰年(季)平均人数	2.5~3.0	
②	双层床	不包括工地人数	2.0~2.5	
③	单层床	不包括工地人数	3.5~4.0	
3	家属宿舍		16~25 m²/户	
4	食堂	按高峰年平均人数	0.5~0.8	
	食堂兼礼堂	按高峰年平均人数	0.6~0.9	
5	其他合计	按高峰年平均人数	0.5~0.6	
①	医务所	按高峰年平均人数	0.05~0.07	
②	浴室	按高峰年平均人数	0.07~0.1	
③	理发室	按高峰年平均人数	0.01~0.03	
④	俱乐部	按高峰年平均人数	0.1	
⑤	小卖部	按高峰年平均人数	0.03	
⑥	招待所	按高峰年平均人数	0.06	
⑦	托儿所	按高峰年平均人数	0.03~0.06	
⑧	子弟学校	按高峰年平均人数	0.06~0.08	
⑨	其他公用	按高峰年平均人数	0.05~0.10	
6	小型设施			
①	开水房	按高峰年平均人数	10~40	
②	厕所	按工地平均人数	0.02~0.07	
③	工人休息室	按工地平均人数	0.15	

(1) 确定用水量

① 生产用水包括:工程施工用水和施工机械用水。

a. 施工工程用水量。

是指施工生产过程中的用水,如搅拌混凝土、混凝土养护、砌砖墙等,用 q_1 表示,以施工高峰期用水量最大的一天计算。

$$q_1 = K_1 \sum \frac{Q_1 \times N_1}{T_1 \times b} \times \frac{K_2}{8 \times 3600} \tag{5-4}$$

式中:q_1——施工工程用水量(L/s);

K_1——未预见的施工用水系数(1.05~1.15);

Q_1——年(季)度工程量(以实物计量单位表示);

N_1——施工用水定额,按表 5-12 取定;

T_1——年(季)度有效工作日(天);

b——每天工作班数(次);

K_2——用水不均衡系数,按表 5-13 取定。

表 5-12 施工用水(N_1)参考定额表

序号	用水对象	单位	耗水量 N_1(L)	备注
1	浇注混凝土全部用水	m³	1 700~2 400	
2	搅拌普通混凝土	m³	250	实测数据
3	搅拌轻质混凝土	m³	300~350	
4	搅拌泡沫混凝土	m³	300~400	
5	搅拌热混凝土	m³	300~350	
6	混凝土养护(自然养护)	m³	200~400	
7	混凝土养护(蒸汽养护)	m³	500~700	
8	冲洗模板	m²	5	
9	搅拌机清洗	台班	600	实测数据
10	人工冲洗石子	m³	1 000	
11	机械冲洗石子	m³	600	
12	洗砂	m³	1 000	
13	砌砖工程全部用水	m³	150~250	
14	砌石工程全部用水	m³	50~80	
15	粉刷工程全部用水	m²	30	
16	砌耐火砖砌体	m³	100~150	包括砂浆搅拌
17	洗砖	千块	200~250	
18	洗硅酸盐砌块	m³	300~350	
19	抹面	m²	4~6	不包括调制用水
20	楼地面	m²	190	找平层同
21	搅拌砂浆	m³	300	
22	石灰消化	t	3 000	

表 5-13 施工用水不均衡系数表

K	用水名称	系数
K_2	施工工程用水	1.5
	生产企业用水	1.25
K_3	施工机械运输机具	2.00
	动力设备	1.05~1.10
K_4	施工现场生活用水	1.30~1.50
K_5	居民区生活用水	2.00~2.50

b. 施工机械用水量。

是指各种施工机械的用水,如挖土机、起重机、打桩机、压路机、汽车等,用 q_2 表示。

$$q_2 = K_1 \sum Q_2 \times N_2 \times \frac{K_3}{8 \times 3\,600} \tag{5-5}$$

式中:q_2——施工机械用水量(L/s);

K_1——未预见施工用水系数(1.05~1.15);

Q_2——同种机械台数(台);

N_2——用水定额,参考表 5-14;

K_3——用水不均衡系数,参考表 5-13。

表 5-14 施工机械用水参考定额表

序号	用水对象	单 位	耗水量 N_2	备注
1	内燃挖土机	L/(台班·m)	200~300	以斗容量立方米计
2	内燃起重机	L/(台班·t)	15~18	以起重吨数计
3	蒸汽起重机	L/(台班·t)	300~400	以起重吨数计
4	蒸汽打桩机	L/(台班·t)	1 000~1 200	以锤重吨数计
5	蒸汽压路机	L/(台班·t)	100~150	以压路机吨数计
6	内燃压路机	L/(台班·t)	12~15	以压路机吨数计
7	拖拉机	L/(昼夜·台)	200~300	
9	标准轨蒸汽机车	L/(昼夜·台)	10 000~20 000	
10	窄轨蒸汽机车	L/(昼夜·台)	4 000~7 000	
11	空气压缩机	L/台班·(m³/min)	40~80	以压缩空气机排气量(m³/min)
12	内燃机动力装置(直流水)	L/(台班·马力*)	120~300	
13	内燃机动力装置(循环水)	L/(台班·马力)	25~40	
14	锅炉	L/(h·t)	1 000	以小时蒸发量计
15	锅炉	L/(h·m)	15~30	以受热面积计
16	点焊机 25 型	L/h	100	实测数据
	点焊机 50 型	L/h	150~200	实测数据
	75 型	L/h	250~350	实测数据
	100 型	L/h	—	
17	冷拔机	L/h	300	
18	对焊机	L/h	300	
19	凿岩机 01-30(CM-56)	L/h	3	
	01-45(TN-4)	L/h	5	
	01-38(KⅡM-4)	L/h	8	
	YQ-100	L/h	8~12	

* 1 马力=0.74 kW

② 生活用水量包括：现场生活用水和生活区生活用水。
a. 施工现场生活用水量。

$$q_3 = \frac{P_1 \times N_3 \times K_4}{b \times 8 \times 3600} \tag{5-6}$$

式中：q_3——生活用水量(L/s)；
P_1——高峰人数(人)；
N_3——生活用水定额，视当地气候、工种而定，一般取100～120L/(人·昼夜)；
K_4——生活用水不均衡系数，参考表5-13；
b——每天工作班数(次)。

b. 生活区生活用水量。

$$q_4 = \frac{P_2 \times N_4 \times K_5}{24 \times 3600} \tag{5-7}$$

式中：q_4——生活区生活用水量(L/s)；
P_2——居民人数(人)；
N_4——生活用水定额，参考表5-15；
K_5——用水不均衡系数，参考表5-13。

表5-15 生活用水量(N_4)参考定额表

序号	用水对象	单位	耗水量 N_4	备注
1	工地全部生活用水	L/(人·日)	100～120	
2	生活用水(盥洗生活饮用)	L/(人·日)	25～30	
3	食堂	L/(人·日)	15～20	
4	浴室(淋浴)	L/(人·次)	50	
5	淋浴带大池	L/(人·次)	30～50	
6	洗衣	L/人	30～35	
7	理发室	L/(人·次)	15	
8	小学校	L/(人·日)	12～15	
9	幼儿园托儿所	L/(人·日)	75～90	
10	医院病房	L/(病床·日)	100～150	

③ 消防用水量。

消防用水量q_5包括：居民生活区消防用水和施工现场消防用水，应根据工程项目大小及居住人数的多少来确定，可参考表5-16。

表5-16 消防用水量表

用水场所	规模	火灾同时发生次数	单位	用水量
居民区消防用水	5 000人以内	1次	L/s	10
	10 000人以内	2次	L/s	10～15
	25 000人以内	3次	L/s	15～20
施工现场消防用水	施工现场在面积25公顷以内	1次	L/s	10～15(每增加25公顷递增5)

④ 总用水量。

由于生产用水、生活用水和消防用水不同时使用,日常只使用生产用水和生活用水,消防用水是在特殊情况下产生的,故总用水量不能简单地将几项相加,而应考虑有效组合,即,既要满足生产用水和生活用水,又要有消防储备。一般可分为以下 3 种组合:

a. 当 $q_1+q_2+q_3+q_4 \leqslant q_5$ 时,取

$$Q = q_5 + \frac{1}{2}(q_1 + q_2 + q_3 + q_4)$$

b. 当 $q_1+q_2+q_3+q_4 > q_5$ 时,取

$$Q = q_1 + q_2 + q_3 + q_4$$

c. 当工地面积小于 5 公顷,并且 $q_1+q_2+q_3+q_4 < q_5$ 时,取

$$Q = q_5$$

当总用水量 Q 确定后,还应增加 10%,以补偿不可避免的水管漏水等损失,即

$$Q_\text{总} = 1.1Q \tag{5-8}$$

(2) 水源选择和确定供水系统

① 水源选择。

工程项目工地临时供水水源的选择,有供水管道供水和天然水源供水两种方式。最好的方式是采用附近居民区现有的供水管道供水。只有当工地附近没有现成的供水管道或现成的给水管道无法使用以及供水量难以满足施工要求时,才使用天然水源供水(如:江、河、湖、井等)。

选择水源应考虑的因素有:水量是否充足、可靠,能否满足最大需求量要求;能否满足生活饮用水、生产用水的水质要求;取水、输水、净水设施是否安全、可靠;施工、运转、管理和维护是否方便。

② 确定供水系统。

供水系统由取水设施、净水设施、储水构筑物、输水管道、配水管道等组成。通常情况下,综合工程项目的首建工程应是永久性供水系统,只有在工程项目的工期紧迫时,才修建临时供水系统,如果已有供水系统,可以直接从供水源接输水管道。

③ 确定取水设施。

取水设施一般由取水口、进水管和水泵组成。取水口距河底(或井底)一般不小于 0.25～0.9 m,距冰层下部边缘的距离不小于 0.25 m。给水工程一般使用离心泵、隔膜泵和活塞泵三种,所用的水泵应具有足够的抽水能力和扬程。

④ 确定贮水构筑物。

贮水构筑物一般有水池、水塔和水箱。在临时供水时,如水泵不能连续供水,需设置贮水构筑物,其容量以每小时消防用水决定,但不得少于 10～20 m³。

贮水构筑物的高度应根据供水范围、供水对象位置及水塔本身位置来确定。

⑤ 确定供水管径。

$$D = \sqrt{\frac{4Q_\text{总}}{\pi \times v}} \tag{5-9}$$

式中:D——配水管内径(m);

$Q_\text{总}$——用水量(m³/s);

v——管网中水流速度(m/s),参考表 5-17。

根据已确定的管径和水压的大小,可选择配水管,一般干管为钢管或铸铁管,支管为钢管。

表 5-17 临时水管经济流速表

管 径	流速(m/s)	
	正常时间	消防时间
支管 $D<0.10$ m	2	
生产消防管道 $D=0.1\sim0.3$ m	1.3	>3.0
生产消防管道 $D>0.3$ m	1.5~1.7	2.5
生产用水管道 $D>0.3$ m	1.5~2.5	3

8. 工地临时供电系统的布置

工地临时供电的组织包括：用电量的计算、电源的选择、确定变压器、配电线路设置和导线截面面积的确定。

（1）工地总用电量的计算

施工现场用电一般可分为动力用电和照明用电。在计算用电量时，应考虑以下因素：

① 全工地动力用电功率；
② 全工地照明用电功率；
③ 施工高峰用电量。

工地总用电量按下式计算：

$$P = 1.05 \sim 1.10 \left[K_1 \frac{\sum P_1}{\cos \phi} + K_2 \sum P_2 + K_3 \sum P_3 + K_4 \sum P_4 \right] \quad (5-10)$$

式中：P——供电设备总需要容量(kW)；
P_1——电动机额定功率(kW)；
P_2——电焊机额定功率(kW)；
P_3——室内照明容量(kW)；
P_4——室外照明容量(kW)；
$\cos \phi$——电动机的平均功率因数(在施工现场最高为 0.75~0.78，一般为 0.65~0.75)；
K_1, K_2, K_3, K_4——需要系数，参考表 5-18。

表 5-18 需要系数(K 值)表

用电名称	数 量	需要系数				备 注
		K_1	K_2	K_3	K_4	
电动机	3~10 台 11~30 台 30 台以上	0.7 0.6 0.5				如施工上需要电热时，将其用电量计算进去。式中各动力照明用电应根据不同工作性质分类计算
加工厂动力设备		0.5				
电焊机	3~10 台 10 台以上		0.6 0.5			
室内照明				0.8		
室外照明					1.0	

其他机械动力设备以及工具用电可参考有关定额。

由于照明用电量远小于动力用电量，故当单班施工时，其用电总量可以不考虑照明用电。

(2) 电源选择的几种方案

① 完全由工地附近的电力系统供电;

② 工地附近的电力系统供电能力不足的话,工地需增设临时电站以补充不足部分;

③ 如果工地属于新开发地区,附近没有供电系统,电力则应由工地自备临时动力设施供电。

根据实际情况确定供电方案。一般情况下是将工地附近的高压电网,引入工地的变压器进行调配。其变压器功率可由下式计算:

$$P = K\left[\frac{\sum P_{\max}}{\cos\phi}\right] \tag{5-11}$$

式中:P——变压器的功率(kW);

K——功率损失系数,取 1.05;

$\sum P_{\max}$——各施工区的最大计算负荷(kW);

$\cos\phi$——功率因数,一般取 0.75。

根据计算结果,应选取略大于该结果的变压器。

(3) 选择导线截面

导线的自身强度必须能防止受拉或机械性损伤而折断;导线还必须耐受因电流通过而产生的温升;导线还应使得电压损失在允许范围之内。这样,导线才能正常传输电流,保证各方用电的需要。

选择导线应考虑如下因素:

① 按机械强度选择。

导线在各种敷设方式下,应按其强度需要,保证必需的最小截面,以防拉、折而断。可根据表 5-19 进行选择。

表 5-19 导线按机械强度所允许的最小截面

导线用途		导线最小截面(mm²)	
		铜线	铝线
照明装置用导线	户内用	0.5	2.5
	户外用	1.0	2.5
双芯软电线	用于吊灯	0.35	
	用于移动式生活用电装置	0.5	
多芯软电线及软电缆	用于移动式生产用电设备	1.0	
绝缘导线(固定架设在户内绝缘支持件上)	间距为 2 m 及以下	1.0	2.5
	间距为 6 m 及以下	2.5	4
	间距为 25 m 及以下	4	10
绝缘导线	穿在管内	1.0	2.5
	在槽板内	1.0	2.5
	户外沿墙敷设	2.5	4
	户外其他方式敷设	4	10

② 按照允许电压降选择。

导线满足所需要的允许电压，其本身引起的电压降必须限制在一定范围内，导线承受负荷电流长时间通过所引起的温升，其自身电阻越小越好，使电流通畅，温度则会降低，因此，导线的截面是关键因素，可由下式计算：

$$S = \frac{\sum P \times L}{C \times \varepsilon} \quad (5-12)$$

式中：S——导线截面面积(mm^2)；

P——负荷电功率或线路输送的电功率(kW)；

L——输送电线路的距离(m)；

C——系数，视导线材料，送电电压及调配方式而定，参考表5-20；

ε——容许的相对电压降(线路的电压损失%)，一般为2.5%~5%。

其中：照明电路中容许电压降不应超过2.5%~5%；电动机电压降不应超过±5%，临时供电可到±8%。

表5-20 按允许电压降计算时的 C 值

线路额定电压(V)	线路系统及电流种类	系数 C 值	
		铜 线	铝 线
380/220	三相四线	77	46.3
220		12.8	7.75
110		3.2	1.9
36		0.34	0.21

③ 负荷电流的计算。

三相四线制线路上的电流可按下式计算：

$$I = \frac{P}{\sqrt{3} \times V \times \cos \phi} \quad (5-13)$$

二相线制线路上的电流可按下式计算：

$$I = \frac{P}{V \times \cos \phi} \quad (5-14)$$

式中：I——电流值(A)；

P——功率(W)；

V——电压(V)；

$\cos \phi$——功率因数，一般取0.70~0.75。

根据以上3个条件选择的导线，取截面面积最大的作为现场使用的导线，通常导线的选取先根据计算负荷电流的大小来确定，而后根据其机械强度和允许电压损失值进行复核。

导线制造厂家根据导线的容许温升，制定了各类导线在不同敷设条件下的持续容许电流值，在选择导线时，导线中的电流不得超过此值。

9. 施工总平面图设计方法综述

综上所述，外部交通、仓库、加工厂、内部道路、临时房屋、水电管网等布置应系统考虑，多种方案进行比较，当确定之后采用标准图绘制在总平面图上。比例一般为1:1000或

1∶2 000。图 5-7 是某个工程项目的施工总平面图。应该指出,上述各设计步骤不是截然分开各自孤立进行的,而是相互联系、相互制约的,需要综合考虑、反复修正才能确定下来。当有几种方案时,还应进行方案比较。

图 5-7 某施工总平面图实例

5.7.6 施工总平面图的科学管理

施工总平面图设计完成之后,就应认真贯彻其设计意图,发挥其应有作用。因此,现场对

总平面图的科学管理是非常重要的,否则就难以保证施工的顺利进行。施工总平面图的管理包括:

① 建立统一的施工总平面图管理制度。划分总平面图的使用管理范围,做到责任到人,严格控制材料、构件、机具等物资占用的位置、时间和面积,不准乱堆乱放。

② 对水源、电源、交通等公共项目实行统一管理。不得随意挖路断道,不得擅自拆迁建筑物和水电线路,当工程需要断水、断电、断路时要申请,经批准后方可着手进行。

③ 对施工总平面布置实行动态管理。在布置中,由于特殊情况或事先未预测到的情况需要变更原方案时,应根据现场实际情况,统一协调,修正其不合理的地方。

④ 做好现场的清理和维护工作,经常性检修各种临时性设施,明确负责部门和人员。

5.8 施工组织总设计的技术经济评价的指标体系

施工组织总设计是整个建设项目或群体施工的全局性、指导性文件,其编制质量的高低对工程建设的进度、质量和经济效益影响较大。因此,对施工组织总设计应进行技术经济评价。技术经济评价的目的是:对施工组织总设计通过定性及定量的计算分析,论证在技术上是否可行,在经济上是否合理。对照相应的同类型有关工程的技术经济指标,反映所编的施工组织总设计的最后效果,并应反映在施工组织总设计文件中,作为施工组织总设计的考核评价和上级审批的依据。

施工组织总设计中常用的技术经济评价指标有:施工工期、工程质量、劳动生产率、材料使用指标、机械化程度、预制化程度、降低成本指标等,其体系见表 5-21。主要指标的计算方法如下:

1. 工期指标

① 总工期(d):从工程破土动工到竣工的全部日历天数;
② 施工准备期(d):从施工准备开始到主要项目开工日止;
③ 部分投产期(d):从主要项目开工到第一批项目投产使用日止;
④ 单位工程期:建筑群中各单位工程从开工到竣工的全部时间。

2. 质量指标

工程质量指标主要用以说明工程质量达到的等级如:合格、优良、省优、鲁班奖等。质量指标是施工组织设计中确定的控制目标。

其计算公式为:

$$质量优良品率 = \frac{优良工程个数(或面积)}{施工项目总个数(或总面积)} \times 100\% \qquad (5-15)$$

3. 劳动指标

① 劳动力均衡系数:它表示整个施工期间使用劳动力的均衡程度。

$$劳动力均衡系数 = \frac{施工高峰人数}{施工期平均人数} \times 100\% \qquad (5-16)$$

② 单位用工(工日/m^2),它反映劳动的使用和消耗水平。

$$单位用工 = \frac{总工数}{建筑面积}(工日/m^2) \qquad (5-17)$$

③ 劳动生产率(元/工日)：它表示每个生产工人或建安工人每工日所完成的工作量。

$$劳动生产率 = \frac{总工作量}{总工数}(元/工日) \qquad (5-18)$$

表 5-21　施工组织总设计技术经济指标体系

施工组织总设计技术经济指标体系				
	工期指标	总工期(天)		
		施工准备期(天)		
		部分投产期(天)		
		±0.00以上工期(天)		
		分部工程工期(天)	基础工期	
			结构工期	
			装修工期	
	质量指标	优良品率(%)		
	劳动指标	劳动力均衡系数		
		用工	总工日	
			各分部工程用工日	
			单方用工	工程项目单方用工日(工日/m²)
				分部工程单方用工日(工日/m²) 基础
				结构
				装修
		劳动生产率(元/工日)	生产工人日产值	
			建安工人日产值	
		节约工日总量(工日)		
	机械化施工程度(%)			
	工厂化施工程度(%)			
	材料使用指标	主要材料节约量	钢材(t)	
			木材(m³)	
			水泥(t)	
		主要材料节约率(%)		
	降低成本指标	降低成本额(元)		
		降低成本率(%)		
	临时工程投资比例(%)			
	其他指标			

4. 机械化施工程度

机械化施工程度用机械化施工所完成的工作量与总工作量之比来表示。

$$\text{机械化施工程度} = \frac{\text{机械化施工完成的工作量}}{\text{总工作量}} \times 100\% \tag{5-19}$$

5. 预制化施工程度

预制化施工程度是指在预制加工厂或现场预制施工完成的工作量与总工作量之比。

$$\text{预制化施工程度} = \frac{\text{工厂及现场预制的工作量}}{\text{总工作量}} \times 100\% \tag{5-20}$$

6. 材料使用指标

(1) 主要材料节约量

靠施工技术组织措施实现的材料节约量。

$$\text{主要材料节约量} = \text{预算用量} - \text{施工组织设计计划用量} \tag{5-21}$$

(2) 材料节约率

$$\text{主要材料节约率} = \frac{\text{主要材料节约量}}{\text{主要材料预算用量}} \times 100\% \tag{5-22}$$

7. 降低成本指标

(1) 降低成本额(元)

降低成本额是指靠施工技术组织措施降低约成本金额。

$$\text{降低成本额} = \text{承包成本} - \text{计划成本}$$

(2) 降低成本率

$$\text{降低成本率} = \frac{\text{降低成本额}}{\text{承包成本额}} \times 100\% \tag{5-23}$$

8. 临时工程投资比例

指全部临时工程投资费用与总工程总造价之比,表示临时设施费用的支出情况。

$$\text{临时工程投资比例} = \frac{\text{临时设施费用总和(元)}}{\text{工程总造价(元)}} \times 100\% \tag{5-24}$$

$$\text{临时设施费用总和} = \text{临时工程投资} - \text{回收费} + \text{租用费}$$

9. 安全指标

安全指标以工伤事故频率控制数表示:

$$\text{工伤事故频率} = \frac{\text{工伤事故人次数}}{\text{本年职工平均人数}} \times 100\% \text{工} \tag{5-25}$$

10. 三大材料节约指标

(1) 节约钢材百分比

$$\text{节约钢材百分比} = \frac{\text{钢材计划节约量}}{\text{钢材预算节约量}} \times 100\% \tag{5-26}$$

(2) 节约木材百分比

$$\text{节约木材百分比} = \frac{\text{木材计划节约量}}{\text{木材预算节约量}} \times 100\% \tag{5-27}$$

(3) 节约水泥百分比

$$节约水泥百分比 = \frac{水泥计划节约量}{水泥预算节约量} \times 100\% \qquad (5-28)$$

思考与实训

1. 思考题
(1) 施工组织总设计的编制原则和依据有哪些?
(2) 拟订主要项目施工方案的原则是什么?
(3) 施工组织总设计需要编制哪些计划?
(4) 施工总平面图的设计内容有哪些?
(5) 设计施工总平面图的原则是什么?
(6) 施工组织总设计中的常用技术评价指标有哪些?
(7) 施工组织设计进行技术经济分析方法有哪些? 特点是什么?

2. 实训题

实训 5-1

背景资料:

某市住宅小区一期工程占地 1.6×10^5 m², 总建筑面积 3.6×10^5 m², 由 25 幢 18～28 层住宅及 1～3 层商业与公共建筑组成。该市某一级建筑施工企业承接了该小区施工任务, 委派了一名项目经理负责该工程施工管理。工程开工前, 该项目经理组织项目经理部人员编制了施工组织设计, 进行了施工总平面图设计, 其设计步骤如下:

① 引入场外交通道路;
② 布置内部运输道路;
③ 布置仓库;
④ 布置加工厂和混凝土搅拌站;
⑤ 布置临时房屋;
⑥ 布置临时水电管线网和其他动力设施;
⑦ 绘制正式的施工总平面图。

问题:

① 简述施工总平面图的设计应坚持的基本原则。
② 请指出上述施工总平面图设计步骤中的不妥之处。
③ 简述现场施工道路的布置要求。

实训 5-2

背景资料:

某集团公司机械总厂平面图如图 5-8 所示。

问题:

① 布置厂区道路位置。

② 布置大门位置。

图 5-8

单位工程施工组织设计

 内容要点

① 单位工程施工组织设计的作用;
② 单位工程施工组织设计的内容及编写方法;
③ 单位工程施工进度计划;
④ 单位工程施工平面布置图。

 学习要求

① 了解单位工程施工组织设计编制的程序和依据;
② 掌握单位工程施工组织设计的内容;
③ 掌握单位工程施工组织设计的编制步骤;
④ 了解单位工程施工方案选择的内容;
⑤ 掌握单位工程施工进度计划编制方法;
⑥ 掌握单位工程施工平面图的主要内容及编制方法;
⑦ 能编制一个单位的工程施工组织设计。

6.1 概 述

单位工程施工组织设计是以单位(子单位)工程为主要对象编制的施工组织设计,对单位(子单位)工程的施工过程起指导和制约作用。

在投标过程中,它是建设单位了解施工单位对工程的施工部署及技术水平的重要手段,也是施工单位、监理单位等各级管理人员了解施工部署的依据,是控制施工过程的指标、方法、要求的重要手段。

单位工程施工组织设计一般由项目技术负责人编制，公司总工程师审批、总监理工程师批准，方可实施的技术经济文件。当它同时作为经济文件时，合同中应当规定了它的经济效力及批准程序，我们必须按合同要求履行手续。它分为标前施工组织设计和标后施工组织设计。通常在施工时使用的是标后施工组织设计。

6.1.1　单位工程施工组织设计编制依据

1. 招标文件

招标文件是建设单位对拟建项目的具体要求。投标文件必须满足招标文件的要求，否则以废标论处，投标单位工程施工组织设计作为投标文件的重要内容当然要依据招标文件编写。

2. 投标书

投标书是施工单位投标时对拟建工程提出的施工方法，包括质量、安全、工期、造价、环保等方面的具体控制措施，是评标的重要依据，也应作为施工单位对建设单位的一系列承诺，因此在编写中标后单位工程施工组织设计时，基本要以标书为依据。

3. 合同

合同是对建设、施工单位双方权利义务具体明确的要求，是施工组织设计需要完成任务目标的具体指向。编制施工组织设计正是为了实现合同目标而提出的具体措施。

4. 施工图

施工单位的任务就是把施工图的要求变成建筑实体。施工组织设计首先要依据图纸要求才会有针对性，才可能实现施工任务。

5. 项目施工组织总设计

项目施工组织总设计是整个项目的总体部署，单位工程施工组织设计是项目的一个环节，它只有服从项目施工组织总设计，才能做到整个项目协调统一，从而和谐完成整个项目的施工任务。

6. 相关定额

在安排进度计划和资源需求计划时，首先按施工图算出各分部分项工程量，然后再按相关的定额计算出各个分部分项工程的材料、人工与机械台班数量。

7. 施工条件

建设单位能提供的条件及周边能够租赁的房屋、给水、供电的位置、市政排水的出口及可供使用的各种房屋。

可供使用的场地、市政道路、各类工程用材及施工机械、周转材料、劳动力供应状况，施工组织设计必须满足现实情况。

8. 勘察、气象、现场等资料

基坑土质、地下水位、气象，现场障碍物、地下管线、构筑物、平面坐标、高程等相关资料。

9. 规范、规程、标准

现行使用的《施工验收规范》、《技术操作规程》、《施工质量验收统一标准》。

10. 公司对工程施工的目标要求

在满足合同要求的前提下，公司出于对单位声誉、形象、资源、技术发展、科学试验等因素的考虑，可能会提出一些合同以外的要求。施工组织设计也要体现这些要求。

11. 施工组织设计研讨会会议记录

项目经理组织各专业行政、技术负责人参加的研讨会所决定的主要方案、方法、措施、目标,也是施工组织设计编制的依据之一。

6.1.2 单位工程施工组织设计编制程序

编制程序如下:
① 熟悉图纸及相关资料;
② 资源状况调查;
③ 确定质量、安全、进度、成本目标及质保体系;
④ 相关人员研究确定施工方案;
⑤ 编写进度、资源计划;
⑥ 编写质量、安全、环保、文明施工措施;
⑦ 编写施工准备工作计划;
⑧ 绘施工现场平面布置图;
⑨ 工程技术负责人汇总、装订、签名;
⑩ 公司总工程师审批;
⑪ 总监理工程师批准;
⑫ 按合同要求甲方代表批准。

6.1.3 单位工程施工组织设计内容

根据《建筑施工组织设计规范》GB/T 50502—2009,单位工程施工组织设计主要包括以下几点内容:
① 工程概况;
② 施工部署;
③ 施工进度计划;
④ 施工准备与资源配置计划;
⑤ 主要施工方案;
⑥ 施工现场平面布置。

全国各地区、各施工企业,针对各地区、各工程的不同特点,施工组织设计的内容不尽相同。标前施工组织设计是技术标的重要组成部分,要针对技术标评审条件的要求进行编制,不得漏项。以便评委在打分时,能对照招标文件要求对号入座,评出高分避免丢项错判。

6.2 工程概况

工程概况应包括工程主要情况、各专业设计简介和工程施工条件等。

1. 工程主要情况

工程主要情况应包括下列内容：

① 工程名称、性质和地理位置；

② 工程的建设、勘察、设计、监理和总承包等相关单位的情况；

③ 工程承包范围和分包工程范围；

④ 施工合同、招标文件或总承包单位对工程施工的重点要求；

⑤ 其他应说明的情况。

2. 各专业设计简介

各专业设计简介应包括下列内容：

① 建筑设计简介应依据建设单位提供的建筑设计文件进行描述，包括建筑规模、建筑功能、建筑特点、建筑耐火、防水及节能要求等，并应简单描述工程的主要装修做法；

② 结构设计简介应依据建设单位提供的结构设计文件进行描述，包括结构形式、地基基础形式、结构安全等级、抗震设防类别、主要结构构件类型及要求等；

③ 机电及设备安装专业设计简介应依据建设单位提供的各相关专业设计文件进行描述，包括给水、排水及采暖系统、通风与空调系统、电气系统、智能化系统、电梯等各个专业系统的做法要求。

3. 施工条件

项目主要施工条件应包括下列内容：

① 项目建设地点气象状况；

② 项目施工区域地形和工程水文地质状况；

③ 项目施工区域地上、地下管线及相邻的地上、地下建（构）筑物情况；

④ 与项目施工有关的道路、河流等状况；

⑤ 当地建筑材料、设备供应和交通运输等服务能力状况；

⑥ 当地供电、供水、供热和通信能力状况；

⑦ 其他与施工有关的主要因素。

6.3 施 工 部 署

6.3.1 确定工程施工目标

工程施工目标应根据施工合同、招标文件以及本单位对工程管理目标的要求确定，包括进度、质量、安全、环境和成本等目标。各项目标应满足施工组织总设计中确定的总体目标。

1. 质量目标

确定工程项目的总评质量等级标准及分部分项工程一次验收合格率，单位工程全部达到合格标准。确保优良，争创优质工程。

2. 进度目标

满足施工组织总设计中确定的总体目标。

3. 安全目标

贯彻执行"安全第一,预防为主,综合治理"的方针,加强安全管理,落实安全责任,从源头上预防和减少不安全事故,结合实际,制定安全生产目标,杜绝死亡及重大事故。

4. 环境目标

建筑施工企业制定环境目标、指标主要应考虑的方面:

① 保持施工场界噪声达标;
② 现场扬尘达标;
③ 现场遗洒控制;
④ 生产及生活污水排放达标;
⑤ 避免和减少化学品泄漏;
⑥ 固体废弃物的分类管理;
⑦ 能源、资源的利用。

5. 成本目标

项目运行成本控制在预算内。

① 工程开工前期,项目成本经理组织预核算室员工采用正确方法,对工程项目的总成本水平和降低成本的可能性进行分析预测,制定出项目的目标成本。

a. 首先进行施工图预算,根据已有投标、预算资料,确定概算与施工预算的总价格差,确定中标合同价与施工预算的总价格差;

b. 对施工预算未能包容的项目,包括与施工有关的项目及其现场经费,参照定额加以估算;

c. 对实际成本可能明显超出或低于定额的主要子项,按实际支出水平估算出其实际支出与定额水平之差;

d. 考虑到不可预见因素、工期制约因素以及风险因素、价格因素,对测算加以调整;

e. 综合计算整个项目的目标成本。

② 为了确定成本降低目标,项目经理主持召开由项目各科室主管参加的成本工作会议。

a. 成本经理向与会人员介绍工程中标合同价与施工预算的总价格差,项目经理组织各主管人员讨论确定项目合理的目标利润;

b. 根据目标利润推算出项目成本降低指标;

c. 技术、工程、材料各业务口根据《施工组织设计》,具体分析本专业在节约成本上有多大的潜力;

d. 将成本降低指标分解落实到各业务口。

6.3.2 进度安排和空间组织应符合的规定

施工部署中的进度安排和空间组织应符合下列规定:

① 工程主要施工内容及其进度安排应明确说明,施工顺序应符合工序逻辑关系;

② 施工流水段应结合工程具体情况分阶段进行划分;单位工程施工阶段的划分一般包括地基基础、主体结构、装修装饰和机电设备安装三个阶段。

一般工程的施工程序:"先准备、后开工"、"先地下、后地上"、"先主体、后围护"、"先结构、后装饰"、"先土建、后设备"。应注意施工程序并非一成不变。随着科学技术进步,复杂的建筑、结构工程不断出现,同时施工技术也不断发展,有些施工程序会发生变化,但是不管如何变化,施工程序总的原则是必须满足施工项目目标的要求。

施工部署必须解决施工进度目标的问题、主要工程施工顺序、主要施工方案的选择、主要机械设备的选择、劳动力投入计划、现场总平面布置等问题。

6.3.3 施工的重点和难点分析

对于工程施工的重点和难点应进行分析,包括组织管理和施工技术两个方面。

如土方开挖、基坑支护与排水、脚手架、模板、高处作业、临时用电、垂直运输等工程的专项施工方案的要点及实施。

6.3.4 工程管理的组织机构

工程管理的组织机构形式宜采用框图的形式表示(图6-1)。并确定项目经理部的工作岗位设置及其职责划分。

图6-1 施工现场组织机构框图

1. 施工项目管理的组织形式

大中型项目宜按矩阵式组织形式组织设置项目经理部;远离企业管理层的大中型项目宜按事业部式组织形式组织设置项目经理部;小型项目宜按直线职能式组织形式组织设置项目经理部。项目经理部的组织形式见施工组织总设计的有关内容。

公司(项目经理部)领导班子由项目经理、书记、主任工程师及三名副经理组成,主管技术、质量、生产、安全、经营、成本和行政管理工作,并负责对工程的领导、指挥、协调、决策等重大事宜。项目经理对公司负责,其余人员对项目经理负责,经理部下设六个工作部室,各部室职能如下。

(1) 工程部

负责制定落实生产计划,完成工程量的统计,组织实施现场各阶段的平面布置、生产计划、安全文明施工及劳动力、工程质量等各种施工因素的日常管理。由部长、调度员、统计员及电工、机械人员、安全员组成,对生产副经理负责。

(2) 技术部

负责编制和贯彻施工组织设计、施工方案;进行技术交底、组织技术培训、办理工程变更洽商、汇集整理工程技术资料、组织物资检验和施工试验、检查监督工程质量、调整工序矛盾,并及时解决施工中出现的一切技术问题,由部长、技术员、资料员、试验员、测量员、计量员组成,对主任工程师负责。

(3) 质量部

负责施工质量程序的管理工作,监督检查工程施工质量,编制、收集、整理工程施工质量记录等施工资料,由部长、质检员组成,对主任工程师负责。

(4) 物资部

负责工程物资和施工机具购置、搬运、贮存,编制并实施物资使用计划,监督控制现场各种物资使用情况,维修保养施工机具等。由部长、计划员、采购员、保管员、会计员组成,对项目经理负责。

(5) 安全部

负责安全防护、消防保卫、环保环卫等工作。由部长、管理员、安全员、保卫干事组成,对行政副经理负责。

(6) 财经部

负责编制工程报价、决算、工程款回收、日常财务管理、工程成本核算、资金管理、分包合同理等工作,由部长、预算员、会计员、出纳员组成,对经营副经理负责。

2. 项目经理岗位职责

① 认真贯彻执行《建筑法》、《合同法》和国家有关劳动保护法令和制度以及公司的安全生产制度。贯彻"安全第一,预防为主"的方针,搞好安全防范措施,把安全工作落到实处,在各种经济承包中必须包括安全生产,做到讲效益必须讲安全,抓生产首先必须抓安全。

② 全面负责本工程的一切事务,认真熟悉施工图纸、编制施工组织设计方案和施工安全技术措施,建立统一规格的"八牌一图"(工程概况牌、项目施工管理人员名单及电话牌、安全生产制度牌、文明施工制度牌、环境保护制度牌、消防保卫制度牌、不戴安全帽不准进入工地标志牌、施工现场十不准牌、施工现场平面布置图)。会同项目部相关人员精选强有力的施工队伍,编制工程进度计划及人力、物力计划和机具、用具、设备计划,做到文明施工。

③ 制定适合本工程项目的管理细则、方案及措施,组织职工按期开会学习,合理安排、科学引导、顺利完成本工程的各项施工任务。

④ 认真履行《建设工程施工合同》条款,保证施工顺利进行,维护企业的信誉和经济利益。

⑤ 根据本工程施工现场情况合理规划布局现场平面图,安排、实施、创建文明工地。要求布局合理、经济。

⑥ 编制本工程总进度计划表和月进度计划表及各施工班组的月进度计划表。

⑦ 和工地相关管理人员一起商订、制定和签订本工地的单项工程承包合同、材料进购合

同、劳动合同及零工的处理商定。

⑧ 安排、搞好分项总承包的成本核算（按单项和分部分项）单独及时核算,并将核算结果及时通知承包队的管理人员,以便及时改进施工计划及方案,增创更高效益。

⑨ 及时向各班组下达施工任务书及材料限额领料单；认真记录好项目经理台账。

⑩ 深入实际了解员工的生活、工作和学习情况,采纳员工中的合理化建议,妥善解决好员工的后顾之忧,保质、保量和按期完成本工程的施工任务。

3. 项目总工(技术负责人)岗位责任制

① 贯彻执行国家技术政策、规范及标准,在项目经理的领导下,对本项目的技术管理工作负责。

② 主持单位工程设计交底、图纸会审；主持编制施工组织设计,施工方案及作业设计,主持(或参加,有质量总监)编制本项目的质量计划,负责向项目管理人员进行技术交底。

③ 主持制定安全技术措施,指导项目管理人员执行施工组织设计和各类技术措施,指导项目开展 QC 小组活动。

④ 深入施工现场,及时发现和解决施工中存在的各种问题,主持管理项目的计量、试验和测量工作。

⑤ 指导督促各施工班组的技术、质量、安全检查,组织隐蔽工程验收和分部分项工程验收,参与单位工程质量的评定工作。

⑥ 负责项目技术资料、项目信息化管理,主持整理并办理竣工档案资料立卷、归档工作。

⑦ 办理项目设计变更、技术核定、现场签证索赔工作。

⑧ 督促上报公司各部门的各项报表。

⑨ 参与项目预结算工作。

⑩ 受理合理化建议,推广"四新"技术,开展技术革新,完成项目的技术效益计划。

⑪ 主持项目的各项培训工作,培养一专多能的复合型人才。

⑫ 完成项目经理交办的其他任务。

6.3.5 工程施工中"四新"技术的管理

建筑"四新"技术指的是新技术、新工艺、新材料、新设备。

对于工程施工中开发和使用的新技术、新工艺应做出部署,对新材料和新设备的使用应提出技术及管理要求。

1. 新技术

已开发应用的建筑施工新技术有：地基基础和地下空间工程技术、高性能混凝土技术、高效钢筋与预应力技术、新型模板与脚手架应用技术、钢结构 CAD 设计与 CAM 制造技术、建筑智能化系统调试技术、建筑节能与环保应用技术、新型防水应用技术、施工过程监测和控制技术、建筑企业管理信息化技术等等。

已开发应用的建筑施工新工艺有：植筋化学锚栓加固工艺技术、碳纤维加固补强工艺技术、包钢、粘钢加固工艺技术、建筑物增层加固工艺技术、承重墙托换加固工艺技术等等。

2. 新材料

已开发应用的建筑施工新材料有：防火保温新材料：雅达特种防火酚醛板在高温下不熔滴、不软化、发烟量低、不扩散火焰、耐火焰穿透,达到国家 A 级防火标准,并且具有良好的保温节能效果,将优异的防火性能与良好的节能效果集于一身,适用于外墙外保温。

雅达轻质花岗岩保温板:保温隔热效果好、高效节能、性价比高、成本是石材幕墙的三分之一、工序少、干扰小、工期是传统工艺的四分之一、饰面效果逼真、轻质、安全、产业化生产、质量稳定、绿色环保、安装便捷、易加工、可更换。

相变材料:随温度变化而改变形态并能提供潜热的物质。

乙烯—四氟乙烯共聚物(ETFE)、太阳能、中空隔热玻璃等。

3. 新设备

盾构机:

盾构隧道掘进机,简称盾构机。是一种隧道掘进专用的工程机械。现代盾构掘进机集光、机、电、液、传感、信息技术于一体,具有开挖切削土体、输送土碴、拼装隧道衬砌、测量导向纠偏等功能,涉及地质、土木、机械、力学、液压、电气、控制、测量等多门学科技术,而且要按照不同的地质进行"量体裁衣"式的设计制造,可靠性要求极高。盾构掘进机已广泛用于地铁、铁路、公路、市政、水电等隧道工程。

用盾构机进行隧洞施工具有自动化程度高、节省人力、施工速度快、一次成洞、不受气候影响、开挖时可控制地面沉降、减少对地面建筑物的影响和在水下开挖时不影响水面交通等优点,在隧洞洞线较长、埋深较大的情况下,用盾构机施工更为经济合理。

2004年8月,山西水工局承建了新疆大坂隧洞工程(采用德国海瑞克公司生产的全断面双护盾硬岩隧道掘进机施工),TBM施工段全长24 000 m,开挖直径为6.84 m,成洞内径为6.0 m,衬砌以预制钢筋混凝土管片拼装而成,衬砌管片厚0.280 m、宽1.60 m。

地热冷暖设备——地源热泵:

地源热泵原理:

近年来随着资源和环境的问题日益严重,在满足人们健康、舒适要求的前提下,合理利用自然资源,保护环境,减少常规能源消耗,已成为暖通空调行业需要面对的一个重要问题。地源热泵空调系统通过与大地(包括土壤、井水、湖泊等)进行热交换,冬季从大地吸收热量,夏季向大地排热量,再由热泵机组向建筑物制冷供热而实现节能,是一种利用可再生能源的高效节能、无污染的既可供暖又可制冷的新型空调系统。

地源热泵不需要人工的冷热源,冬季它代替锅炉从土壤、地下水或者地表水中取热,向建筑物供暖;夏季它可以代替普通空调向土壤、地下水或者地表水放热给建筑物制冷。同时,它还可供应生活用水,可谓一举三得,是一种有效地利用能源的方式。

6.3.6 对主要分包工程施工单位的选择及管理

对主要分包工程施工单位的选择要求及管理方式应进行简要说明。

对分包工程施工单位的管理包括施工前的管理、施工中的管理和施工后的管理。

1. 施工前对分包商的管理

(1)对分包商的选择

分包商的选择是干好工程项目的关键。根据《建筑法》、《合同法》、《招投标法》的规定,选用分包商时必须坚持如下原则:

① 主体和基础工程必须自己组织施工;

② 分包商必须具有营业许可证,其资质必须符合工程类别的要求;

③ 必须经过业主同意许可；

④ 分包商不能再分包。选择的条件：一是工程项目的类别、结构形式和工程技术含量；二是分包商的资质、社会信誉、服务态度以及施工业绩等进行综合考核选用。根据工程招投标的进展，有目的地选择两三家进行考察、筛选，有些项目可以让分包商介入到投标活动中来，协助施工企业疏通关系，解决投标费用及保证金问题。

(2) 与分包商合同的签订

总分包合同是总分包管理的最基本的法规性文件。首先，分包商必须全部承认总承包商与业主签订的合同的责任、义务等所有条款。其次，工期、质量、安全等条款必须在主合同标准的基础上要有所提前和提高。为保证主要目标的实现，可以要求分包商抵押一定数量的保证金。第三是合同中要明确总分包结算办法、材料供管方式，要明确应由分包商承担的各项费用(如环保、扰民、暂住户口、计划生育、社会公益等)。第四是各种技术资料必须由总包整理保管，分包商协助并承担所发生的费用。第五是分包商对总承包商负责，未经许可分包商不得同业主、监理、建管部门发生任何联系，避免管理失控。

2. 施工中对分包商的管理

(1) 建立完整的组织机构

完整的组织机构是总承包商控制分包商的基础，作为总承包商必须配备以项目经理、项目总工为首的高效精干的项目经理部。根据工程实际和分包方式可以考虑由分包方的主要负责人担任项目部副经理，落实项目经理、项目总工对所承担工程的施工组织、施工计划、技术质量方针以及双文明建设的规定。项目部设置的"五部一室"(项目部设五部一室，即：工程部、合同部、物资部、财会部、质安部、办公室)中的质安部、工程技术部可以让分包商的人员参加，但必须保证人员的素质要高，业务要过硬。作为较大项目的分包管理，针对分包队伍整体素质较好、管理水平较高，势必要求以项目经理为首的项目班子成员自身的素质要更好、管理水平要更高，才能从工程开工准备、现场布局、施工过程的控制、施工计划安排与落实以及与业主、监理单位的协调等全部工作对分包商始终具有较强的驾驭能力、较高的权威性，不至于形成喧宾夺主的局面。

(2) 严格质量控制

质量控制的过程是根据工程质量形成时间分为事前控制、事中控制和事后控制。事前控制是对分包商的开工准备、人员组成、技术方案以及企业资质进行全面的检查与控制，确保所选择的分包商具有相应的实力。事中控制是对工程的工序、分部分项工程进行动态管理、跟踪检查与控制，实现过程精品。事后控制是对工程竣工、资料校验整理以及保修等工作的控制，保证工程质量的终身责任。

质量控制监督是以施工验收规范为标准，对完成各个工序、分部分项的质量进行定期和不定期的检查验收，不合格的坚决给予处理或返工。

质量控制的程序是贯彻以自检为基础的自检、互检、专职检的"三检制"检查记录，对分包的不符合要求的施工内容不予验收，只有由总承包商质检人员检查验收合格后，再报监理(业主)检查验收，未经业主、监理签字认可，不准进行下道工序施工。

(3) 做好安全控制

总承包商要建立健全安全组织，制定严格的安全管理制度，把分包方的安全管理列为项目管理中的重要内容。分包商也要配备专职的安全员，且有职、有责、有权，安全员要持证上岗，业务熟练。

要定期对分包商进行安全教育,认真学习国家、行业和本地区的安全法规和操作规程;编制项目的安全保证措施,并向分包商贯彻实施;分包商必须增加合格的安全设施的投入;加强安全检查和考核,发现有安全隐患要立即采取措施解决;严格检查制度,做到安全生产与经济奖罚、行政处罚挂钩。

(4) 保证工期的控制

总承包单位必须做到:按总分包合同的规定,如期提供完整的技术资料和图纸;及时拨付工程款;每天按节点要求控制日进度,发现问题及时督促和调整,每日召开调度会,协调有关单位的关系;建立奖罚制度,对无力保证工期者,总承包商有权解除合同。

(5) 建设文明现场的控制

施工现场的文明施工是显示施工企业品牌的重要手段,分包商工作的好坏,将直接影响总承包商的形象,所以,总承包商首先要使分包商从思想上认识到建设文明现场的重要意义,要用发展的眼光看待创建文明工地的资金和物资的投入;其次,应根据工作的实际情况,对一些有影响、大体量的工程在战略上要有高起点、高标准、争创一流的思想;第三,抓文明施工一定要与安全生产、质量创优相结合。

(6) 强化资金控制

对总承包商而言,资金是管理、管好分包商的重要因素。首先,作为总承包商要有严格的财务管理制度,必须按照总分包合同的规定付款,决不能超付;其次,要求分包商每月按期上报完成的合格工程的工作量,总承包商要留足本月实际发生的材料调拨、机械设备和周转材料租赁等费用,还要留足根据工作量计算的总承包管理费、质量保修金以及代交的税金;第三,资金的拨付要与工期、质量、安全、文明施工挂钩,要经过有关部门的审核认可;第四,财务人员,材料人员要详细掌握分包商的债权债务,人工费的发放和资金利用情况,时时做到心中有数,以便做到有据合理的控制;第五,严格印章管理,绝不允许分包商利用总包的名义在社会上签订供货合同和借款协议;第六,要及时做好工程结算工作,达到工完账清。

(7) 加强料具的控制

工程施工的过程也是材料消耗的过程,在项目成本中料具的费用占 $60\% \sim 70\%$。因此,加强对分包商材料的供应、保管和使用的管理,对保证工程质量、降低工程成本、提高总体项目的经济效益十分重要。第一,项目开工前由预算部门、计划部门根据图纸编制工程分部和整体的材料计划,作为采购和供应给分包商的材料依据;第二,工程所需要的主材及大宗材料实行统一计划、统一采购、统一供应、统一核算的办法;第三,工程所用材料,劳务分包商凭限额领料单领取,分发材料,专业分包商必须采取调拨方式,做到谁使用、谁保管、谁核算,所余材料按退库标准回收,超定额部分由分包商无偿补充。施工机具、周转材料执行租赁制度,按月结清。

3. 施工后对分包商的管理

施工后对分包商的管理工作要建立专业和劳务分包商的档案,注明完成工程项目的名称、结构特点、工作量、完成的工期、质量等级、安全和文明现场建设水平等,要同以前考核的资料一并归档保存;总承包商要同分包商签订工程质量保修书,明确分包商的保修责任及保修的办法,落实工程回访制度;合理处理项目保修金的使用和退还保修金的事宜。

作为大中型施工企业,面对国内、国际两大市场,要想发展壮大,单凭自身实力往往是不够的,必须要走总分包管理方式之路,寻求合格的长期合作的分包商尤为重要。国外的经验,对分包商的考核内容十分详细,特别是首次合作的承包商,其预审项目多达数十项,包括施工过的施工项目,近期在建的工程、施工机械设备、财务资金状况、员工情况等等,绝不能等着分包

6.4 单位工程施工进度计划

单位工程施工进度计划应按照施工部署的安排进行编制。

施工进度计划可采用网络图或横道图表示,并附必要说明;对于工程规模较大或较复杂的工程,宜采用网络图表示。

横道图表的形式(表6-1)由左右两部分组成:左边——基本数据部分,由序号、施工过程名称、工程量、劳动定额、劳动量、机械台班、每天工作班、每班工人数、工作日等。右边——为时间指示图表。网络图的形式见网络计划技术的相关内容。

表6-1 单位工程施工进度计划表

序号	施工过程名称	工程量		劳动定额	劳动量		机械		每天工作班	每天工人数	施工时间	施工进度													
												月						月							月
		单位	数量		定额工日	计划工日	机械名称	台班数				5	10	15	20	25	30	5	10	15	20	25	30	5	

6.4.1 划分施工过程

1. 粗细程度的要求

对于总体控制计划,按分部工程划分,便于领导总体了解,如:基础工程、主体工程、装修工程。对于具体指导计划,则按分项或是工序划分,便于班组具体执行,如一层梁模板安装,一层梁钢筋绑扎,一层梁浇混凝土。

2. 适当合并做到简明清晰

在指导计划中施工过程划分的过粗,不利于班组遵照执行;过细则图表繁杂,不利查看,因此要求繁简得当。采取的方法是,主要骨干工作详细划分,但是标准层各工序则可合并一起用整层的时间表示。而许多次要或占工期时间很少的分项,则合并到其他工作中,如基础垫层并入土方工作,框架主体水电预埋并入钢筋工程等。

3. 施工过程划分符合工艺要求

根据施工工种及占用工期情况,钢筋混凝土工程框架施工主要分为钢筋、模板、混凝土三部分,它们在工程中是占据着工期的重要成分的三个专业工作,因而常分开划分,但先后应按工艺和分段情况进行划分。如柱的钢筋在模板之前,而梁板的钢筋则在模板之后,养护这种工作量很小的过程,由于占用工期时间,有时要专门列项;而某些量小或量大却不占工期的工作如雨篷、圈梁、填充墙等则按层合并列项。抹灰工程内外不同的层次都占用工期,但为同一工种作业,往往也合并为一项。有些重要项目不占工期,也单独列一项,表达提示作用,如构件预制。建筑的水、电、暖等安装工程是建筑的重要组成部分,应单独列项,但是它们的预埋工作必须与土建协调进行,因此常没有具体起止时间,而是隐含在整个土建施工过程中,此时列一总的分项。

4. 施工过程划分方法

首先按图纸和施工顺序把拟建工程的各个施工过程列出,填入施工进度计划表的施工项目栏内,项目应包括从准备工作起到交付使用止,所有一般土建工程、水电工程和设备安装工程。

(1) 施工目录

其方法包括:

① 参照同类型建筑物的进度表;

② 根据定额顺序逐项对照列出。

(2) 合并工序

把施工时间与施工工艺比较接近的合并在一起。

(3) 次要的、零碎的工序合并成一项"其他工程"单独列出

一个建筑物的分部分项工程项目很多,在确定工程项目时,要详细考虑,逐项列出,不能漏项,逐一填入表6-1所示施工进度计划表左边施工项目栏内。在进行此项工作时,要仔细认真,把一个工程从开工到竣工的所有土建工程项目及有关水电安装等专业工程项目全部填入,并应按施工顺序排列。

为了重点突出,要把工序进行必要的合并,把施工时间、施工工艺比较接近的合并在一起。

6.4.2 计算工程量

根据划分的施工过程,按图纸和施工方案及定额说明计算每个施工过程的工程量,在计算时注意以下问题。

① 计算单位与定额一致。定额中的单位有 m^2、$100\ m^2$、m^3、$1\ 000\ m^3$ 等,注意计量单位要与之相同。

② 施工方法会影响工程量。比如土方工程中边坡,工作面的不同,挖沟槽或大开挖等,都将造成工程量的很大差别。

6.4.3 套用定额

根据每一施工过程找到与定额对应的项目,按二者数量的比值就可确定每一过程需用的劳动量和机械台班量。应当注意我国现行的劳动定额有国家、省、企业等相同层次,按企业或当地习惯选用。

6.4.4 计算劳动量及机械台班量

根据工程量和劳动定额,即可进行劳动量及机械台班量的计算。

1. 劳动量的计算

劳动量也称劳动工日数。凡是以采用手工操作为主的施工过程,其劳动量均可按下式计算:

$$P_i = \frac{Q_i}{S_i}$$

或

$$P_i = Q_i \times H_i \tag{6-1}$$

式中:P_i——某施工过程所需劳动量(工日);

Q_i——该施工过程的工程量(m^3、m^2、m、t 等);

S_i——该施工过程采用的产量定额(m^3/工日、m^2/工日、m/工日、t/工日等);

H_i——该施工过程采用的时间定额(工日/m^3、工日/m^2、工日/m、工日/t 等)。

【案例 6-1】 某砌体结构工程基槽人工挖土量为 350 m^3,查劳动定额得产量定额为 3.5 m^3/工日。

问题:

计算完成基槽挖土所需的劳动量。

分析与解答:

$$P_i = \frac{Q_i}{S_i} = \frac{350}{3.5} = 100(工日)$$

当某一施工过程是由两个或两个以上不同分项工程合并而成时,其总劳动量应按下式计算:

$$P_总 = \sum_{i=1}^{n} P_i = P_1 + P_2 + \cdots + P_n \tag{6-2}$$

【案例 6-2】 某钢筋混凝土基础工程,其支设模板、绑扎钢筋、浇筑混凝土三个施工过程的工程量分别为 1 200 m^2、10t、500 m^3,查劳动定额得其时间定额分别为 0.253 工日/m^2、5.28 工日/t、0.388 工日/m^3。

问题:

试计算完成钢筋混凝土基础所需劳动量。

分析与解答:

$$P_模 = 1\,200 \times 0.253 = 303.6(工日)$$

$$P_筋 = 10 \times 5.28 = 52.8(工日)$$

$$P_{混凝土} = 500 \times 0.833 = 416.5(工日)$$

$$P_{杯基} = p_模 + p_筋 + p_{混凝土}$$

$$= 303.6 + 52.8 + 416.5 = 772.9(工日)$$

当某一施工过程是由同一工种,不同做法,不同材料的若干个分项工程合并组成时,应先计算其综合产量定额,再求其劳动量。

综合产量定额又叫平均产量定额。

例:三道工序:A,B,C

劳动量：
$$P_A = \frac{Q_A}{S_A}, P_B = \frac{Q_B}{S_B}, P_C = \frac{Q_C}{S_C}$$

合并前：
$$P_{前} = \sum_{i=1}^{n} P_i = P_A + P_B + P_C = \frac{Q_A}{S_A} + \frac{Q_B}{S_B} + \frac{Q_C}{S_C}$$

合并后：
$$P_{后} = \frac{Q_{总}}{\overline{S}} = \frac{\sum_{i=1}^{n} Q_i}{\overline{S}}$$

原则：合并前后劳动量相等，即 $P_{前} = P_{后}$。

$$\sum_{i=1}^{n} P_i = \frac{\sum_{i=1}^{n} Q_i}{\overline{S}}$$

从而得到：

$$\overline{S} = \frac{\sum_{i=1}^{n} Q_i}{\sum_{i=1}^{n} P} \qquad (6-3)$$

$$\overline{H} = \frac{1}{\overline{S}} \qquad (6-4)$$

式中：$\overline{S}$——某分部工程的综合产量定额；

$Q_{总}$——合并后的总工程量，$Q_{总} = \sum_{i=1}^{n} Q_i$；

Q_A、Q_B、Q_C——某分项工程的工程量；

S_A、S_B、S_C——某分项工程的产量定额；

P_A、P_B、P_C——某分项工程的劳动量；

$\sum P_i$——总劳动量，工日。

求 $\overline{S}$ 又分为两种情况：

① 合并工序单位相同。

例如：某住宅贴楼面地砖（水泥砂浆铺贴），地砖规格：卧室、客厅：600 cm×600 cm。厕所、厨房：300 cm×300 cm。计算铺地砖综合产量定额时的方法如下：

600 cm×600 cm：$Q_A = 200.0 \text{ m}^2$，$S_A = 2.46 \text{ m}^2/\text{工日}$；

300 cm×300 cm：$Q_B = 100.0 \text{ m}^2$，$S_B = 3.28 \text{ m}^2/\text{工日}$。

$$Q_{总} = \sum_{i=1}^{n} Q_i = Q_A + Q_B = 200.0 + 100.0 = 300.0 (\text{m}^2)$$

$$\sum_{i=1}^{n} P_i = \frac{Q_A}{S_A} + \frac{Q_B}{S_B} = \frac{200.0}{2.46} + \frac{100.0}{3.28} = 111.79 (\text{工日})$$

综合产量定额：

$$\bar{S} = \frac{\sum_{i=1}^{n} Q_i}{\sum_{i=1}^{n} P} = \frac{300.0}{111.79} = 2.68 \,(\text{m}^2/\text{工日})$$

(S_A、S_B 数据出自 2009《安徽省建筑、装饰装修工程计价定额综合单价》)

② 合并工序单位不同,工作内容也不同。

例如:某一层框架混凝土,由柱、梁、板、楼梯组成,计算现浇框架钢筋混凝土综合产量定额时的方法如下:

柱:$Q_A = 100 \text{ m}^3$,$S_A = 0.487 \text{ m}^3/\text{工日}$;

梁:$Q_B = 150 \text{ m}^3$,$S_B = 0.326 \text{ m}^3/\text{工日}$;

板:$Q_C = 80 \text{ m}^3$,$S_C = 0.345 \text{ m}^3/\text{工日}$;

楼梯:$Q_D = 50 \text{ m}^2$,$S_D = 0.763 \text{ m}^2/\text{工日}$。

$Q_\text{总}$ 取与综合产量定额单位一致的这道工序的工程量。本例合并后工程量以为 m^3 单位,$\bar{S}$ 的单位取 $\text{m}^3/\text{工日}$ 比较合适,若取 $\text{m}^2/\text{工日}$ 则使用不太方便。此时,取

$$Q_\text{总} = \sum_{i=1}^{n} Q_i = Q_A + Q_B + Q_C = 100 + 150 + 80 = 330 \,(\text{m}^3)$$

$$\sum_{i=1}^{n} P_i = \frac{Q_A}{S_A} + \frac{Q_B}{S_B} + \frac{Q_C}{S_C} + \frac{Q_D}{S_D}$$
$$= \frac{100}{0.487} + \frac{150}{0.326} + \frac{80}{0.345} + \frac{50}{0.763} = 962.8 \,(\text{工日})$$

综合产量定额:

$$\bar{S} = \frac{\sum_{i=1}^{n} Q_i}{\sum_{i=1}^{n} P_i} = \frac{330}{962.87} = 0.343 \,(\text{m}^3/\text{工日})$$

【案例 6-3】 某工程,其外墙面装饰,有外墙涂料、真石漆、面砖三种做法,其工程量分别是 100 m²、800 m²、600 m²;采用的产量定额分别是 7.56 m²/工日、4.35 m²/工日、4.05 m²/工日。

问题:

计算它们的综合产量定额及外墙面装饰所需的劳动量。

分析与解答:

$$\bar{S} = \frac{Q_1 + Q_2 + \cdots + Q_n}{\dfrac{Q_1}{S_1} + \dfrac{Q_2}{S_2} + \cdots + \dfrac{Q_n}{S_n}} = \frac{1\,000 + 800 + 600}{\dfrac{1\,000}{7.56} + \dfrac{800}{4.35} + \dfrac{600}{4.05}} = 5.17 \,(\text{m}^3/\text{工日})$$

$$P_\text{外墙装饰} = \frac{\sum_{i=1}^{3} Q_i}{\bar{S}} = \frac{1\,000 + 800 + 600}{5.45} = 306.6 \,(\text{工日})$$

2. 机械台班量的计算

凡是采用机械为主的施工过程,可按公式(6-5)计算其所需的机械台班数。

$$P_\text{机械} = \frac{Q_\text{机械}}{S_\text{机械}}$$

或

$$P_{机械} = Q_{机械} \times H_{机械} \qquad (6-5)$$

式中：$P_{机械}$——某施工过程需要的机械台班数（台班）；

$Q_{机械}$——机械完成的工程量（m^3、t、件等）；

$S_{机械}$——机械的产量定额（m^3/台班、t/台班等）；

$H_{机械}$——机械的时间定额（台班/m^3、台班/t等）。

在实际计算中，$S_{机械}$ 或 $H_{机械}$ 的应根据机械的使用说明书确定，以便准确地计算需要的机械台班数。

【案例6-4】 某工程基础挖土采用 W-100 型反铲挖土机，挖方量为 2 099 m^3，经计算采用的机械台班产量为 50 m^3/台班。

问题：

计算挖土机所需台班量。

分析与解答：

$$P_{机械} = \frac{Q_{机械}}{S_{机械}} = \frac{5\,000}{50} = 100(台班)$$

取 17.5 个台班。

6.4.5 计算每个施工过程的工作时间

施工过程工作时间的确定方法有三种：经验估算法、定额计算法和倒排计划法。

1. 经验估算法

经验估算法也称三时估算法，即先估计出完成该施工过程的最乐观时间、最悲观时间和最可能时间三种施工时间，再根据公式（6-6）计算出该施工过程的延续时间。这种方法适用于新结构、新技术、新工艺、新材料等无定额可循的施工过程。

$$t = \frac{a + 4c + b}{6} \qquad (6-6)$$

式中：a——最乐观的时间估算（最短的时间）；

b——最悲观的时间估算（最长的时间）；

c——最可能的时间估算（最正常的时间）；

2. 定额计算法

这种方法是根据施工过程需要的劳动量或机械台班量，以及配备的劳动人数或机械台数，确定施工过程持续时间。其计算公式为式（6-7）、式（6-8）：

$$t = \frac{P}{RN} \qquad (6-7)$$

$$t_{机械} = \frac{P_{机械}}{R_{机械} N_{机械}} \qquad (6-8)$$

式中：t——某手工操作为主的施工过程持续时间（天）；

P——该施工过程所需要的劳动量（工日）；

R——该施工过程所配备的施工班组人数（人）；

N——每天采用的工作班制（班）；

$t_{机械}$——某机械施工为主的施工过程的持续时间（天）；

$P_{机械}$——该施工过程所需要的机械台班数（台班）；

$R_{机械}$——该施工过程所需要的机械台数(台);

$N_{机械}$——每天采用的工作班。

从以上公式可知,要计算确定某施工过程持续时间,除已确定的 P 或 $P_{机械}$ 外,还必须先确定 R、$R_{机械}$ 及 N、$N_{机械}$ 的数值。

要确定施工组人数 R 或施工机械台数 $R_{机械}$,除了考虑施工单位现有的施工班组数(特别是技术工人人数)或施工机械台数之外,在实际工作中,还必须结合施工现场的具体条件、最小工作面与最小劳动组合人数的要求以及机械施工的工作面大小、机械效率、机械必要的停歇维护与保修时间等因素,才能计算确定出符合实际可能和要求的施工班组人数及机械台数。

每天工作班制定:当工期允许、劳动力和施工机械周转使用不紧迫、施工工艺上无连续施工要求时,通常采用一班制施工,在建筑业中往往采用 1.25 班制即 10 小时。当工期较紧或为了提高施工机械的使用率及加快机械的周转使用,或工艺上要求连续施工时,某些施工过程可考虑二班制甚至三班制施工。采用多班制施工,必然增加有关设施及费用,因此,须慎重研究确定。

【案例 6-5】 某工程基础混凝土垫层浇筑所需要劳动量为 900 工日,每天采用三班制,每班安排 20 人施工。

问题:

试求完成混凝土垫层的施工持续时间。

分析与解答:

$$t = \frac{P}{RN} = \frac{900}{20 \times 3} = 15(天)$$

3. 倒排计划法

这种方法是根据施工的工期要求,先确定施工过程的延续时间及工作班制,再确定施工班组人数(R)或机械台数($R_{机械}$)。计算公式如下:

$$R = \frac{P}{Nt} \tag{6-9}$$

$$R_{机械} = \frac{P_{机械}}{N_{机械} t_{机械}} \tag{6-10}$$

式中符号同式(6-7)、式(6-8)。

如果按上述两式计算出来的结果,超过了本部门现有的人数或机械台数,则要求有关部门进行平衡、调度及支持或从技术上、组织上采取措施。如组织平行立体交叉流水施工,提高混凝土早期强度及采用多班组、多班制的施工等。

【案例 6-6】 某工程砌墙所需劳动量为 1 200 个工日,要求在 15 天内完成,采用一班制施工。

问题:

试求每班工人数。

分析与解答:

$$R = \frac{P}{Nt} = \frac{1\ 200}{1 \times 15} = 80(人)$$

案例 6-6 所需施工班组为 80 人,若配备技工 35 人,其比例为 1∶1.05,是否有足够的劳动人数,是否有 35 个技工,是否有足够的工作面,这些都需经分析研究才能确定。

6.4.6 进度计划的初排与调整

一般要经过初排——检查调整——正式计划三步完成。
① 按经验法或定额法算出各施工过程的施工持续时间,大致排出施工总体进度计划,粗略绘出横道路和网络图;
② 全面重新衡量每一过程的起止和持续时间及前后相关联的过程是否合理,并做出相应调整;
③ 对照合同要求,如不满足则采用倒排法缩减计划工期,直到满足合同要求;
④ 绘制正式的横道图和网络图。

6.5 施工准备与资源配置计划

6.5.1 施工准备计划

施工准备应包括技术准备、现场准备和资金准备等。

1. 技术准备

应包括施工所需技术资料的准备、施工方案编制计划、试验检验及设备调试工作计划、样板制作计划等;
① 主要分部(分项)工程和专项工程在施工前应单独编制施工方案,施工方案可根据工程进展情况,分阶段编制完成,对需要编制的主要施工方案应制定编制计划;
② 试验检验及设备调试工作计划应根据现行规范、标准中的有关要求及工程规模、进度等实际情况制定;
③ 样板制作计划应根据施工合同或招标文件的要求并结合工程特点制定。

2. 现场准备

应根据现场施工条件和工程实际需要,准备现场生产、生活等临时设施。资金准备应根据施工进度计划编制资金使用计划。

6.5.2 资源配置计划

资源配置计划应包括劳动力配置计划和物资配置计划等。

1. 劳动力配置计划应包括下列内容:
① 确定各施工阶段用工量;
② 根据施工进度计划确定各施工阶段劳动力配置计划。
表 6-2 反映单位工程施工中所需要的各种技术工人、普工人数。一般要求按月、旬统计编制计划。主要根据确定的施工进度计划编制,其方法是按进度表上每天需要的施工人数,分工种进行统计,得出每天所需工种及人数,按时间进度要求汇总编出。

表6-2 劳动力需要量计划

序号	工种名称	人数	月			月		
			上旬	中旬	下旬	上旬	中旬	下旬

2. 物资配置计划应包括下列内容：

① 主要工程材料和设备的配置计划应根据施工进度计划确定，包括各施工阶段所需主要工程材料、设备的种类和数量；

② 工程施工主要周转材料和施工机具的配置计划应根据施工部署和施工进度计划确定，包括各施工阶段所需主要周转材料、施工机具的种类和数量。主要材料需要量计划见表6-3，施工机具需要量计划见表6-4，预制构件需要量计划见表6-5。

表6-3 主要材料需要量计划

序号	材料名称	规格	需要数量		需要时间						备注
			单位	数量	月			月			
					上旬	中旬	下旬	上旬	中旬	下旬	

表6-4 施工机具需要量计划

序号	机具名称	型号	单位	需用数量	进退场时间	备注

表6-5 预制构件需要量计划表

序号	构件名称	编号	规格	单位	数量	要求进场	备注

6.6 施 工 方 案

单位工程应按照《建筑工程施工质量验收统一标准》GB50300 中分部、分项工程的划分原则,对主要分部、分项工程制定施工方案。

对脚手架工程、起重吊装工程、临时用水用电工程、季节性施工等专项工程所采用的施工方案应进行必要的验算和说明。

施工方案主要研究三个方面的内容:施工顺序和流水段的划分、施工方法和施工机械、技术组织措施。

6.6.1 确定施工顺序

6.6.1.1 确定施工顺序应遵循的基本原则和基本要求

确定合理的施工顺序是选择施工方案首先应考虑的问题。施工顺序是指工程开工后各分部分项工程施工的先后顺序。确定施工顺序既是为了按照客观的施工规律组织施工,也是为了解决工种之间的合理搭接,在保证工程质量和施工安全的前提下,充分利用空间,以达到缩短工期的目的。

在实际工程施工中,施工顺序可以有多种。不仅不同类型建筑物的建造过程有着不同的施工顺序;而且在同一类型的建筑工程施工中,甚至同一幢房屋的施工,也会有不同的施工顺序。因此,本节的基本任务就是如何在众多的施工顺序中,选择出既符合客观规律,又经济合理的施工顺序。

1. 确定施工顺序应遵循的基本原则

(1) 先地下,后地上

指的是在地上工程开始之前,把管道、线路等地下设施、土方工程和基础工程全部完成或基本完成。坚固耐用的建筑需要有一个坚实的基础,从工艺的角度考虑,也必须先地下后地上,地下工程施工时应做到先深后浅,这样可以避免对地上部分施工产生干扰,从而带来施工不便,造成浪费,影响工程质量。

(2) 先主体、后围护

指的是框架结构建筑和装配式单层工业厂房施工中,先进行主体结构施工,后完成围护工程。同时,框架主体与围护工程在总的施工顺序上要合理搭接,一般来说,多层建筑以少搭接为宜,而高层建筑则应尽量搭接施工,以缩短施工工期;而装配式单层工业厂房主体结构与围护工程一般不搭接。

(3) 先结构,后装修

是对一般而言,有时为了缩短施工工期,也可以有部分合理的搭接,即室内装饰与主体结构同时进行施工。

(4) 先土建,后设备

指的是不论是民用建筑还是工业建筑,一般来说,土建施工应先于水、暖、气、卫、电等建筑设备的施工。但它们之间更多的是穿插配合关系,尤其在装修阶段,要从保证施工质量、降低成本的角度,处理好相互之间的关系。

以上原则并不是一成不变的,在特殊情况下,如在冬期施工之前,应尽可能完成土建和围护工程,以利于施工中的防寒和室内作业的开展,从而达到改善工人的劳动环境、缩短工期的目的;又如大板承重结构部分和某些装饰部分宜在加工厂同时完成。因此,随着我国施工技术的发展、企业经营管理水平的提高,以上原则也在进一步完善之中。

2. 确定施工顺序的基本要求

(1) 必须符合施工工艺的要求

建筑物在建造过程中,各分部分项工程之间存在着一定的工艺顺序关系,它随着建筑物结构和构造的不同而变化,应在分析建筑物各分部分项工程之间的工艺关系的基础上确定施工顺序。例如:基础工程未做完,其上部结构就不能进行,垫层在土方开挖后才能施工;采用砌体结构时,下层的墙体砌筑完成后方能施工上层楼面;但在框架结构工程中,墙体作为围护或隔断,则可安排在框架施工全部或部分完成后进行。

(2) 必须与施工方法协调一致

例如:在装配式单层工业厂房施工中,如采用分件吊装法,则施工顺序是先吊装柱、再吊装梁、最后吊装各个节间的屋架及屋面板等;如采用综合吊装法,则施工顺序为一个节间全部构件吊装完成后,再依次吊装下个节间,直至构件吊装完。

(3) 必须考虑施工组织的要求

例如:有地下室的高层建筑,其地下室地面工程可以安排在地下室顶板施工前进行,也可以安排在地下室顶板施工后进行。从施工组织方面考虑,前者施工较方便,上部空间宽敞,可以利用吊装机械直接将地面施工用的材料运送到地下室;而后者,地面材料运输和施工就比较困难。

(4) 必须考虑施工质量的要求

在安排施工顺序时,要以保证和提高工程质量为前提,影响工程质量时,要重新安排施工顺序或采取必要的技术措施。例如:屋面防水层施工,必须等找平层干燥后才能进行,否则将影响防水工程的质量,特别是柔性防水层的施工。

(5) 必须考虑当地的气候条件

例如:在冬期和雨期施工到来之前,应尽量先做基础工程、室外工程、门窗玻璃工程,为地上和室内工程施工创造条件。这样有利于改善工人的劳动环境,有利于保证工程质量。

(6) 必须考虑安全施工的要求

在立体交叉、平行搭接施工时,一定要注意安全问题。例如:在主体结构施工时,水、暖、气、卫、电的安装与构件、模板、钢筋的吊装和安装不能在同一个工作面上,必要时采取一定的安全保护措施。

6.6.1.2 基础工程施工顺序

1. 基坑工程

定位放线验线→基坑降水→挖土→修边坡→修坑底→验槽。

2. 无地下室基础工程

降水→基坑挖土→垫层→基础→回填土。

3. 有地下室的基础工程(外防水)

降水→基坑挖土→垫层→找平层→防水层→地下室底板→地下室墙、柱→地下室顶板→墙防水层及保护层→回填土。

应当注意的是：
① 土方工程要避免在雨季施工。
② 准备验收的基坑开挖至设计标高时，宜请勘察人员先观看土质情况，若确定符合设计持力层要求，再细致修整，验收。并做好准备，一旦验收合格，立即浇筑垫层，防止基底土受到雨水、寒冷天气等侵害扰动。
③ 混凝土垫层必须养护到一定强度后再进行下道工序。
④ 回填土前应考虑，土中的管道等构件是先进行预埋，还是将来再挖土埋设。
⑤ 基坑回填土耗工耗时，工程量较大，应慎重选择合理的回填方案及回填时间，为了争取上部主体的施工时间，回填土也可以考虑稍迟一步进行，主体结构施工时外脚手架可以考虑用悬挑架子施工。

6.6.1.3 主体工程施工顺序

1. 砖混结构

放线→砌砖墙→构造柱→梁、板、楼梯、阳台（模板→钢筋→浇混凝土）→养护→下一层放线（图6-2）。

图6-2 砖混结构房屋施工顺序示意图

2. 框架结构

放线→柱（钢筋→模板→混凝土）→梁、板、楼梯、阳台（模板→钢筋→混凝土）→养护→下层放线。

需要说明的是：
① 上述两种结构都要注意安排流水作业避免工人窝工。
② 脚手架工作在主体施工至二层时应按规范要求搭设，但一般不占用关键线路的工期。
③ 框架结构的柱可以先单独浇筑，也可以与梁、板、混凝土同时浇筑。填充墙在框架完成后可以不按楼层的顺序组织施工。

3. 框架剪力墙结构

放线→剪力墙、柱（钢筋→模板→混凝土）→梁、楼梯、阳台（模板→钢筋→混凝土）→养护→下层放线(图6-3)。

图6-3 框架剪力结构房屋施工顺序示图

6.6.1.4 屋面工程施工顺序

屋面结构完成后,即可进行屋面施工,它一般不占用关键线路工期,但注意避免在严冬施工,工艺要求决定了屋面施工从下至上分层进行。

① 柔性防水施工顺序为:找平层→冷底子油→隔汽层→保温层→找平层→柔性防水层→保护层;

② 刚性防水通常用作柔性防水的保护层,因此不另列施工顺序。

6.6.1.5 装修工程施工顺序

它主要分为室外装修和室内装修两个方面。室外装修工作内容有外墙抹灰、勒脚、散水、台阶、明沟、水落管等。室内装修的工作内容有天棚、墙面、地面抹灰,门窗框扇、玻璃安装,五金及各种木装修、油漆,踢脚线,楼梯踏步抹灰。

1. 室外装修

室外装修因其受天气影响较大,尤其是进入冬天后,室外装修直接受冷空气侵害,又难以保温,工程质量受到严重威胁,因此进行外装修尽可能避开冬季。如果因工期原因必须在冬天进行外装时,也应选择气温较高的日子以及上午日光直接照射后,傍晚日落前时间段施工。把最好的时间用来突击完成北面及西面二个受光面较少的外装任务。

外装应当在主体到顶后,从顶到底依次施工,最后一道面层施工的同时逐层拆除脚手架,同时补好脚手眼,外装修时要专人进行安全监督检查。

2. 室内装修工程

① 室内装修的特点是工作量大,相互影响的因素较多,但在主体没有到顶时就可以进行装修施工,以缩短工期,并且装修时不分楼上楼下的先后顺序,因此可多投队伍共同进行施工。

② 室内装修工程施工顺序通常在两种:

a. 楼地面→顶棚→墙面。

这种安排便于清理落地灰,地面不易空鼓起壳,装修结束时不易污染墙面,但地面易受损伤。

b. 顶棚→墙面→楼地面。

这种安排地面不受损害，但有落地灰难清、墙面污染等缺点。

③ 楼梯因人流量集中，踏步粉刷易受损坏，因此多楼梯相通时，可封闭某梯进行装修并养护到一定强度后，再封其他楼梯进行装修。如仅为单独楼梯，则考虑室内工作完成后，再从上向下粉刷楼梯踏步。

④ 相互影响的工作。

门窗框在找平层前要首先安装，窗扇一般在油漆涂料结束后再安装，但是冬天装修时为了室内保温也先可以安装窗扇。粉刷前要求先安装接线盒并穿通线路，以免粉刷后还再凿盒、槽、线管等，造成工作矛盾，有防水要求的房间应先做防水层，水磨石地面也应当最先施工，防止因施工用水损坏已完成的粉刷面。墙边管道宜在粉刷后再进行安装。

6.6.1.6 装配式钢筋混凝土单层工业厂房施工顺序

装配式钢筋混凝土单层工业厂房，通常分为基础工程、预制工程、吊装工程、其他工程4个阶段（图6-4）。

图6-4 装配式单层工业厂房施工顺序示意图

1. 基础工程

单层厂房多为杯形基础，其施工顺序为：

挖土→垫层→基础（绑钢筋→支模→浇混凝土→养护→拆模）→回填土。

厂房内往往有许多设备基础，根据设备基础深浅，施工场地大小，工期要求快慢，有两种施工顺序方案，即封闭式和敞开式施工。封闭式是指先施工厂房，后施工设备基础，它的优点是不妨碍厂房的施工过程，便于厂房施工时构件布置，吊车行走，而且设备基础施工是在室内进行，受气候影响较小，应为首选方案。但是当设备基础深度超过厂房基础，或者工期很紧以及设备基础土方量很大，封闭施工不能用机械挖土而影响工期时，可考虑选择敞开式施工，敞开施工就是厂房基础与设备基础同时施工或者设备基础优先施工。

2. 预制工程施工顺序

装配式厂房构件一般包括：柱子、基础梁、连系梁、吊车梁、支撑、屋架、天窗架、屋面板、天沟等，通常采用预制厂预制和现场预制相结合的方式。对于重量大，尺寸大，不便运输的构件采用现场预制,如柱、吊车梁、屋架等,其他在预制厂预制。

(1) 非预应力构件制作的施工顺序

支模→绑钢筋→预埋件→浇混凝土→养护→拆模。

(2) 后张法预应力构件制作的施工顺序

支模→绑钢筋→预埋件→留孔道→浇混凝土→养护→拆模→预应力筋张拉、锚固→孔道灌浆→养护。

现场预制与工作面关系很大,一般基础回填平整后即可制作构件。

如果用分件吊装法,可将柱与吊车梁预制在车间内,屋架在车间旁边预制;如果厂房跨度较大,可将柱、吊车梁与屋架全部在车间内预制,屋架靠跨中布置,柱靠两边布置,吊车梁长度较短,在跨内插入布置;若场地狭小而工期允许,则可先做柱及吊车梁,吊装完成后再预制屋架。

如果是综合吊装法,构件必需一次制作,那么构件制作位置当视现场情况决定。一般将柱、吊车梁与屋架全部在车间内预制,屋架靠跨中布置,柱靠两边布置,吊车梁长度较短,在跨内插入布置。

3. 吊装工程施工顺序

装配式厂房的吊装顺序依次为:柱子、基础梁、吊车梁、连续梁、屋架、天窗架、屋面板等构件的吊装,校正和固定。

吊装的顺序取决于吊装方法。如用分件法吊装,则第一次吊柱,第二次吊基础梁、吊车梁、连系梁,第三次吊屋盖构体。如用综合法吊装,则先吊四根或六根柱子,再吊基础梁、吊车梁、连系梁及屋盖,如此逐个节间吊装,直至全部完成。

4. 其他工程施工顺序

这一顺序通常为:主体工程吊装→围护结构→屋面→装修→设备安装。

为加快进度,也可以交叉和搭接施工,工程中可能有水、电、暖等设施,应当按工艺要求,与土建工程协调配合施工。

6.6.2 流水段的划分

划分施工段的原则:为了保证拟建工程的结构整体完整性,不能破坏结构的力学性能,不能在不允许留施工缝的结构构件部位分段,应尽可能利用施工缝、沉降缝等自然分界线;为了充分发挥人、主导施工机械的效率,每个施工段要有足够的工作面,便其所容纳的劳动力人数或机械台数,能满足合理劳动组织的要求;同一专业工作队在各个施工段上的劳动量应大致相等,其相差幅度不宜超过 10%;尽量使主导施工过程的工作队能连续施工;对于多层的拟建项目,既要划分施工段,又要划分施工层,以保证相应的专业工作队在施工段与施工层之间,组织有节奏、连续、均衡的施工;对于多层或高层建筑物,施工段的数目,要满足合理流水施工组织的要求,应使 $m \geq n$(m 为施工段数,n 为施工过程数)。

混合结构房屋的主体结构,一般包括搭设脚手架、砌砖、吊装梁板、楼梯段、现浇钢筋混凝土雨篷、圈梁、部分现浇楼板等若干施工过程。主体结构施工因为是多层结构,其施工特点是必须待下一层的楼板吊完、灌板缝、弹线后,才能组织上一层楼的砌砖。如果组织流水施工,则要求每层楼的流水段数目要大于或等于施工过程数。因此上述施工过程可合并,否则每层楼流水段数目小于施工过程数,势必造成各施工过程的专业施工班组轮流出现窝工而使各班组流水施工中断，从而浪费工时和延长工期，这点必须注意。砖混结构主体工程的主要施工过程是砌墙和吊楼板，流水施工段的划分可按 2~3 单元为一个施工段，每层分 2~3 施工段，由底层到顶层，采用相同的施工段，屋面一般不分段，当有伸缩缝时应进行分段；有高低层时，亦可分高低段。每个楼层砌砖又划分为 2 个或 3 个砌砖层，把搭脚手架和砌砖合并为一个施工过程——砌砖墙。把现浇钢筋混凝土梁、安楼板、灌缝、弹线等零星项目，统统合并为一个大项目——吊楼板。这样混合结构民用房屋主体工程由砌墙和吊楼板两个施工过程组成。安排流水方式有多种，常见的有以下两种：

房屋划分为 2 个施工段，每楼层又划分 3 个砌筑层，每一砌筑层砌墙一个工作日。

房屋划分 3 个施工段，每楼层划分 2 个砌筑层，每一砌筑层砌墙一个工作日。这种组织方式，使每一施工段在楼板安装完毕后会产生两天的空闲，可以用来进行楼板灌缝、弹线、沿墙嵌砖等零星工作。详见流水施工章节。

脚手架可选择内脚手架、单排或双排外脚手架。脚手架的材料有钢、木、竹三类，以钢管扣件脚手架为好。

6.6.3 施工方法的选择

合理的施工方法是工程施工的关键环节。每一分部分项工程都有各自多种不同的施工方法，而每一施工方法的正确选择是保证质量、安全，加快进度，降低成本的决定性因素。

6.6.3.1 施工方法选择的基本原则

① 满足施工组织总设计的要求；

② 满足施工安全质量的要求；

③ 满足总进度安排的要求；

④ 选择当地比较成熟的施工方法；

⑤ 经济合理与环境相适应。

6.6.3.2 主要分部分项工程施工方法的选择

主要分部分项工程的施工方法，在建筑施工技术教材中做了详细表述，这里仅做要点归纳。

1. 土方工程

根据基坑深浅场地大小，土质状况，确定边坡及防护形式、降水、开挖、回填的方法。

2. 基础工程

根据基础的形式、材料等确定其施工方法。

① 桩基通常由专业队伍施工；

② 地下室的关键是防水工程，宜选择封闭式外防水，注意防水层与基层要黏结牢固，施工缝按规范和施工图的要求设置，大体积混凝土要计算上下层混凝土接头时间，确保在初凝时间以内完成，并选择适应的浇筑方法，严防内外温差超过 25 ℃。开盘前联系气象、供电、混凝土供应部门，确保混凝土连续浇筑，不得留施工缝。选择合适的模板形式和支撑方法。

3. 砌筑工程

砌筑工程的关键是控制墙面裂缝、渗水及墙体轴线和标高，为此要选择不易变形，宜于防水的砌筑材料，框架梁下的填充墙砌筑时，应留二皮不砌，待沉实一周后再斜砌密实，框架柱与墙接缝处做加强措施。轴线和标高要有交底，有复核，有验收。

4. 钢筋混凝土工程

① 钢筋混凝土工程中,变数较多且易出安全质量事故的分项是模板工程,而模板工程又分为材料与构造的选择。尤其要注意的是,在方案设计时要坚持两条:一是规范的施工方法;二是浇混凝土时上下工作面都要派人看守。

② 选择钢筋加工,接头的方法。

③ 选择混凝土生产、运输、浇筑、振捣、养护的方法,施工缝的位置。

5. 结构吊装工程

① 确定吊装方法及设备选择;

② 确定构件的预制地点,运输及堆放要求。

6. 屋面工程

按照设计图纸及建设单位具体使用要求,确定找平层、找坡、保温材料、防水材料、保护层及其具体施工方法,排气孔的位置造形。

7. 装修工程

装修工程分项众多,施工前应先做样板间,对其选材、工艺、色彩、造型施工方法和效果等予以明确。

8. 场内垂直、水平运输及脚手架

① 按照楼房的高度和长度选择龙门架、塔吊、施工电梯、混凝土输送泵以及各自的平面位置;

② 确定脚手架的构造形式,悬挑与否,爬升与否,搭拆时间、主体进行时有无脚手架,装修及刷涂料时各用什么脚手架。并编写各种情况下的安全方案。

6.6.4 施工机械的选择

6.6.4.1 施工机具的选择原则

施工机具选择应遵循切实需要、可能实现、经济合理的原则。

6.6.4.2 施工机具选择要考虑以下几点因素

1. 技术条件

包括技术性能,工作效率,工作质量,能源耗费,劳动力的节约,使用安全性和灵活性,通用性和专用性,维修的难易程度,耐用程度等。

2. 经济条件

包括原始价值,使用寿命、使用费用、维修费用等。如果是租赁机械应考虑其租赁费。

3. 要进行定量的技术经济分析比较,以使机械选择最优

技术上先进的,经济上管理有效的施工机械为首选。一般影响技术经济指标的主要因素有:工期、劳动消耗量、成本费。

4. 要关注重要分部工程

施工机械的选择应着重考虑那些影响施工全局的重要分部工程

5. 要侧重重机械

施工机械选择应首先考虑主导工程施工机械。

选择施工机械时,应首选主导工程所需要的,并注重主导机械和辅助机械的配套问题。

选择施工机械时,应首先选择主导施工过程的施工机械。结合工程特点和其他条件确定其最合适的类型。例如：装配式单层工业厂房结构安装用起重机类型的选择。当工程量较大而又集中时，可以采用生产效率较高的塔式起重机；但当工程量较小或工程量较大却又相当分散时，则采用自行式起重机较为经济；选用的起重机型号应满足起重量、起重高度和起重半径的要求。

选择与主导机械配套的各种辅助机械或运输工具时，应使它们的生产能力互相协调一致，使主导机械的生产能力得到充分发挥。例如：在土方工程中，如采用汽车运土，汽车容量一般是挖土机斗容量的整倍数，汽车数量应保证挖土机连续工作。又如：在结构安装施工中，运输机械的数量及每次运输量，应保证起重机连续工作。

6.6.4.3 施工项目机械设备选择的方法

1. 综合评分法

当有多台同类机械设备可供选择时，可以综合考虑它们的技术特性，通过对每种特性分级打分的方法比较其优劣。如表6-6中所列甲、乙、丙3台机械，在用综合评分法综合考虑了13项特性之后，选择总分最高的机械甲用于施工。

表6-6 综合评分法

序号	特性	等级	标准分	机械甲	机械乙	机械丙
1	工作效率	A	10	10	10	
		B	8			8
		C	6			
2	工作质量	A	10			
		B	8	8	8	8
		C	6			
3	使用费和维修费	A	10	10		
		B	8		8	
		C	6			6
4	能源消耗量	A	8			
		B	6	6	6	6
		C	4			
5	占用人员	A	8			
		B	6	6		
		C	4		4	4
6	安全性	A	8	8		
		B	6		6	6
		C	4			
7	稳定性	A	8			8
		B	6	6	6	
		C	4			

续表

序号	特性	等级	标准分	机械甲	机械乙	机械丙
8	服务项目多少	A	8			8
		B	6	6		
		C	4		4	
9	完好性	A	8	8		
		B	6		6	6
		C	4			
10	维修难易	A	8			
		B	6		6	6
		C	4	4		
11	按拆用难易和灵活性	A	6	6		
		B	4		4	
		C	2			2
12	气候适应性	A	6			
		B	4	4		
		C	2		2	2
13	对环境的影响	A	6			
		B	4	4	4	4
		C	2			
	总分			84	76	74

2. 单位工程量成本比较法

机械设备使用的成本费用分为可变费用和固定费用两大类。可变费用又称操作费，它随着机械的工作时间变化，如操作人员的工资、燃料动力费、小修理费、直接材料费等。固定费用是按一定施工期限分摊的费用，如折旧费、大修理费、机械管理费、投资应付利息、固定资产占用费等，租入机械的固定费用是要按期交纳的租金。在多台机械可供选用时，可优先选择单位工程量成本费用较低的机械。单位工程量成本的计算公式是：

$$C = \frac{R + PX}{QX} \tag{6-11}$$

式中：C——单位工程量成本；

R——一定期间固定费用；

P——单位时间变动费用；

Q——单位作业时间产量；

X——实际作业时间（机械使用时间）。

【**案例 6-7**】 某挖土工程，有两台挖土机械供选择，机械 A 固定费用 20 000 元，机械 B 固定费用 30 000 元，单位时间变动费用 $P_A = 200$ 元/h，$P_B = 250$ 元/h，单位作业时间产量

$Q_A=20\ m^3/h$,$Q_B=30\ m^3/h$,采用机械 A,6 天完成,机械 B,4 天完成。

问题:

不考虑工期要求,试利用单位工程量成本比较法选用哪种机械合理一些。

分析与解答:

$$C_A = \frac{R_A + P_A X_A}{Q_A X_A} = \frac{20\,000 + 200 \times 6 \times 8}{20 \times 6 \times 8} = 30.83(元/m^3)$$

$$C_B = \frac{R_B + P_B X_B}{Q_B X_B} = \frac{30\,000 + 250 \times 4 \times 8}{30 \times 4 \times 8} = 39.58(元/m^3)$$

由计算可知,选用机械 B 合理一些。

3. 界限时间比较法

界限时间(X_0)是指两台机械设备的单位工程量成本相同时的时间。由公式(6-11)可知单位工程量成本 C 是机械作业时间 X 的函数,当 A、B 两台机械的单位工程量成本相同,即 $C_A = C_B$ 时,则有关系式:

$$C = \frac{R_A + P_A X_0}{Q_A X_0} = \frac{R_B + P_B X_0}{Q_B X_0} \tag{6-12}$$

解得界限时间 X_0 的计算公式:

$$X_0 = \frac{R_B Q_A - R_A Q_B}{P_A Q_B - P_B Q_A} \tag{6-13}$$

当 A、B 两机单位作业时间产量相同,即 $Q_A = Q_B$ 时,上式可简化为:

$$X_0 = \frac{R_B - R_A}{P_A - P_B} \tag{6-14}$$

上面公式(6-12)可用图 6-5 表示。

图 6-5 界限时间比较法

图 6-5(a)为单位作业时间产量相同时,$Q_A = Q_B$;图 6-5(b)为单位作业时间产量不同时,$Q_A \neq Q_B$。

由图 6-5(a)可以看出,当 $Q_A = Q_B$ 时,应按总费用多少选择机械。由于项目已定,两台机械需要的使用时间 X 是相同的,即

$$需要使用时间(X) = \frac{应完成工程量}{单位时间产量} = X_A = X_B$$

当 $X<X_0$ 时,选择 B 机械;$X>X_0$ 时,选择 A 机械。

由图 6-5(b)可以看出,当 $Q_A \neq Q_B$ 时,这时两台机械的需要使用时间不同,$X_A \neq X_B$。在都能满足项目施工进度要求的条件下,需要使用时间 X,应根据单位工程量成本较低者,选择机械。项目进度要求确定,当 $X<X_0$ 时选择 B 机械;$X>X_0$ 时选择 A 机械。

在一个建筑工地上,如果机械的类型很多,会使机械修理工作复杂化。为此,在工程量较大时,适宜专业化大生产的情况下,应该采用专业机械;工程量小而分散的情况下,尽量采用多用途的机械,使一种机械能适应不同分部分项工程的需要。例如,挖土机既可用于挖土,又可用于装卸、起重和打桩。这样既便于工地管理,又可以减少机械转移时的工时消耗。同时还应考虑充分发挥施工单位现有机械的能力。

6.6.5 主要的施工技术、质量、安全及降低成本措施

对于质量、安全及成本降低都应当从技术措施、组织措施、合同措施、经济措施四个方面进行。

1. 保证工程质量措施

① 尺寸标高有文字交接并建立复核验收制度;
② 降水、土方、基础、地下室及防水措施;
③ 主体结构关键部位质量措施,如防裂缝、渗水措施;
④ 屋面、装修质量措施;
⑤ 新材料、新结构、新工艺、新技术质量措施。

2. 安全保障措施

① 边坡稳定措施。
② 提升设备的固定拉接、防倒塌措施。
③ 安全用电措施。
④ 易燃、易爆、有毒作业的安全措施。
⑤ 季节性安全措施。
⑥ 严格执行"三宝一器"(安全帽、安全带、安全网、漏电保护器)使用制度:

凡进入施工现场的人员必须按规定戴好安全帽,按规定要求使用安全带和安全网,用电设备必须安装质量好的漏电保护器。现场作业人员不准赤背,高空作业不得穿硬底鞋。安全帽应符合 GB2811 标准的产品,不得使用缺衬、缺带及破损的安全帽;安全网必须有产品生产许可证和质量合格证及建筑安全监督管理部门发放的准用证;安全带应使用符合 GB6095 标准的产品,生产厂家须经劳动部门批准。

⑦ "四口"防护措施:

a. 通道口:用钢管搭设高 2 m、宽 4 m 的架子,顶面满铺双层竹笆及一层木板,两层竹笆与木板的间距为 800 mm,用铁丝绑扎牢固。

b. 预留洞口:边长在 500 mm 以下时,楼板配筋不要切断,用木板覆盖洞口,并固定。楼面洞口边长在 1 500 mm 以上时,四周必须设两道护身栏杆。

竖向不通行的洞口用固定防护栏杆;竖向需通行的洞口,装活动门扇,不用时锁好。

c. 楼梯口:楼梯扶手用粗钢筋焊接搭设,栏杆的横杆应为两道。

d. 电梯井口:电梯井的门洞用角钢做成钢框和网格焊接成1.80 m高的防护门。正在施工的电梯井筒内搭设满堂钢管架,操作层满铺脚手板,并随着竖向高度的上升逐层上翻。井筒内每两层用木板或竹笆封闭,作为隔离层。

⑧"五临边"的安全防护及隔离措施:"五临边"指尚未安装栏杆的阳台周边;无外架防护的屋面周边及框架工程楼层周边;上下跑道及斜道的两侧边;卸料平台的侧边;基坑临边。

临边处均应设置醒目的防护栏杆,防护栏杆由上、下两道横杆及栏杆组成,上杆离地高度为1.0~1.2 m,下杆离地高度为0.5~0.6 m,横杆长度超过2 m时,必须加设栏杆柱。

栏杆柱的固定及与横杆的连接,其整体构造应使防护栏杆在上杆任何处,能经受1 kN的外力。

防护栏从上而下加设安全防护密目网封闭,在栏杆下边设置严密固定的高度不小于18 cm的挡脚板。

防护栏杆应涂刷醒目安全色。

交叉作业的防护。

凡在同一立面上同时进行上下作业的,属于交叉作业,应遵守下列要求:

禁止在同一垂直面的上下位置作业,否则中间应有隔离防护措施。

在进行模板安拆、架子搭设拆除、电焊、气割等作业时,其下方不得有人操作。模板、架子拆除必须遵守安全操作规程,并应立设警戒标志,专人监护。

楼层堆物(如模板、扣件、钢管等)应整齐、牢固,且距离楼板外沿的距离不得小于1 m。

高空作业人员应带工具袋,严禁从高处向下抛掷物料。

3. 成本降低措施

① 合理分配土方挖、存、运、回填的方案与数量;

② 加快施工进度,提高机械、周转材料、人员的工作效率;

③ 积极用新技术以达到节约的目的;

④ 尽量使用焊接以节省钢材;

⑤ 制定节约奖励的制度提高全员节约的主动性。

6.6.6 技术经济评价

施工方案的技术经济评价是在众多的施工方案中选择出快、好、省、安全的施工方案。

施工方案的技术经济评价涉及的因素多而复杂,一般来说施工方案的技术经济评价有定性分析和定量分析两种。

1. 定性分析

定性分析主要是结合过去实际施工经验对施工方案的一般优缺点进行分析和比较。从中选择出比较合理的施工方案,如技术上是否可行、安全上是否可靠、经济上是否合理、资源上能否满足要求等。此方法比较简单,但主观随意性较大。通常主要从以下几个方面考虑:

① 施工操作上的难易程度和安全性;

② 为后续工序提供有利施工条件的可能性;

③ 利用现有的施工机械设备情况;

④ 施工组织及措施是否合理、可行、经济；

⑤ 为现场文明施工能否创造有利的条件等。

2. 定量分析

施工方案的定量分析是通过计算施工方案的几个相同的主要技术经济指标，进行综合分析比较选择出各项指标较好的施工方案。这种方法比较客观，但指标的确定和计算比较复杂。主要的评价指标有以下几种：

① 工期指标：当要求工程尽快完成以便尽早投入生产或使用时，选择施工方案就要在确保工程质量、安全和成本较低的条件下，优先考虑缩短工期，在钢筋混凝土工程主体施工时，往往采用增加模板的套数来缩短主体工程的施工工期。

② 机械化程度指标：在考虑施工方案时应尽量提高施工机械化程度，降低工人的劳动强度。积极扩大机械化施工的范围，把机械化施工程度的高低，作为衡量施工方案优劣的重要指标。

③ 主要材料消耗指标：反映若干施工方案的主要材料节约情况。

④ 降低成本指标：它综合反映工程项目或分项工程由于采用不同的施工方案而产生不同的经济效果。其指标可以用降低成本额和降低成本率来表示。

各指标的计算参考项目五。

【案例6-8】 某建筑公司欲开挖某框架剪力墙多层钢筋混凝土结构居住房屋的基坑，总土方量为9 000 m³。因场地狭小，挖出的土除就地存放1 200 m³ 准备回填外，其余土必须用汽车及时运走。建筑公司根据其现有劳动力和机械设备条件，制定了三种施工方案。

方案1：用W-100反铲挖土机开挖，翻斗汽车运土方案。用反铲挖土机开挖，基坑不需要开挖斜道，配合挖土机工作每班需工2人，基坑整修需要劳动量51工日。反铲挖土机的台班生产率为529 m³。

方案2：采用W-501正铲挖土机，斗容量为0.5 m³，该方案需要先开挖一条可供挖土机及汽车出入的斜道，斜道土方量为120 m³，正铲挖土机的生产率为518 m³。配合挖土机需工2人，斜槽回填需33工日、1个台班，基坑修整需51工日。

方案3：采用人工开挖，人工装翻斗车运。需人工开挖两条斜道，以使翻斗车进出，两条斜道土方量400 m³，挖土每班配工69人，翻斗车装土每班需配上36人，回填斜道需劳动量150工日。人工挖土方的产量定额为8 m³/工日。

其中已知：挖土机台班单价1 200元/台班（含两名操作人员的工资在内），拖车台班单价1 200元/台班；机械使用费、挖土进场影响的工时按0.5台班考虑；拖运费按拖车的0.5台班考虑，人工费按50元/工日考虑；其他直接费率按7％、综合费率按22.5％考虑。

问题：

请用技术经济比较法来选择合理的施工方案。

分析与解答：

方案1：

① 工期指标：
$$T = 9\ 000 \div 529 = 17(\text{天})$$

② 劳动量指标：
$$P = 2 \times 17 + 2 \times 17 + 51 = 119(\text{工日})$$

③ 成本指标

$$C = [17 \times 1200 + 0.5 \times 1200 + 0.5 \times 1200 + (2 \times 17 + 51) \times 50]$$
$$\times (1 + 7\%) \times (1 + 22.5\%) = 33\,883(元)$$

方案 2：
① 工期指标：
$$T = (9\,000 + 120) \div 518 + 1 = 18.5(天)$$
② 劳动量指标：
$$P = 2 \times 18.5 + 2 \times 18.5 + 33 + 51 = 158(工日)$$
③ 成本指标：
$$C = [18.5 \times 1200 + 0.5 \times 1200 + 0.5 \times 1200 + (2 \times 18.5 + 33 + 51) \times 50]$$
$$\times (1 + 7\%) \times (1 + 22.5\%) = 38\,566(元)$$

方案 3：
① 工期指标：
$$T = (9\,000 + 400) \div 8 \div 69 = 17(天)$$
② 劳动量指标：
$$P = (9\,000 + 400) \div 8 + 36 \times 17 + 150 = 1\,937(工日)$$
③ 成本指标：
$$C = 1\,937 \times 50 \times (1 + 7\%) \times (1 + 22.5\%) = 126\,828(元)$$

将以上三种方案有关指标计算结果汇总，见表 6-7。

从表 6-7 种各项指标分析比较，可以看出方案 1 各项指标均较优。故施工单位应该采用方案 1 为该挖土工程方案。

表 6-7

开挖方案	工期指标 T(天)	劳动量指标 P(工日)	成本指标 C(元)	说明
方案 1	17	119	33 883	反铲挖土机
方案 2	18.5	158	38 566	正铲挖土机
方案 3	17	1937	126 828	人工挖土

6.7 单位工程施工现场平面布置图

施工现场平面布置图应参照施工总平面布置原则和布置要求，并结合施工组织总设计，按不同施工阶段分别绘制。

6.7.1 单位工程施工现场平面布置图的内容

施工现场平面布置图应包括下列内容：
① 工程施工场地状况；
② 拟建建(构)筑物的位置、轮廓尺寸、层数等；

③ 工程施工现场的加工设施、存贮设施、办公和生活用房等的位置和面积；

④ 布置在工程施工现场的垂直运输设施、供电设施、供水供热设施、排水排污设施和临时施工道路等；

⑤ 施工现场必备的安全、消防、保卫和环境保护等设施；

⑥ 相邻的地上、地下既有建(构)筑物及相关环境。

6.7.2 单位工程施工现场平面布置图设计步骤

单位工程施工平面图设计的一般步骤是：

熟悉、分析、研究有关资料→确定起重机械的位置→确定搅拌站、加工棚、仓库、材料及构件堆场的位置和尺寸→布置运输道路→布置临时设施→布置水电管线→布置安全消防设施→评价、调整、优化→绘图。

6.7.3 单位工程施工现场平面布置图设计方法

1. 熟悉、分析、研究有关资料

熟悉、了解设计图纸及施工方案和施工进度计划的要求，研究分析有关原始资料，从而掌握现场情况。

2. 起重机的位置

起重机械的位置，直接影响仓库、材料、构件、道路、搅拌站、水电线路的布置，故应首先予以考虑。

塔吊位置首先要求臂长范围能兼顾工程全部范围，再则与原材料、搅拌站在工程的同一侧，以便装卸材料时司机直视，另外要贴近建筑物以便安装附着。

(1) 对轨道式塔吊的平面布置要求

① 塔吊的平面布置：

塔式起重机的平面布置主要取决于建筑物的平面形状和四周场地条件，一般应在场地较宽的一面沿建筑物的长度方向布置，以充分发挥其效率。单侧布置的平面和立面，如图6-6所示。此外，有时还有双侧布置或在跨内布置。

塔式起重机的路基必须坚实可靠，两旁应设排水沟。在满足使用要求的条件下，要缩短塔轨铺设长度。采用两台塔吊或一台塔吊另配一台井架施工时，每台塔吊的回转半径及服务范围应明确，塔吊回转时不能碰撞井架及其缆风绳。

② 塔吊的起重参数：

塔吊一般有三个起重参数：起重量(Q)、起重高度(H)和回转半径(R)，如图6-6(b)所示。有些塔吊还设起重力矩(起重量与回转半径的乘积)参数。

塔吊的平面位置确定后，应使其所有参数均满足吊装要求。起重量应满足最重、最远的材料或构件的吊装要求；起重高度应满足安装最高构件的高度要求。塔吊高度取决于建筑物高度及起重高度。单侧布置时，如图6-6(a)所示，塔吊的回转半径应满足下式要求：

$$R \geqslant B + D \tag{6-15}$$

式中：R——塔吊的最大回转半径(m)；

B——建筑物平面的最大宽度(m)；

D——轨道中心线与外墙边线的距离(m)。

图 6-6 塔吊的单侧布置示意

轨道中心线与外墙边线的距离 D 取决于凸出墙面的雨篷、阳台以及脚手架的尺寸,还取决于塔吊的型号、性能、轨距及构件重量和位置,这与现场地形及施工用地范围大小有关系。如公式 $R \geqslant B+D$ 得不到满足,则可适当减小 D 的尺寸。如 D 已经是最小安全距离时,则应采取其他技术措施,如采用双侧布置、结合井架布置等。

③ 塔吊的服务范围。

以塔吊轨道两端有效行驶端点的轨距中心为圆心,最大回转半径为半径划出两个半圆形,再连接两个半圆,即为塔吊服务范围,如图 6-7 所示。

图 6-7 塔吊的服务范围及布置

建筑物处在塔吊范围以外的阴影部分,称为"死角",塔吊布置的最佳状况是使建筑物平面均处在塔吊的服务范围以内,避免"死角"。如果做不到这一点,也应使"死角"越小越好,或使最高最大的构件不出现在"死角"内。如果塔吊吊装最远构件,需将构件做水平推移时,则推移距离一般不得超过 1m,并应有严格的技术安全措施。否则,需采取其他辅助措施,如布置井架或在楼面进行水平转运等,使施工顺利进行。

(2) 固定式垂直起重运输设备的布置

固定式垂直起重运输设备,如固定式塔吊、井架、龙门架、桅杆式起重机等的布置,主要根据机械性能、建筑物的平面和大小、施工段的划分、材料进场方向和道路情况而定。其目的是充分发挥起重机械的能力并使地面和楼面上的水平运距最小。一般说来,当建筑群各部位的高度相同时,布置在施工段的分界线附近,当建筑物各部位的高度不同时,布置在高低分界线处(图6-8)。这样布置的优点是楼面上各施工段水平运输互不干扰。若有可能,井架、龙门架的位置,以布置在有窗口处为宜,以避免砌墙留槎和减少井架拆除后的修补工作。固定式起重运输设备的卷扬机位置不应距离起重机过近,以便司机的视线能够看到起重机的整个升降过程。

图6-8 井架布置位置示意图

【案例6-9】 某学校新建一教学楼工程,主体采用框架结构,地上由中部五层合班教室和南北对称的6层教学楼组成。地下1层为自行车车库。总建筑面积20 000 m^2,建筑占地面积30 000 m^2,建筑总高度30 m。拟建的教学楼平面为E形,南北方向长80.0 m,东西方向长为60.0 m。施工平面图如图6-9所示。

图6-9 某学校教学楼工程施工平面图

问题:
① 根据该工程特点,你认为塔吊应选用多大臂长?
② 常用材料的库房或堆场面积如何确定?计算砂堆场的面积,其中砂子储备量为400 m^3。
③ 由于场地限制,如果将办公室、宿舍布置在了塔吊的起重范围之内,应该采取什么安全措施?

分析与解答:
① 应考虑到以下几个方面:塔吊应覆盖整个拟建建筑物;该工程平面尺寸:南北方向长80.0 m,东西方向长为60.0 m;同时考虑到该建筑物的平面尺寸和对称特点以及建筑物各组成部分的工程量的大小(中间部分为5层,左右为6层)。应采用50 m半径的塔吊。
② 常用材料的库房或堆场面积计算公式:

$$F = \frac{P}{qK}$$

砂堆场面积,取 $q=1.5$(机械堆放),见表 5-9。

$$F = \frac{400}{1.5 \times 0.8} = 333 (\text{m}^2)$$

③ 由于场地限制,如果将办公室、宿舍布置在了塔吊的起重范围之内,可以在办公室、宿舍上空搭设防护棚。

3. 材料、仓库、构件堆场、搅拌站的位置

砂、石、水泥库与搅拌站必须在工程一侧较近处,便于拌制混凝土,并且与钢筋加工棚、塔吊在同一侧,场地过于狭小时可以将模板堆场,放在塔吊的不同侧面。

木材、钢筋、水电等加工棚可离建筑物稍远处布置;并应有相应的材料及成品堆场。特殊情况下,如现场场地狭窄,个别加工棚可考虑场外布置。

石灰淋灰池的位置,要接近砂浆搅拌机布置并处在下风向;沥青堆场及熬制地点要离开易燃、易爆仓库,并布置在下风向。在城市内施工时,一般不准现场淋灰或熬制沥青。

水泥仓库应选择地势较高、排水方便、靠近搅拌机的地方。各种易燃、易爆品仓库的布置应符合防火、防爆安全距离的要求。

【案例 6-10】 某住宅小区工程共有 7 个混凝土需要点,各点需用量如图 6-10 所示。

图 6-10

问题:
试确定混凝土搅拌站的位置。

分析与解答:
采用选点归邻法确定最优设场点位置。因道路为无环路的枝状,此时选择最优设场点可以忽略距离因素,选点方法为"道路没有圈,检查两个端,小半归邻站,够半就设场"。

① 计算所有服务点需求量的一半:

$$P = \frac{1}{2} \times (500+300+250+100+300+100+200) = 875 (\text{m}^3)$$

② 比较归邻:

$P_A = 500 < 875 \text{ m}^3$,(归入 H 点);

$P_B = 300 < 875 \text{ m}^3$,(归入 H 点);

$P_C = 100 < 875 \text{ m}^3$,归入 D 点;

$P_H = 500 + 300 = 800 \text{ m}^3 < 875 \text{ m}^3$,归入 D 点;

$P_D = 800 + 250 + 100 = 1\ 150\ m^3 > 875\ m^3$。

则 D 为最优设场点。

【案例 6-11】 某新建厂房工程,现场各材料点的距离和需用量见图 6-11。

问题:

试确定材料仓库的最优位置。

图 6-11

分析与解答:

当道路为环形道路时,最优点在道路交叉点上。

① 计算所有服务点需求量的一半:

$$P = \frac{1}{2} \times (300 + 200 + 200 + 500 + 400 + 300 + 200) = 1\ 050(t)$$

② 比较归邻:

$P_A = 300\ t < 1\ 050\ t$,归入邻点 D 点;

$P_B = 200\ t < 1\ 050\ t$,归入邻点 D 点;

$P_C = 200\ t < 1\ 050\ t$,归入邻点 E 点;

$P_G = 200\ t < 1\ 050\ t$,归入邻点 F 点;

$P_M = 500\ t < 1\ 050\ t$,归入邻点 F 点;

则

$P_D = 200 + 300 = 500\ t < 1\ 050\ t$;

$P_E = 200 + 400 = 600\ t < 1\ 050\ t$;

$P_F = 200 + 500 = 700\ t < 1\ 050\ t$;

$P_H = 300\ t < 1\ 050\ t$。

③ 计算环路上各需要点和道路交叉点的运输量。

$S_D = 600 \times 1 + 300 \times 3 + 700 \times 2 = 2\ 900(t \cdot km)$;

$S_E = 500 \times 1 + 300 \times 2 + 700 \times 3 = 3\ 200(t \cdot km)$;

$S_F = 500 \times 2 + 600 \times 3 + 300 \times 1 = 3\ 100(t \cdot km)$;

$S_H = 700 \times 1 + 500 \times 3 + 600 \times 2 = 3\ 400(t \cdot km)$;

$S_D < S_F < S_E < S_H$。

则 D 为最优设场点。

4. 运输道路的布置

运输道路的布置主要解决运输和消防两个问题。现场主要道路应尽可能利用永久性道路的路面或路基,以节约费用。现场道路布置时要保证行驶畅通,使运输工具有回转的可能性。因此,运输线路最好绕建筑物布置成环形道路。道路宽度大于3.5 m,施工现场道路最小宽度见表6-7。

表6-8 施工现场道路最小宽度

序号	车辆类型及要求	道路宽度(m)
1	汽车单行道	不小于3.0
2	汽车双行道	不小于6.0
3	平板拖车单行道	不小于4.0
4	平板拖车双行道	不小于8.0

应满足消防的要求,使道路靠近建筑物、木料场等易发生火灾的地方,以便车辆能直接开到消防栓处。消防车道宽度不小于3.5 m。

5. 临时设施的布置

施工现场的临时设施可分为生产性与非生产性两大类。

生产性临时设施内容包括:在现场加工制作的作业棚,如木工棚、钢筋加工棚;各种机械操作棚,如搅拌机棚、卷扬机棚、电焊机棚;各种材料库,如水泥库、五金库;其他设施,如变压器等。生活性临时设施主要包括行政管理、文化、生活、福利用房等。布置生活性临时设施时,应遵循使用方便、有利施工、合并搭建、保证安全的原则。

门卫、收发室等应设在现场出入口处。办公室应靠近施工现场。工人休息室应设在工作地点附近。生活性与生产性临时设施应有所区分,不要互相干扰。

6. 布置水、电管网

① 施工用临时给水管,一般由建设单位的干管或施工用干管接到用水地点。有枝状式、环状式和混合式等布置方式,如图6-12所示。应根据工程实际情况,从经济和保证供水两个方面去考虑其布置方式。管径的大小、龙头数目根据工程规模由计算确定。管道可埋置于地下,也可铺设在地面上,视气温情况和使用期限而定。

图6-12 供水管网布置方式示意图

工地内要设置消火栓,消火栓距离建筑物不应小于5 m,也不应大于25 m,距离路边不大于2 m。条件允许时,可利用城市或建设单位的永久消防设施。为了防止水的意外中断,可在建筑物附近设置临时蓄水池,储备一定数量的生产和消防用水。

② 为了便于排除地面水和地下水,要及时修通永久性下水道,并结合现场地形,在建筑物四周设置排泄地面水和地下水的沟渠。

③ 施工中的临时供电,应在全工地性施工总平面图中一并考虑。只有独立的单位工程施工时,才根据计算出的现场用电量选用变压器或由建设单位原有变压器供电。变压器的位置应布置在现场边缘高压线接入处,离地应大于 3 m,四周设有高度大于 1.7 m 的铁丝网防护栏,并设有明显的标志,但不宜布置在交通要道出入口处。现场导线宜采用绝缘线架空或电缆布置。

④ 线路应架设在道路一侧,距建筑物应大于 1.5 m,垂直距离应在 2 m 以上。

7. 施工平面图的绘制

施工平面图的内容,应根据工程特点、工期长短、现场情况等确定。因为建筑施工是一个复杂多变的生产过程,各种施工机械、材料、构件等是随着工程的进展而逐渐进场的,而且是逐渐变动、消耗的。因此,工程进展过程中,工地上的实际布置情况是随时在改变的。一般对中小型工程只需绘制出主体施工阶段的平面布置图即可,而对工期较长或受场地限制的大中型工程,则应分阶段绘制施工平面图。在布置各阶段的施工平面图时,对整个施工期间使用的一些道路、水电管线、垂直运输机械和临时房屋等,不要轻易变动,以节省费用。

施工平面图经初次布置后,应分析比较,调整优化,再绘制成正式施工平面图,在图中应作必要的文字说明,并标上图例、比例、指北针。要求比例正确、图例规范、线条分明、字迹端正、图面整洁美观、满足建筑制图规则要求。

8. 单位工程施工平面图的评估指标

为评估单位工程施工平面图的设计质量,可以通过计算下列技术经济指标并加以分析比较,有助于其最终合理定案。

① 施工占地系数:

$$施工占地系数 = \frac{施工占地面积(m^2)}{建筑面积(m^2)} \times 100\% \qquad (6-16)$$

② 施工场地利用率:

$$施工场地利用率 = \frac{施工设施占用面积(m^2)}{施工用地面积(m^2)} \times 100\% \qquad (6-17)$$

③ 施工用临时房屋面积、道路面积、临时供水线长度及临时供电线长度。

④ 临时设施投资率:

指全部临时工程投资费用与总工程总造价之比,表示临时设施费用的支出情况。

$$临时设施投资率 = \frac{临时设施费用总和(元)}{工程总造价(元)} \times 100\% \qquad (6-18)$$

思考与实训

1. 思考题

(1) 什么叫单位工程施工组织设计?

(2) 试述单位工程施工组织设计的编制依据和程序。

(3) 单位工程施工组织设计包括哪些主要内容?
(4) 工程概况及施工特点分析包括哪些内容?
(5) 施工方案包括哪些内容?
(6) 确定施工顺序应遵循的基本原则和基本要求是什么?
(7) 选择施工方法和施工机械应满足哪些基本要求?

2. 实训题

实训 6-1

背景资料:

某施工企业承接了某高校的教学楼、图书馆和学生公寓 3 项工程,经业主认可选择了 3 个分包商分别施工三项工程。

问题:

① 该总包单位应编制何种施工进度计划?编制的依据和内容是什么?

② 各分包单位应编制何种施工进度计划?编制的依据和内容是什么?

实训 6-2

背景资料:

某 6 层办公楼,框架结构,墙体采用混凝土小砌块砌筑,总平面图如图 6-13 所示,采用固定式塔式起重机一台。

图 6-13

问题:

① 在图中布置塔式起重机。

② 在图中布置石灰淋灰池。

实训 6-3

背景资料:

某单位办公楼工程,地下 2 层,地上 5 层,局部 6 层,地下 2 层为库房,层高为 3.0 m,1~5 层每层层高为 3.6 m,建筑高度为 22.6 m,建筑面积为 7 600 m^2。外墙饰面为涂料,采用外保温。内墙、顶棚装饰采用耐擦洗涂料饰面,地面贴砖。内墙部分墙体为加气混凝土砌块砌筑。

由于工期比较紧,装修分包队伍交叉作业较多,施工单位在装修前拟订了各分项工程的施工顺序,确定了相应的施工方案,绘制了施工平面图。在施工平面图中标注了:

① 材料存放区;
② 施工区及半成品加工区;
③ 场区内交通道路、安全走廊;
④ 总配电箱放置区、开关箱放置区;
⑤ 现场施工办公室、门卫、围墙;
⑥ 各类施工机具放置区。

问题:

① 同一楼层内的施工顺序一般有:地面→顶棚→墙面;顶棚→墙面→地面。简述这两种施工顺序各自的优缺点。
② 确定分项工程施工顺序时要注意的几项原则是什么?
③ 简述建筑装饰装修工程施工平面图设计原则。
④ 建筑装饰装修工程施工平面布置有哪些内容?
⑤ 根据装饰工程特点,说明该施工平面布置图是否有缺项?请补充。

实训 6-4

背景资料:

某施工单位承担了某住宅楼工程的结构施工和装修施工任务,施工合同规定:工期为 2003 年 3 月 1 日至 2003 年 11 月 1 日,监理单位要求施工单位在一周内提供施工组织设计。过了 5 天,施工单位提交了施工组织设计,其部分内容如下:

① 编制依据:

a. 招标文件、答疑文件及现场勘察情况;
b. 工程所用的主要规范、标准、规程、图集。

② 工程概况:

a. 该工程为 10 栋连体别墅其中的一栋,地下 1 层,地上 3 层,总建筑面积 5 200 m^2,地下室层高 3.0 m,首层层高 3.3 m,2、3 层层高 3.0 m,檐高 10.1 m。剪力墙结构,基础为筏板基础。

b. 非承重外墙采用 150 mm 厚陶粒混凝土空心砌块,饰面大部分采用面砖,局部采用外墙涂料;内墙采用 150 mm 厚加气混凝土砌块和 90 厚双层细钢丝陶粒轻质隔墙板。地面铺地砖。顶棚除厨房、卫生间采用 PVC 吊顶外,其他用涂料饰面。地下室、屋面采用 SBS 改性沥青防水卷材。

c. 施工部署。

d. 施工方案及主要技术措施。

土方开挖:采用 2 台反铲挖掘机同时作业,一次挖到槽底标高,然后进行现场检查,鉴定验槽。

钢筋工程:直径小于 22 mm 的墙、板钢筋采用绑扎方法搭接连接。直径大于 22 mm 的钢筋采用焊接接头,暗柱钢筋采用竖向电渣压力焊,梁的主筋采用电弧焊和闪光对焊。

砌筑工程:采用陶粒混凝土空心砌块,砂浆采用水泥砂浆。工艺流程为:墙体放线→制备砂浆→铺砂浆砌块就位→校正→砌筑→镶砖→勾缝

e. 质量目标及保证措施。

f. 项目班子组成。
g. 施工机械配备及人员配备。
h. 消防安全措施。

问题：
① 你认为该施工组织设计编制依据有哪些不足？为什么？
② 你认为该施工组织设计内容有无缺项？如有，请补充完整。
③ 施工部署的主要内容有哪些？

附录

建筑工程分部(子分部)工程划分

附表1-1 建筑工程分部工程、分项工程划分

序号	分部工程	子分部工程	分项工程
1	地基与基础	土方工程	土方开挖、土方回填、场地平整
		基坑支护	排桩、重力式挡土墙、型钢水泥土搅拌墙、土钉墙与复合土钉墙、地下连续墙、沉井与沉箱、钢或混凝土支撑、锚杆、降水与排水
		地基处理	灰土地基、砂和砂石地基、土工合成材料地基、粉煤灰地基、强夯地基、注浆地基、预压地基、振冲地基、高压喷射注浆地基、水泥土搅拌桩地基、土和灰土挤密桩地基、水泥粉煤灰碎石桩地基、夯实水泥土桩地基、砂桩地基
		桩基础	先张法预应力管桩、混凝土预制桩、钢桩、混凝土灌注桩
		地下防水	防水混凝土、水泥砂浆防水层、卷材防水层、涂料防水层、塑料防水板防水层、金属板防水层、膨润土防水材料防水层、细部构造;锚喷支护、地下连续墙、盾构隧道、沉井、逆筑结构;渗排水、盲沟排水、隧道、坑道排水、塑料排水板排水;预注浆、后注浆、裂缝注浆
		混凝土基础	模板、钢筋、混凝土、后浇带混凝土、混凝土结构缝处理
		砌体基础	砖砌体、混凝土小型空心砌块砌体、石砌体、配筋砌体
		型钢、钢管混凝土基础	型钢、钢管焊接与螺栓连接;型钢、钢管与钢筋连接;浇筑混凝土
		钢结构基础	钢结构制作、钢结构安装、钢结构涂装

续表

序号	分部工程	子分部工程	分项工程
2	主体结构	混凝土结构	模板、钢筋、混凝土、预应力、现浇结构，装配式结构
		砌体结构	砖砌体、混凝土小型空心砌块砌体、石砌体、配筋砖砌体、填充墙砌体
		钢结构	钢结构焊接、紧固件连接、钢零部件加工、钢构件组装及预拼装、单层钢结构安装、多层及高层钢结构安装、空间格构钢结构制作、空间格构钢结构安装、压型金属板、防腐涂料涂装、防火涂料涂装、天沟安装、雨棚安装
		型钢、钢管混凝土结构	型钢、钢管现场拼装、柱脚锚固、构件安装、焊接、螺栓连接、钢筋骨架安装、型钢、钢管与钢筋连接、浇筑混凝土
		轻钢结构	钢结构制作、钢结构安装、墙面压型板、屋面压型板
		索膜结构	膜支撑构件制作、膜支撑构件安装、索安装、膜单元及附件制作、膜单元及附件安装
		铝合金结构	铝合金焊接、紧固件连接、铝合金零部件加工、铝合金构件组装、铝合金构件预拼装、单层及多层铝合金结构安装、空间格构铝合金结构安装、铝合金压型板、防腐处理、防火隔热
		木结构	方木和原木结构、胶合木结构、轻型木结构、木结构防护
3	建筑装饰装修	地面	基层、整体面层、板块面层、地毯面层、地面防水、垫层及找平层
		抹灰	一般抹灰、保温墙体抹灰、装饰抹灰、清水砌体勾缝
		门窗	木门窗安装、金属门窗安装、塑料门窗安装、特种门安装、门窗玻璃安装
		吊顶	整体面层吊顶、板块面层吊顶、格栅吊顶
		饰面板	石材安装、瓷板安装、木板安装、金属板安装、塑料板安装、玻璃板安装
		饰面砖	外墙饰面砖粘贴、内墙饰面砖粘贴
		涂饰	水性涂料涂饰、溶剂型涂料涂饰、美术涂饰
		裱糊与软包	裱糊、软包
		外墙防水	砂浆防水层、涂膜防水层、防水透气膜防水层
		细部	橱柜制作与安装、窗帘盒和窗台板制作与安装、门窗套制作与安装、护栏和扶手制作与安装、花饰制作与安装

续表

序号	分部工程	子分部工程	分项工程
3	建筑装饰装修	金属幕墙	构件与组件加工制作、构架安装、金属幕墙安装
		石材与陶板幕墙	构件与组件加工制作、构架安装、石材与陶板幕墙安装
		玻璃幕墙	构件与组件加工制作、构架安装、玻璃幕墙安装
4	屋面工程	基层与保护	找平层、找坡层、隔汽层、隔离层、保护层
		保温与隔热	板状材料保温层、纤维材料保温层、喷涂硬泡聚氨酯保温层、现浇泡沫混凝土保温层、种植隔热层、架空隔热层、蓄水隔热层
		防水与密封	卷材防水层、涂膜防水层、复合防水层、接缝密封防水
		瓦面与板面	烧结瓦和混凝土瓦铺装、沥青瓦铺装、金属板铺装、玻璃采光顶铺装
		细部构造	檐口、檐沟和天沟、女儿墙和山墙、水落口、变形缝、伸出屋面管道、屋面出入口、反水过水孔、设施基座、屋脊、屋顶窗
5	建筑给水排水及采暖	室内给水系统	给水管道及配件安装、给水设备安装、室内消火栓系统安装、消防喷淋系统安装、管道防腐、绝热
		室内排水系统	排水管道及配件安装、雨水管道及配件安装、防腐
		室内热水供应系统	管道及配件安装、辅助设备安装、防腐、绝热
		卫生器具安装	卫生器具安装、卫生器具给水配件安装、卫生器具排水管道安装
		室内采暖系统	管道及配件安装、辅助设备及散热器安装、金属辐射板安装、低温热水地板辐射采暖系统安装、系统水压试验及调试、防腐、绝热
		室外给水管网	给水管道安装、消防水泵接合器及室外消火栓安装、管沟及井室
		室外排水管网	排水管道安装、排水管沟与井池
		室外供热管网	管道及配件安装、系统水压试验及调试、防腐、绝热
		建筑中水系统及游泳池系统	建筑中水系统管道及辅助设备安装、游泳池水系统安装
		供热锅炉及辅助设备安装	锅炉安装、辅助设备及管道安装、安全附件安装、烘炉、煮炉和试运行、换热站安装、防腐、绝热

续表

序号	分部工程	子分部工程	分项工程
5	建筑给水排水及采暖	太阳能热水系统	预埋件及后置锚栓安装和封堵、基座、支架、散热器安装、接地装置安装、电线、电缆敷设、辅助设备及管道安装、防腐,绝热
6	通风与空调	送排风系统	风管与配件制作、部件制作、风管系统安装、空气处理设备安装、消声设备制作与安装、风管与设备防腐、风机安装、系统调试
		防排烟系统	风管与配件制作,部件制作,风管系统安装、防排烟风口、常闭正压风口与设备安装,风管与设备防腐,风机安装,系统调试
		除尘系统	风管与配件制作、部件制作、风管系统安装、除尘器与排污设备安装、风管与设备防腐、风机安装、系统调试
		空调风系统	风管与配件制作、部件制作、风管系统安装、空气处理设备安装、消声设备制作与安装、风管与设备防腐、风机安装、风管与设备绝热、系统调试
		净化空调系统	风管与配件制作、部件制作、风管系统安装、空气处理设备安装、消声设备制作与安装、风管与设备防腐、风机安装、风管与设备绝热、高效过滤器安装、系统调试
		制冷设备系统	制冷机组安装、制冷剂管道及配件安装、制冷附属设备安装、管道及设备的防腐与绝热、系统调试
		空调水系统	管道冷热(媒)水系统安装、冷却水系统安装、冷凝水系统安装、阀门及部件安装、冷却塔安装、水泵及附属设备安装、管道与设备的防腐与绝热、系统调试
		地源热泵系统	地埋管换热系统、地下水换热系统、地表水换热系统、建筑物内系统、整体运转、调试
7	建筑电气	室外电气	架空线路及杆上电气设备安装,变压器、箱式变电所安装,成套配电柜、控制柜(屏、台)和动力、照明配电箱(盘)及控制柜安装,电线、电缆导管和线槽敷设,电线、电缆穿管和线槽敷设,电缆头制作、导线连接和线路电气试验,建筑物外部装饰灯具、航空障碍标志灯安装,庭院路灯安装,建筑照明通电试运行,接地装置安装
		变配电室	变压器、箱式变电所安装,成套配电柜、控制柜(屏、台)和动力、照明配电箱(盘)安装,裸母线、封闭母线、插接式母线安装,电缆沟内和电缆竖井内电缆敷设,电缆头制作、导线连接和线路电气试验,接地装置安装,避雷引下线和变配电室接地干线敷设

续表

序号	分部工程	子分部工程	分项工程
7	建筑电气	供电干线	裸母线、封闭母线、插接式母线安装,桥架安装和桥架内电缆敷设,电缆沟内和电缆竖井内电缆敷设,电线、电缆导管和线槽敷设,电线、电缆穿管和线槽敷线,电缆头制作、导线连接和线路电气试验
		电气动力	成套配电柜、控制柜(屏、台)和动力、照明配电箱(盘)及控制柜安装,低压电动机、电加热器及电动执行机构检查、接线,低压电气动力设备检测、试验和空载试运行,桥架安装和桥架内电缆敷设,电线、电缆导管和线槽敷设,电线、电缆穿管和线槽敷线,电缆头制作、导线连接和线路电气试验,插座、开关、风扇安装
		电气照明安装	成套配电柜、控制柜(屏、台)和动力、照明配电箱(盘)安装,电线、电缆导管和线槽敷设,电线、电缆导管和线槽敷线,槽板配线,钢索配线,电缆头制作、导线连接和线路电气试验,普通灯具安装,专用灯具安装,插座、开关、风扇安装,建筑照明通电试运行
		备用和不间断电源安装	成套配电柜、控制柜(屏、台)和动力、照明配电箱(盘)安装,柴油发电机组安装,不间断电源的其他功能单元安装,裸母线、封闭母线、插接式母线安装,电线、电缆导管和线槽敷设,电线、电缆导管和线槽敷线,电缆头制作、导线连接和线路电气试验,接地装置安装
		防雷及接地安装	接地装置安装、避雷引下线和变配电室接地干线敷设、建筑物等电位连接、接闪器安装
8	建筑智能化	通讯网络系统	通讯系统、卫星及有线电视系统、公共广播系统、视频会议系统
		计算机网络系统	信息平台及办公自动化应用软件、网络安全系统
		建筑设备监控系统	空调与通风系统、空气能量回收系统、室内空气质量控制系统、变配电系统、照明系统、给排水系统、热源和热交换系统、冷冻和冷却系统、电梯和自动扶梯系统、中央管理工作站与操作分站、子系统通信接口
		火灾报警及消防联动系统	火灾和可燃气体探测系统、火灾报警控制系统、消防联动系统
		会议系统与信息导航系统	会议系统、信息导航系统
		专业应用系统	专业应用系统
		安全防范系统	电视监控系统、入侵报警系统、巡更系统、出入口控制(门禁)系统、停车管理系统、智能卡应用系统
		综合布线系统	缆线敷设和终接,机柜、机架、配线架的安装,信息插座和光缆芯线终端的安装
		智能化集成系统	集成系统网络、实时数据库、信息安全、功能接口

续表

序号	分部工程	子分部工程	分项工程
8	建筑智能化	电源与接地	智能建筑电源、防雷及接地
		计算机机房工程	路由交换系统、服务器系统、空间环境、室内外空气能量交换系统、室内空调环境、视觉照明环境、电磁环境
		住宅(小区)智能化系统	火灾自动报警及消防联动系统、安全防范系统(含电视监控系统、入侵报警系统、巡更系统、门禁系统、楼宇对讲系统、住户对讲呼救系统、停车管理系统)、物业管理系统(多表现场计量及与远程传输系统、建筑设备监控系统、公共广播系统、小区网络及信息服务系统、物业办公自动化系统)、智能家庭信息平台
9	建筑节能	围护系统节能	墙体节能、幕墙节能、门窗节能、屋面节能、地面节能
		供暖空调设备及管网节能	供暖节能、通风与空调设备节能、空调与供暖系统冷热源节能、空调与供暖系统管网节能
		电气动力节能	配电节能、照明节能
		监控系统节能	监测系统节能、控制系统节能
		可再生能源	太阳能系统、地源热泵系统
10	电梯	电力驱动的曳引式或强制式电梯安装	设备进场验收,土建交接检验,驱动主机、导轨、门系统、轿厢、对重、安全部件、悬挂装置、随行电缆、补偿装置、电气装置、整机安装验收
		液压电梯安装	设备进场验收,土建交接检验,液压系统、导轨、门系统、轿厢、对重、安全部件、悬挂装置、随行电缆、电气装置、整机安装验收
		自动扶梯、自动人行道安装	设备进场验收、土建交接检验、整机安装验收

附表 1-2 室外工程的单位工程、分部工程划分

单位工程	子单位工程	分部(子分部)工程
室外设施	道路	路基、基层、面层、广场与停车场、人行道、人形地道、挡土墙、附属构筑物
	边坡	土石方、挡土墙、支护
附属建筑及室外环境	附属建筑	车棚、围墙、大门、挡土墙
	室外环境	建筑小品、亭台、水景、连廊、花坛、场坪绿化、景观桥
室外安装	给水排水	室外给水系统、室外排水系统
	供热	室外供热系统
	供冷	供冷管道安装
	电气	室外供电系统,室外照明系统

引自《建筑工程施工质量验收统一标准》GB 50300—2013。

参 考 文 献

［1］ 国家标准化管理委员会.建筑施工组织设计规范·GB/T 50502—2009[S].
［2］ 国家标准化管理委员会.建设工程项目管理规范·GB/T 50326—2006[S].
［3］ 国家标准化管理委员会.工程网络计划技术规程·JGJ/T 121—99[S].
［4］ 国家标准化管理委员会.建筑工程施工质量验收统一标准·GB 50300—2001[S].
［5］ 《建筑施工组织》(第4版)编写组.建筑施工手册[M].4版.北京:中国建筑工业出版社,2004.
［6］ 危道军.建筑施工组织[M].北京:中国建筑工业出版社,2004.
［7］ 北京统筹法研究会.统筹法与施工计划管理[M].北京:中国建筑工业出版社,1984.
［8］ 建设部.房屋建筑工程质量保修办法[S].2000.
［9］ 王胜明.土木工程进度控制[M].北京:科学出版社,2005.
［10］ 项建国.建筑工程项目管理[M].北京:中国建筑工业出版社,2008.